“十四五”时期国家重点出版物出版专项规划项目
“中国山水林田湖草生态产品监测评估及绿色核算”系列丛书
王　兵 ■ 主编

内蒙古森工集团生态产品
绿色核算与森林碳中和评估

王　兵　陈佰山　闫宏光　张慧东
杜　彬　牛　香　曹起武　郭　珂　等 ■ 著

中国林业出版社
CFPH
China Forestry Publishing House

图书在版编目(CIP)数据

内蒙古森工集团生态产品绿色核算与森林碳中和评估 / 王兵等著. -- 北京 : 中国林业出版社，2022.9
(“中国山水林田湖草生态产品监测评估及绿色核算”系列丛书)
ISBN 978-7-5219-1757-4

Ⅰ. ①内… Ⅱ. ①王… Ⅲ. ①森林资源－经济核算－研究－内蒙古 Ⅳ. ①F326.272.6

中国版本图书馆CIP数据核字(2022)第115843号

审图号：蒙S（2022）023号

策划、责任编辑： 于晓文　于界芬

出版发行 中国林业出版社有限公司（100009 北京西城区德内大街刘海胡同7号）
网　　址 http://www.forestry.gov.cn/lycb.html
电　　话 (010) 83143542
印　　刷 河北京平诚乾印刷有限公司
版　　次 2022年9月第1版
印　　次 2022年9月第1次印刷
开　　本 889mm×1194mm　1/16
印　　张 11.25
字　　数 240千字
定　　价 98.00元

《内蒙古森工集团生态产品绿色核算与森林碳中和评估》著者名单

项目完成单位：

中国林业科学研究院森林生态环境与自然保护研究所

中国内蒙古森林工业集团有限责任公司

中国森林生态系统定位观测研究网络（CFERN）

国家林业和草原局"典型林业生态工程效益监测评估国家创新联盟"

主任委员：

陈佰山　内蒙古森林工业集团有限责任公司党委书记

闫宏光　内蒙古森林工业集团有限责任公司党委副书记，总经理

项目首席科学家：

王　兵　中国林业科学研究院

项目组成员：

王　兵　陈佰山　闫宏光　张慧东　杜　彬　牛　香　曹起武

郭　珂　牛广忠　郭旭亮　赵炳柱　吕连宽　包国庆　张立忠

唐晓勇　刘明才　马岩岩　石　岩　李新宇　周　梅　魏江生

陈　波　王　南　李慧杰　宋庆丰　刘　润　王以惠　刘　艳

张维康　刘萍萍　杜佳洁　王　强　刘　斌

编写组成员：

王　兵　陈佰山　闫宏光　张慧东　杜　彬　牛　香　曹起武

郭　珂　陈　波

特别提示

1. 本研究基于森林生态系统连续观测与清查体系（简称：森林生态连清体系），对内蒙古森林工业集团有限责任公司（简称：内蒙古森工集团）森林生态系统服务功能及价值进行评估研究，包括内蒙古森工集团所属的大杨树、乌尔旗汉、甘河、吉文、毕拉河、伊图里河、克一河、库都尔、阿龙山、阿尔山、阿里河、图里河、金河、莫尔道嘎、根河、得耳布尔、绰尔、绰源、满归19个森工（林业）公司，汗马、额尔古纳、毕拉河3个自然保护区，北大河、吉拉林、杜博威3个规划局，北部原始林区管护局所属乌玛、永安山、奇乾3个规划林业局和诺敏经营所等。为了与森林资源调查更新数据保持一致，本研究将内蒙古森工集团所属各森工（林业）公司、自然保护区、规划局和经营所统一表述为林业局，并将29个林业局整合为28个一级测算单元。

2. 评估所采用的数据源包括：①资源连清数据集：内蒙古森工集团提供的2020年森林资源二类调查更新数据和2018年湿地资源调查数据；②生态连清数据集：内蒙古大兴安岭及周边区域森林生态站、湿地生态站、辅助观测站点的长期监测数据；③社会公共数据集：国家权威机构以及内蒙古自治区公布的社会公共数据。

3. 依据国家标准《森林生态系统服务功能评估规范》(GB/T 38582—2020)，针对内蒙古森工集团所属各林业局和优势树种（组），按照支持服务、调节服务、供给服务和文化服务四大服务类别，保育土壤、林木养分固持、涵养水源、固碳释氧、净化大气环境、生物多样性、林木产品供给和森林康养8项生态系统服务功能进行评估，并将森林植被滞纳TSP、PM_{10}、$PM_{2.5}$指标进行单独核算。本次湿地生态系统服务功能评估采用与“国家林草生态综合监测”一致的评估方法，选取提供生物栖息地、固碳释氧、涵养水源、降解污染物、固土保肥、水生植物养分固持和科研文化游憩8项生态系统服务功能进行评估。

4. 当现有的野外观测值不能代表同一生态单元同一目标林分类型的结构或功能时，为更准确获得这些地区生态参数，引入森林生态系统服务修正系数，以反映同一林分类型在同一区域的真实差异。

凡是不符合上述条件的其他研究结果均不宜与本研究结果简单类比。

前　言

2021年，习近平总书记在参加全国"两会"内蒙古代表团审议时，对内蒙古森工集团森林与湿地生态系统每年6159.74亿元的生态服务价值评估作出肯定，"你提到的这个生态总价值，就是绿色GDP的概念，说明生态本身就是价值。这里面不仅有林木本身的价值，还有绿肺效应，更能带来旅游、林下经济等。'绿水青山就是金山银山'，这实际上是增值的。"习近平总书记的重要点评，充分证明了在"新发展理念"的指引下，通过国家产业结构转变，让森林生态系统努力提供更多更优质生态产品，并让生态产品价值全面实现成为推进美丽中国建设、实现人与自然和谐共生的现代化增长点、支撑点、发力点。

2020年，国家标准《森林生态系统服务功能评估规范》（GB/T 38582—2020）正式发布，这标志着我国森林生态服务功能评估迈出了新的步伐。2021年3月12日，国家林业和草原局、国家统计局联合组织发布了"中国森林资源核算"最新成果（第九次森林资源清查），全国森林生态系统服务价值为15.88万亿元，并首次提出中国森林"全口径碳汇"这一全新理念（即中国森林全口径碳汇＝森林资源碳汇＋疏林地碳汇＋未成林造林地碳汇＋非特灌林灌木林碳汇＋苗圃地碳汇＋荒山灌丛碳汇＋城区和乡村绿化散生林木碳汇），我国森林全口径碳汇量为每年4.34亿吨碳当量，中和了2020年全国碳排放量的15.91%，森林生态系统碳汇对我国二氧化碳排放力争2030年前达到峰值、2060年前实现碳中和具有重要作用。该成果的发布对提高人们的环境保护意识、加强林业建设在国民经济中的主导地位、健全生态效益补偿机制、推进森林资源保育、促进区域可持续发展，准确践行习近平总书记生态文明思想具有十分重要的意义。

内蒙古森工集团是我国四大国有林区之一，是中国最大的寒温带明亮针叶林区，森林资源面积852.77万公顷，占内蒙古自治区森林资源面积的31%；乔木林蓄积量9.56亿立方米，占内蒙古自治区森林蓄积量的60%；大兴安岭重点国有林区以不

到内蒙古自治区1/3的森林面积，贡献了近2/3的森林蓄积量。森林既是一个绿水青山的生态屏障，更是一个金山银山的财富宝库，既是绿水青山的忠诚守护者，又是金山银山的高效创造者。根据《全国重要生态系统保护和修复重大工程总体规划（2021—2035年）》中的布局，内蒙古森工集团处于东北森林带，作为我国“两屏三带”生态安全战略格局中东北森林带的重要载体，对调节东北亚地区水循环与局地气候、维护国家生态安全和保障国家木材资源具有重要战略意义。

在我国生态安全战略格局建设的大形势下，精准量化绿水青山生态建设成效，科学评估金山银山生态产品价值，是深入贯彻和践行“两山”理念的重要举措和当务之急。为了客观、动态、科学地评估内蒙古森工集团森林生态系统服务功能，准确量化森林生态系统服务功能的物质量和价值量，提高内蒙古森工集团在区域国民经济和社会发展中的地位，内蒙古森工集团以中国森林生态系统定位观测研究网络（CFERN）为技术依托，结合其2020年森林资源的实际情况，运用森林生态系统连续观测与清查体系，以内蒙古森工集团森林资源调查更新数据为基础，以国家标准《森林生态系统服务功能评估规范》（GB/T 38582—2020）为依据，采用分布式测算方法，选取保育土壤、林木养分固持、涵养水源、固碳释氧、净化大气环境、生物多样性保护、林木产品供给和森林康养8项功能指标对内蒙古森工集团森林生态系统服务功能物质量和价值量进行了评估测算；对内蒙古森工集团湿地生态系统提供生物栖息地、固碳释氧、涵养水源、降解污染、固土保肥、水生植物养分固持、水产品供给和科研文化游憩8项功能的价值量进行了评估测算。

评估结果显示，内蒙古森工集团2020年森林生态系统固土量为33355.49万吨/年、涵养水源量为171.41亿立方米/年，年固碳量为917.68万吨，滞纳TSP量为2555.23亿千克/年。森林生态系统服务功能总价值量为6288.01亿元/年，其中涵养水源价值量最大，为1919.74亿元/年，占总价值量的30.53%；净化大气环境价值量居第二位，为1580.42亿元/年，占总价值量的25.13%；生物多样性保护价值量排第三，为1280.47亿元/年，占总价值量的20.36%；固碳释氧价值量为302.90亿元/年，占总价值量的4.82%；森林康养价值量为247.02亿元/年，占总价值量的3.93%；林木产品供给价值量最小，占森林生态系统服务功能总价值量不足0.1%。

内蒙古森工集团湿地生态系统服务功能总价值量为1569.94亿元/年；其中，涵养水源功能价值量最大，为410.96亿元/年，占湿地总价值量的26.18%；其次是降解污染物功能，价值量为380.32亿元/年，占湿地总价值量的24.23%；提供生物栖息地和固土保肥功能，价值量分别为270.03亿元/年和246.63亿元/年，分别占湿地总价值量的17.20%和15.71%；固碳释氧功能的价值量为26.56亿元/年，占湿地总价值量的1.69%。

内蒙古森工集团森林和湿地生态系统服务功能评估以直观的货币形式呈现了森林和湿地生态系统为人们提供生态产品的服务价值（7857.95亿元/年）。评估结果用详实的数据诠释了“绿水青山就是金山银山”理念，充分反映了内蒙古森工集团生态建设成果，有助于推动内蒙古森工集团生态效益科学量化补偿和生态GDP核算体系的构建，有助于推进内蒙古森工集团森林和湿地资源由直接产品生产为主转向生态、经济、社会三大效益统一的科学发展道路，为实现习近平总书记提出的林业工作“三增长”目标提供技术支撑，为构建生态文明制度、全面建成小康社会、实现中华民族伟大复兴的中国梦不断创造更好的生态条件。

著 者

2022年5月

目 录

第一章
内蒙古森工集团森林生态系统连续观测与清查体系

森林是人类繁衍生息的根基，是人类实现可持续发展的重要安全保障。我国现阶段开展的森林资源清查是反映区域森林资源状况，制定和调整林业方针政策及森林资源经营管理的重要依据。伴随着气候变化、土地退化、生物多样性减少等各种生态问题对人类的严重威胁，森林的生态功能已得到普遍重视。依托中国森林生态系统定位观测研究网络（CFERN），采用与全国森林资源连续清查技术相结合的森林生态系统服务全指标体系连续观测与清查技术（简称“森林生态连清体系”），开展区域森林生态系统服务功能的科学、准确、及时评估，对提高森林经营管理水平，推动林业的全面发展具有重要意义。

森林生态系统服务全指标体系连续观测与定期清查（简称：森林生态连清）：是以生态地理区划为单位，以国家现有森林生态站为依托，采用长期定位观测技术和分布式测算方法，定期对同一森林生态系统进行重复的全指标体系观测与清查的技术。

中国内蒙古森林工业集团有限责任公司（简称：内蒙古森工集团）森林生态系统服务功能评估，基于内蒙古森工集团森林生态连清体系（图 1-1），以生态地理区划为单位，依托我国现有森林生态系统国家定位观测研究站（简称“森林生态站”）和内蒙古大兴安岭境内的其他林业监测点，采用长期定位观测技术和分布式测算方法，定期对内蒙古森工集团森林生态系统服务进行全指标体系观测与清查，它与内蒙古森工集团森林资源二类调查更新数据相耦合，评估一定时期和范围内的内蒙古森工集团森林生态系统服务功能，进一步了解其森林生态系统服务功能的动态变化。

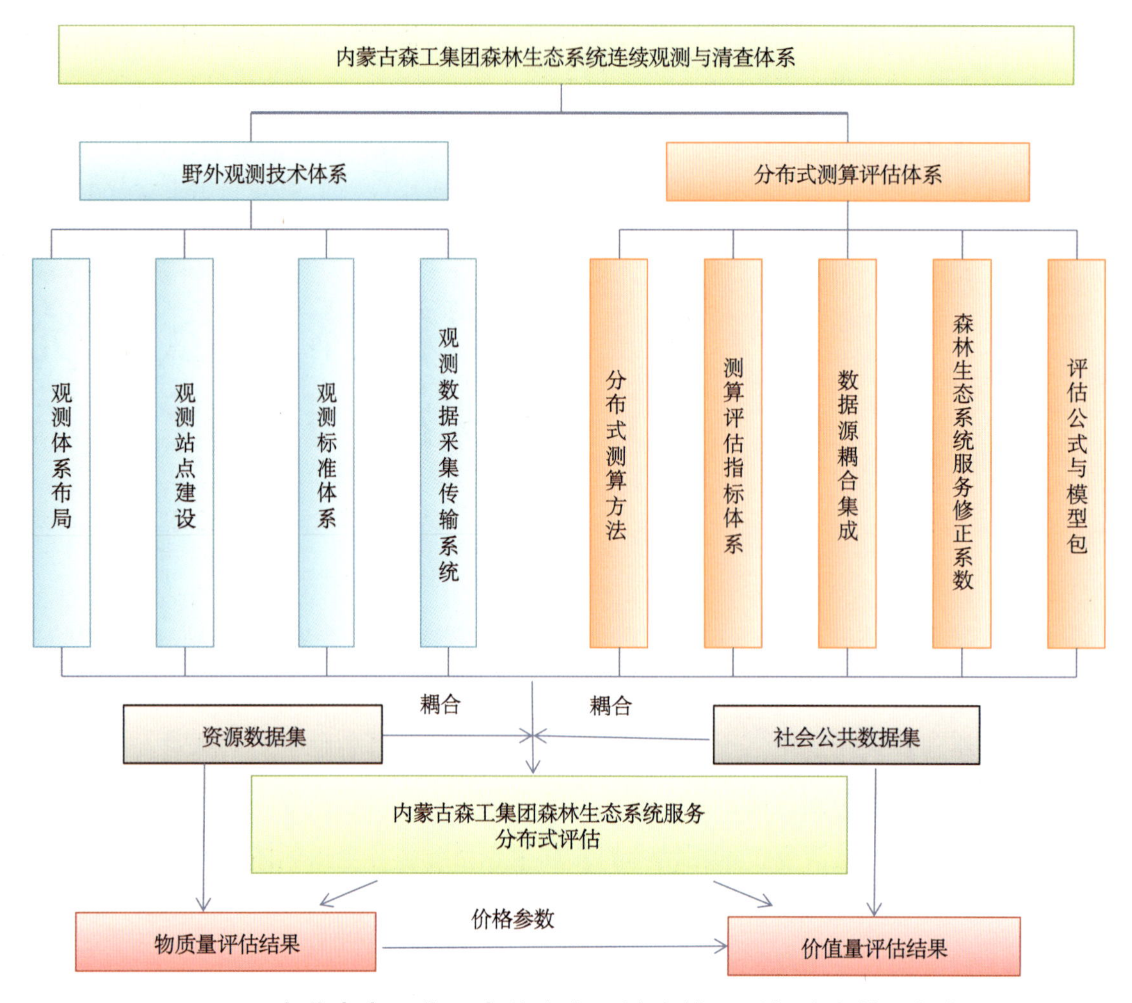

图 1-1 内蒙古森工集团森林生态系统连续观测与清查体系框架

第一节 野外观测技术体系

一、内蒙古森工集团森林生态系统服务功能监测站布局与建设

野外观测是构建内蒙古森工集团森林生态连清体系的重要基础，为了做好这一基础工作，需要考虑观测体系布局。国家森林生态站与内蒙古大兴安岭及周边各类林业监测点作为内蒙古森工集团森林生态系统服务监测的两大平台，在建设时坚持“统一规划、统一布局、统一建设、统一规范、统一标准、资源整合、数据共享”原则。以典型抽样为基础，根据林区森林立地情况等条件，选择具有典型性、代表性和层次性明显的区域完成森林生态站网络布局。

森林生态站作为森林生态系统服务监测站，在内蒙古森工集团森林生态系统服务功能评估中发挥着极其重要的作用。本次评估所采用的数据主要来源于内蒙古大兴安岭森林生态系统定位观测研究站及周边站点，同时还利用辅助观测点对数据进行补充和修正。森林生态

站包含分布在内蒙古森工集团周边的漠河站、嫩江源站、伊勒呼里山站、伊图里河站、呼伦贝尔站、特金罕山站和赛罕乌拉站等森林生态站（表 1-1）。目前的森林生态站和辅助站点在布局上能够充分体现区位优势和地域特色，兼顾了森林生态站布局在国家和地方等层面的典型性和重要性，已形成层次清晰、代表性强的森林生态站网，可以负责相关站点所属区域的森林生态连清工作。

表 1-1　东北地区森林生态站基本情况

地带性森林类型	已建站	主要森林类型	地点
大兴安岭山地兴安落叶松林区	内蒙古大兴安岭森林生态站	兴安落叶松林	内蒙古自治区根河市
	黑龙江嫩江源森林生态站	兴安落叶松林、白桦林	黑龙江省大兴安岭地区
	黑龙江漠河森林生态站	兴安落叶松林、山地樟子松林	黑龙江省漠河县
小兴安岭山地丘陵阔叶与红松混交林区	黑龙江小兴安岭森林生态站	阔叶红松林	黑龙江省伊春市
	黑龙江凉水森林生态站	阔叶红松林	黑龙江省伊春市
	黑龙江黑河森林生态站	阔叶红松林	黑龙江省孙吴县
长白山山地红松与阔叶混交林区	黑龙江雪乡森林生态站	云冷杉针阔混交林	黑龙江省海林市
	吉林松江源森林生态站	云冷杉林、天然次生林	吉林省汪清县
	吉林长白山森林生态站（北坡）	阔叶红松混交林	吉林省安图县
	吉林长白山西坡森林生态站	阔叶红松混交林	吉林省抚松县
	吉林长白山森林生态站（南坡）	阔叶红松混交林	吉林省长白县
	辽宁冰砬山森林生态站	天然次生林、人工林	辽宁省西丰县
	辽宁清原森林生态站	天然次生林、人工林	辽宁省清原县
松嫩辽平原草原草甸散生林区	辽宁辽河平原森林生态站	沙地樟子松人工林	辽宁省昌图县
三江平原草甸散生林区	黑龙江帽儿山森林生态站	天然次生林、人工林	黑龙江省尚志市
	黑龙江七台河森林生态站	天然次生林、人工林	黑龙江省七台河市
	黑龙江牡丹江森林生态站	阔叶红松混交林	黑龙江省穆棱市
辽东半岛山地丘陵松（赤松及油松）栎林区	辽东半岛森林生态站	赤松林、栎类林	辽宁省本溪县
	辽宁白石砬子森林生态站	天然次生林、阔叶红松混交林	辽宁省宽甸县

（续）

地带性森林类型	已建站	主要森林类型	地点
呼伦贝尔及内蒙古东南部森林草原区	河北塞罕坝森林生态站	华北落叶松人工林	河北省围场县
	内蒙古赛罕乌拉森林生态站	天然次生林、人工林	内蒙古巴林右旗
	内蒙古特金罕山森林生态站	天然次生林	内蒙古扎鲁特旗
	内蒙古七老图山森林生态站	天然次生林、人工林	内蒙古喀喇沁旗
	内蒙古赤峰森林生态站	半干旱地区退耕还林、城市森林和农田防护林	内蒙古赤峰市

借助上述森林生态站以及辅助监测点，可以满足内蒙古森工集团森林生态系统服务监测和科学研究需求。随着政府对生态环境建设形势认识的不断发展，必将建立起内蒙古大兴安岭森林生态系统服务监测的完备体系，为科学全面地评估内蒙古森工集团生态建设成效奠定坚实的基础。同时，通过各森林生态系统服务监测站点长期、稳定地发挥作用，必将为健全和完善国家生态监测网络，特别是构建完备的林业及其生态建设监测评估体系作出重大贡献。

二、内蒙古森工集团森林生态连清监测评估标准体系

内蒙古森工集团森林生态连清监测评估所依据的标准体系包括从森林生态系统服务功能监测站点建设到观测指标、观测方法、数据管理乃至数据应用各方面的标准（图 1-2）。这一系列的标准化保证了不同站点所提供内蒙古森工集团森林生态连清数据的准确性和可比性，为内蒙古森工集团森林生态系统服务评估的顺利进行提供了保障。

图 1-2　内蒙古森工集团森林生态连清监测评估标准体系

第二节　分布式测算评估体系

一、分布式测算方法

分布式测算源于计算机科学，是研究如何把一项整体复杂的问题分割成相对独立运算的单元，并将这些单元分配给多个计算机进行处理，最后将计算结果综合起来，统一合并得出结论的一种科学计算方法（Hagit Attiya，2008）。

分布式测算已经被用于解决复杂的数学问题，如 GIMPS 搜索梅森素数的分布式网络计算和研究寻找最为安全的密码系统如 RC4 等，这些项目都很庞大，需要惊人的计算量，而分布式测算就是研究如何把一个需要非常巨大计算能力才能解决的问题分成许多小的部分，然后把这些部分分配给许多计算机进行处理，最后把这些计算结果综合起来得到最终的结果。随着科学的发展，分布式测算已成为一种廉价、高效、维护方便的计算方法。

森林生态系统服务功能评估是一项非常庞大、复杂的系统工程，很适合划分成多个均质化的生态测算单元开展评估（Niu et al.，2013）。通过第一次（2009 年）和第二次（2014 年）全国森林生态系统服务评估，2014 年、2015 年和 2016 年《退耕还林工程生态效益监测国家报告》和许多省级、市级和自然保护区尺度的评估已经证实，分布式测算方法能够保证评估结果的准确性及可靠性。因此，分布式测算方法是目前评估森林生态系统服务功能所采用的较为科学有效的方法。通过诸多森林生态系统服务功能评估案例也证实了分布式测算方法能够保证结果的准确性及可靠性（牛香等，2012）。

内蒙古森工集团森林生态系统服务评估分布式测算方法：首先将内蒙古森工集团所属的大杨树、乌尔旗汉、甘河、吉文、毕拉河（含毕拉河自然保护区）、伊图里河、克一河、库都尔、阿龙山、阿尔山、阿里河、图里河、金河、莫尔道嘎、根河、得耳布尔、绰尔、绰源、满归等 19 个森工（林业）公司，汗马、额尔古纳、毕拉河 3 个自然保护区，北大河、吉拉林、杜博威 3 个规划局，北部原始林区管护局所属乌玛、永安山、奇乾 3 个规划林业局和诺敏经营所划分为 28 个一级测算单元（统称：林业局）；每个一级测算单元又按不同优势树种（组）划分为落叶松、樟子松、栎类、桦木、榆树、杨树、柳树、经济林和灌木林等 12 个二级测算单元；每个二级测算单元按照不同起源划分成天然林和人工林 2 个三级测算单元；每个三级测算单元再按龄组划分为幼龄林、中龄林、近熟林、成熟林、过熟林 5 个四级测算单元，再结合不同立地条件的对比观测，最终确定森林资源相对均质化的 2500 多个生态服务功能评估单元（图 1-3）。

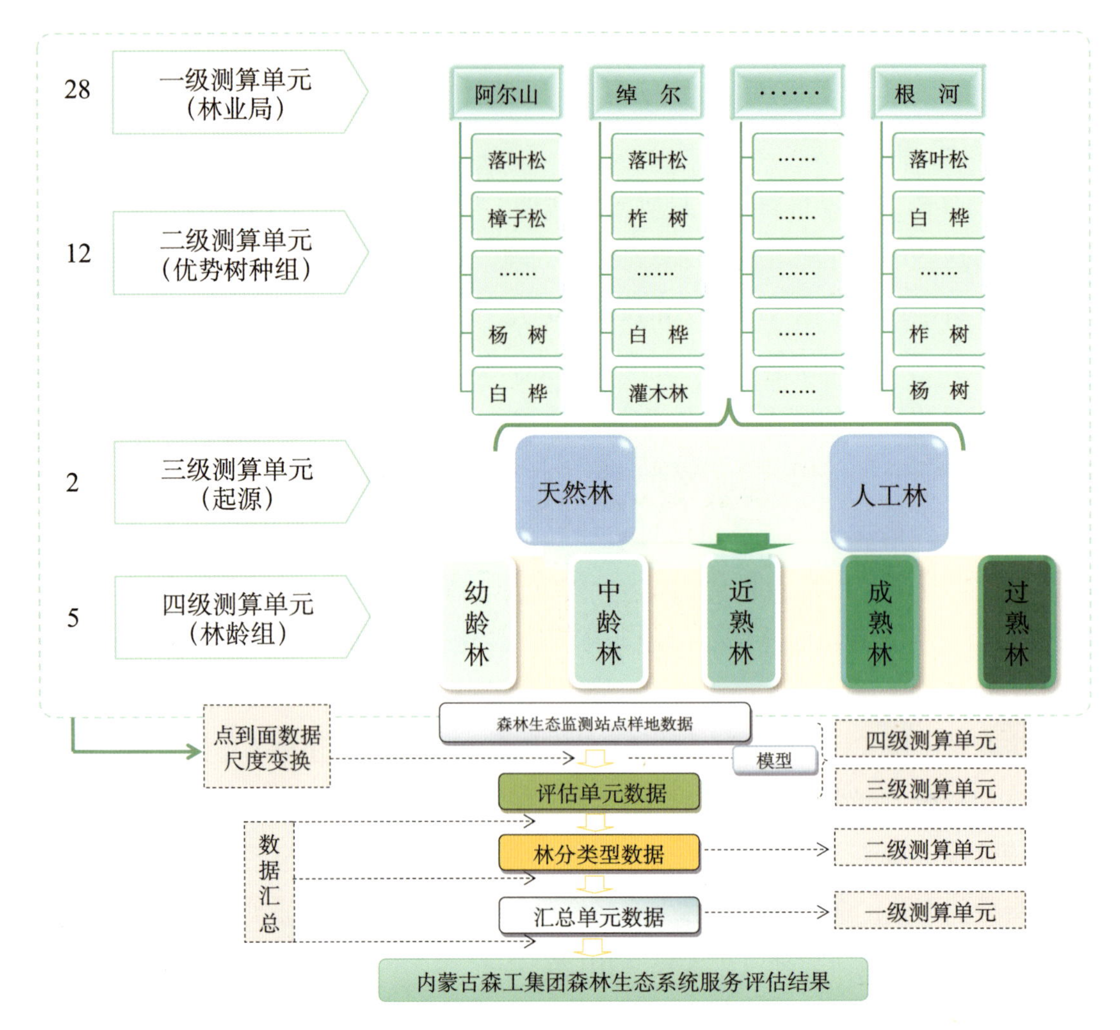

图 1-3 内蒙古森工集团森林生态系统服务功能评估分布式测算方法

二、监测评估指标体系

森林生态系统作为陆地生态系统的主体，其生态系统服务功能体现于生态系统和生态过程所形成的有利于人类生存与发展的生态环境条件与效用。如何真实地反映森林生态系统服务效果，监测评估指标体系的建立非常重要。

依据国家标准《森林生态系统服务功能评估规范》(GB/T 38582—2020)，结合内蒙古森工集团森林生态系统实际情况，在满足代表性、全面性、简明性、可操作性以及适用性等原则的基础上，选取保育土壤、林木养分固持、涵养水源、固碳释氧、净化大气环境、生物多样性保护、林木产品供给和森林康养等 8 项功能的 23 项指标（图 1-4）。

三、数据来源与集成

内蒙古森工集团森林生态连清评估分为物质量和价值量两部分。物质量评估所需数据来源于内蒙古森工集团森林生态连清数据集和内蒙古森工集团 2020 年森林资源更新数据集；价值量评估所需数据除以上两个来源外还包括社会公共数据集（图 1-5）。

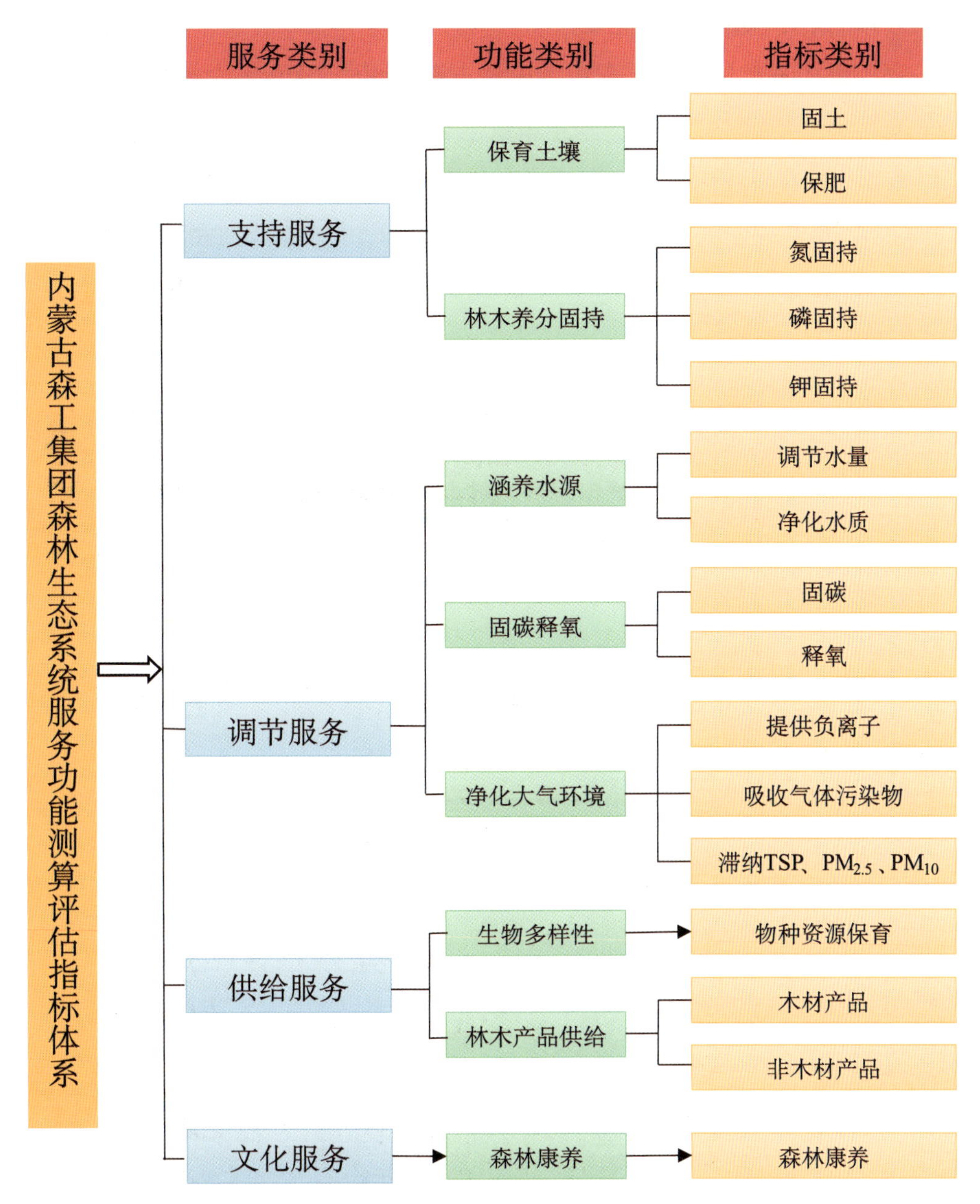

图 1-4　内蒙古森工集团森林生态系统服务测算评估指标体系

主要的数据来源包括以下三部分：

1. 内蒙古森工集团森林生态连清数据集

内蒙古森工集团森林生态连清数据主要来源于内蒙古大兴安岭及周边森林生态站以及辅助观测点的监测结果，森林生态站以国家林业和草原局森林生态站为主体。同时，根据国家标准《森林生态系统长期定位观测方法》(GB/T 33027—2016)、《森林生态系统长期定位观测指标体系》(GB/ T 35377—2017）和《森林生态系统服务功能评估规范》(GB/T 38582—2020）在内蒙古森工集团开展森林生态连清工作而获取的数据。

2. 内蒙古森工集团森林资源数据集

内蒙古森工集团森林资源数据来源于内蒙古森工集团 2020 年森林资源调查更新数据，包括内蒙古森工集团所属的大杨树、乌尔旗汉、甘河、吉文、毕拉河、伊图里河、克一河、库都尔、阿龙山、阿尔山、阿里河、图里河、金河、莫尔道嘎、根河、得耳布尔、绰尔、绰源、满归共 19 个森工（林业）公司，汗马、额尔古纳、毕拉河 3 个自然保护区，北大河、吉拉林、杜博威 3 个规划局，北部原始林区管护局所属乌玛、永安山、奇乾 3 个规划林业局，和诺敏经营所等共 29 个林业局。

3. 社会公共数据集

社会公共数据来源于我国权威机构公布的社会公共数据，包括《中国水利年鉴》《中华人民共和国水利部水利建筑工程预算定额》、中国农业信息网（http://www.agri.cn/）、中华人民共和国国家卫生健康委员会（http://www.nhc.gov.cn/）、《中华人民共和国环境保护税法》《中国统计年鉴（2020）》《内蒙古统计年鉴（2020）》等。

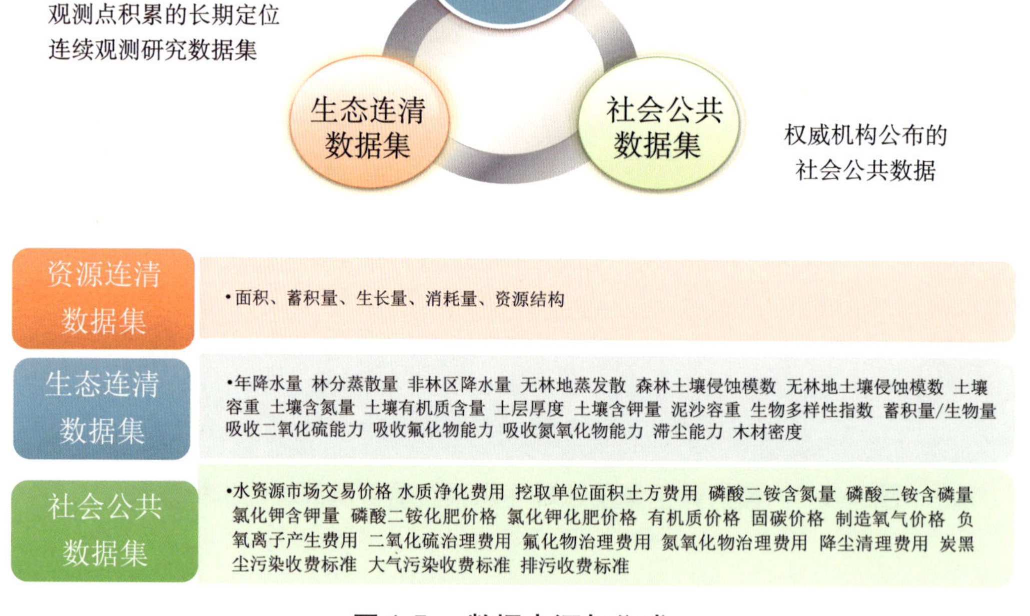

图 1-5　数据来源与集成

将上述三类数据源有机地耦合集成，应用于一系列的评估工作中，最终可以获取评估区域森林生态系统服务功能评估结果。

四、森林生态系统服务修正系数

在野外数据观测中，研究人员仅能够得到观测站点附近的实测生态数据，对于无法实地观测到的数据，则需要一种方法对已经获得的参数进行修正，因此引入了森林生态系统服

务修正系数（Forest Ecosystem Service Correction Coefficient，简称 FES-CC）。FES-CC 指评估林分生物量和实测林分生物量的比值，它反映森林生态系统服务评估区域森林的生态质量状况，还可以通过森林生态功能的变化修正森林生态服务的变化。

森林生态系统服务价值的合理测算对绿色国民经济核算具有重要意义，社会进步程度、经济发展水平、森林资源质量等对森林生态系统服务均会产生一定影响，而森林自身结构和功能状况则是体现森林生态系统服务可持续发展的基本前提（Daily，1997；Feng et al.，2008）。“修正”作为一种状态，表明系统各要素之间具有相对“融洽”的关系。当用现有的野外实测值不能代表同一生态单元同一目标优势树种（组）的结构或功能时，就需要采用森林生态系统服务修正系数客观地从生态学精度的角度反映同一优势树种（组）在同一区域的真实差异。其理论公式为：

$$\text{FES–CC}=\frac{B_e}{B_o}=\frac{\text{BEF}\cdot V}{B_o} \tag{1-1}$$

式中：FES–CC——森林生态系统服务修正系数；

B_e——评估林分的单位面积生物量（千克 / 立方米）；

B_o——实测林分的单位面积生物量（千克 / 立方米）；

BEF——蓄积量与生物量的转换因子；

V——评估林分蓄积量（立方米）。

实测林分的生物量可以通过森林生态连清的实测手段来获取，而评估林分的生物量在内蒙古大兴安岭资源清查和造林工程调查中还没有完全统计。因此，通过评估林分蓄积量和生物量转换因子（BEF）来测算评估（方精云等，1996；Fang et al.，1998，2001）。

五、贴现率

内蒙古森工集团森林生态系统服务价值量评估中，由物质量转价值量时，部分价格参数并非评估年价格参数。因此，需要使用贴现率将非评估年份价格参数换算为评估年份价格参数以计算各项功能价值量的现价。

内蒙古森工集团森林生态系统服务价值量评估中所使用的贴现率指将未来现金收益折合成现在收益的比率，贴现率是一种存贷均衡利率，利率的大小，主要根据金融市场利率来决定，其计算公式为：

$$t=(D_r+L_r)/2 \tag{1-2}$$

式中：t——存贷款均衡利率（%）；

D_r——银行的平均存款利率（%）；

L_r——银行的平均贷款利率（%）。

贴现率利用存贷款均衡利率，将非评估年份价格参数，逐年贴现至评估年的价格参数。贴现率的计算公式为：

$$d=(1+t_n)(1+t_{n+1})\cdots(1+t_m) \quad (1\text{-}3)$$

式中：d——贴现率；

t——存贷款均衡利率（%）；

n——价格参数可获得年份（年）；

m——评估年份（年）。

六、核算公式与模型包

（一）保育土壤

森林凭借庞大的树冠、深厚的枯枝落叶层及强壮且成网络的根系截留大气降水，减少或避免雨滴对土壤表层的直接冲击，有效地固持土体，降低了地表径流对土壤的冲蚀，使土壤流失量大大降低。而且森林的生长发育及其代谢产物不断对土壤产生物理及化学影响，参与土体内部的能量转换与物质循环，使土壤肥力提高，森林凋落物是土壤养分的主要来源之一（图 1-6）。为此，本研究选用 2 个指标，即固土指标和保肥指标，以反映森林保育土壤功能。

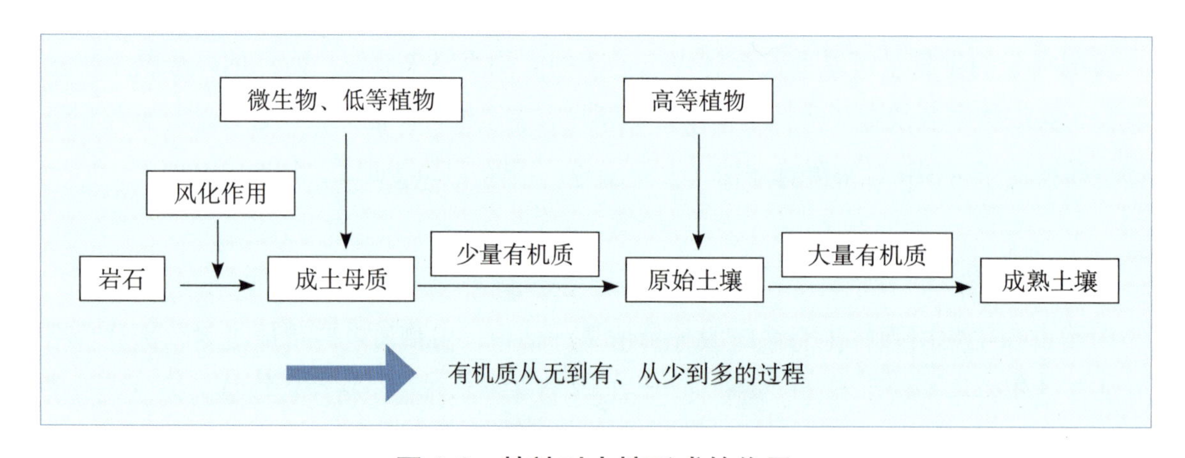

图 1-6　植被对土壤形成的作用

1. 固土指标

（1）年固土量。林分年固土量公式如下：

$$G_{固土}=A\cdot(X_2-X_1)\cdot F \quad (1\text{-}4)$$

式中：$G_{固土}$——评估林分年固土量（吨 / 年）；

X_1——实测林分有林地土壤侵蚀模数 [吨 /（公顷 · 年）]；

X_2——无林地土壤侵蚀模数 [吨 /（公顷 · 年）]；

A——林分面积（公顷）；

F——森林生态系统服务修正系数。

（2）年固土价值。由于土壤侵蚀流失的泥沙淤积于水库中，减少了水库蓄积水的体积，因此本研究根据蓄水成本（替代工程法）计算林分年固土价值，公式如下：

$$U_{固土}=G_{固土} \cdot C_{土}/\rho \cdot d \tag{1-5}$$

式中：$U_{固土}$——评估林分年固土价值（元/年）；

$G_{固土}$——评估林分年固土量（吨/年）；

$C_{土}$——挖取和运输单位体积土方所需费用（元/立方米）；

ρ——土壤容重（克/立方厘米）；

d——贴现率。

2. 保肥指标

（1）年减少养分流失量。林分年减少养分流失量计算公式如下：

$$G_N=A \cdot N \cdot (X_2-X_1) \cdot F \tag{1-6}$$

$$G_P=A \cdot P \cdot (X_2-X_1) \cdot F \tag{1-7}$$

$$G_K=A \cdot K \cdot (X_2-X_1) \cdot F \tag{1-8}$$

$$G_{有机质}=A \cdot M \cdot (X_2-X_1) \cdot F \tag{1-9}$$

式中：G_N——评估林分固持土壤而减少的氮流失量（吨/年）；

G_P——评估林分固持土壤而减少的磷流失量（吨/年）；

G_K——评估林分固持土壤而减少的钾流失量（吨/年）；

$G_{有机质}$——评估林分固持土壤而减少的有机质流失量（吨/年）；

X_1——实测林分有林地土壤侵蚀模数[吨/（公顷·年）]；

X_2——无林地土壤侵蚀模数[吨/（公顷·年）]；

N——实测林分中土壤含氮量（%）；

P——实测林分中土壤含磷量（%）；

K——实测林分中土壤含钾量（%）；

M——实测林分中土壤有机质含量（%）；

A——林分面积（公顷）；

F——森林生态系统服务修正系数。

（2）年保肥价值。年固土量中氮、磷、钾的数量换算成化肥即为林分年保肥价值。本研究的林分年保肥价值以固土量中的氮、磷、钾数量折合成磷酸二铵化肥和氯化钾化肥的价值来体现。公式如下：

$$U_{肥}=\left(G_N\cdot C_1/R_1+G_P\cdot C_1/R_2+G_K\cdot C_2/R_3+G_{有机质}\cdot C_3\right)\cdot d \tag{1-10}$$

式中：$U_{肥}$——评估林分年保肥价值（元/年）；

G_N——评估林分固持土壤而减少的氮流失量（吨/年）；

G_P——评估林分固持土壤而减少的磷流失量（吨/年）；

G_K——评估林分固持土壤而减少的钾流失量（吨/年）；

$G_{有机质}$——评估林分固持土壤而减少的有机质流失量（吨/年）；

C_1——磷酸二铵化肥价格（元/吨）；

C_2——氯化钾化肥价格（元/吨）；

C_3——有机质价格（元/吨）；

R_1——磷酸二铵化肥含氮量（%）；

R_2——磷酸二铵化肥含磷量（%）；

R_3——氯化钾化肥含钾量（%）；

d——贴现率。

（二）林木养分固持

森林在生长过程中不断从周围环境吸收氮、磷、钾等营养物质，并储存体内各器官，这些营养元素一部分通过生物地球化学循环以枯枝落叶形式返还土壤，一部分以树干淋洗和地表径流等形式流入江河湖泊，另一部分以林产品形式输出生态系统，再以不同形式释放到周围环境中。营养元素固定在植物体中，成为全球生物化学循环不可缺少的环节。为此，本研究选用林木养分固持指标反映森林养分固持功能。

1. 林木养分固持年积累量

林木积累氮、磷、钾量公式如下：

$$G_{氮}=A\cdot N_{营养}\cdot B_{年}\cdot F \tag{1-11}$$

$$G_{磷}=A\cdot P_{营养}\cdot B_{年}\cdot F \tag{1-12}$$

$$G_{钾}=A\cdot K_{营养}\cdot B_{年}\cdot F \tag{1-13}$$

式中：$G_{氮}$——评估林分年氮固持量（吨/年）；

$G_{磷}$——评估林分年磷固持量（吨/年）；

$G_{钾}$——评估林分年钾固持量（吨/年）；

$N_{营养}$——实测林木氮元素含量（%）；

$P_{营养}$——实测林木磷元素含量（%）；

$K_{营养}$——实测林木钾元素含量（%）；

$B_{年}$——实测林分净生产力［吨/（公顷·年）］；

A——林分面积（公顷）；

F——森林生态系统服务修正系数。

2. 林木养分固持价值

采取把营养物质折合成磷酸二铵化肥和氯化钾化肥方法计算林木养分固持价值，公式如下：

$$U_{氮}=G_{氮}\cdot C_1\cdot d \tag{1-14}$$

$$U_{磷}=G_{磷}\cdot C_1\cdot d \tag{1-15}$$

$$U_{钾}=G_{钾}\cdot C_2\cdot d \tag{1-16}$$

式中：$U_{氮}$——评估林分氮固持价值（元/年）；

$U_{磷}$——评估林分磷固持价值（元/年）；

$U_{钾}$——评估林分钾固持价值（元/年）；

$G_{氮}$——评估林分年氮固持量（吨/年）；

$G_{磷}$——评估林分年磷固持量（吨/年）；

$G_{钾}$——评估林分年钾固持量（吨/年）；

C_1——磷酸二铵化肥价格（元/吨）；

C_2——氯化钾化肥价格（元/吨）；

d——贴现率。

（三）涵养水源

森林涵养水源功能主要是指森林对降水的截留、吸收和贮存，将地表水转为地表径流或地下水的作用（图1-7）。主要功能表现在增加可利用水资源、净化水质和调节径流三个方面。本研究选定2个指标，即调节水量指标和净化水质指标，以反映森林的涵养水源功能。

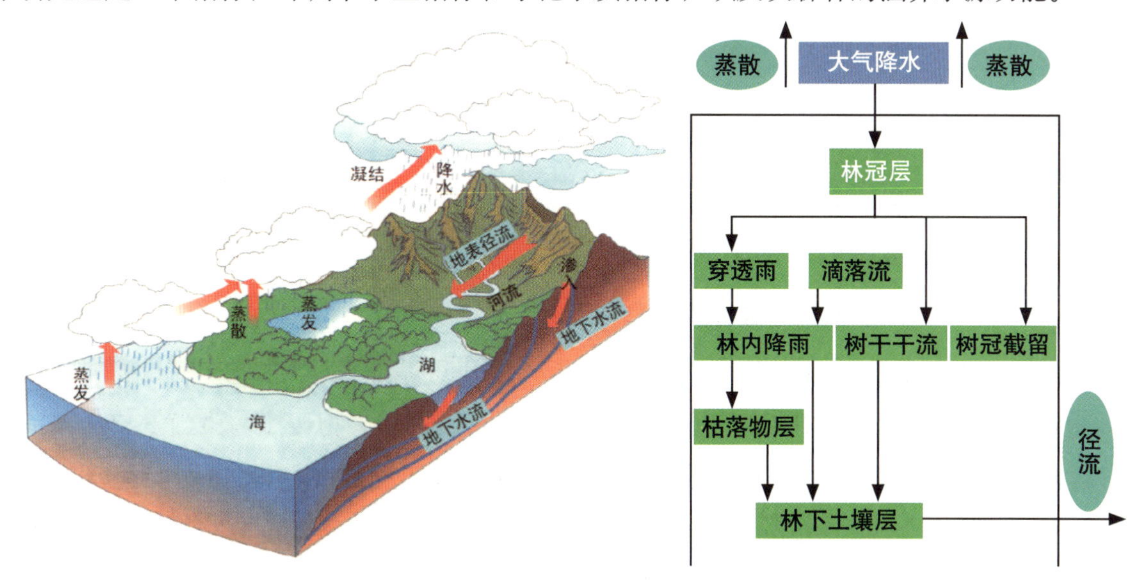

图1-7　全球水循环及森林对降水的再分配示意

1. 调节水量指标

(1) 年调节水量。森林生态系统年调节水量公式如下：

$$G_{调}=10A \cdot (P_{水}-E-C) \cdot F \tag{1-17}$$

式中：$G_{调}$——评估林分年调节水量（立方米/年）；

$P_{水}$——实测林外降水量（毫米/年）；

E——实测林分蒸散量（毫米/年）；

C——实测林分地表快速径流量（毫米/年）；

A——林分面积（公顷）；

F——森林生态系统服务修正系数。

(2) 年调节水量价值。森林生态系统年调节水量价值根据水库工程的蓄水成本（替代工程法）来确定，公式如下：

$$U_{调}=G_{调} \cdot C_{库} \cdot d \tag{1-18}$$

式中：$U_{调}$——评估林分年调节水量价值（元/年）；

$G_{调}$——评估林分年调节水量（立方米/年）；

$C_{库}$——水资源市场交易价格（元/立方米）；

d——贴现率。

2. 年净化水质指标

(1) 年净化水量。森林生态系统年净化水量采用年调节水量的公式如下：

$$G_{净}=10A \cdot (P_{水}-E-C) \cdot F \tag{1-19}$$

式中：$G_{净}$——评估林分年净化水质量（立方米/年）；

$P_{水}$——实测林外降水量（毫米/年）；

E——实测林分蒸散量（毫米/年）；

C——实测地表快速径流量（毫米/年）；

A——林分面积（公顷）；

F——森林生态系统服务修正系数。

(2) 净化水质价值。森林生态系统年净化水质价值根据内蒙古自治区水污染物应纳税额计算。《应税污染物和当量值表》中，每一排放口的应税水污染物按照污染当量数从大到小排序，对第一类水污染物按照前五项征收环境保护税；对其他类水污染物按照前三项征收环境保护税；对同一排放口中的化学需氧量、生化需氧量和总有机碳只征收一项，按三者中污染当量数最高的一项收取。采用的公式如下：

$$U_{净}=G_{净}\cdot K_{水}\cdot d \tag{1-20}$$

式中：$U_{净}$——评估林分净化水质价值（元/年）；

$G_{净}$——评估林分年净化水质量（立方米/年）；

$K_{水}$——水污染物应纳税额（元/立方米）；

d——贴现率。

$$K_{水}=(\rho_{大气降水}-\rho_{径流})/N_{水}\cdot K \tag{1-21}$$

式中：$K_{水}$——水污染物应纳税额（元/立方米）；

$\rho_{大气降水}$——大气降水中某一水污染物浓度（毫克/升）；

$\rho_{径流}$——森林地下径流中某一水污染物浓度（毫克/升）；

$N_{水}$——水污染物污染当量值（千克）；

K——税额（元）。

（四）固碳释氧

森林与大气的物质交换主要是二氧化碳与氧气的交换，即森林固定并减少大气中的二氧化碳和提高并增加大气中的氧气（图1-8），这对维持大气中的二氧化碳和氧气动态平衡、减少温室效应以及为人类提供生存的基础都有巨大和不可替代的作用（Ali et al.，2015）。为此，本研究选用固碳、释氧2个指标反映森林生态系统固碳释氧功能。根据光合作用化学反应式，森林植被每积累1.00克干物质，可以吸收(固定)1.63克二氧化碳，释放1.19克氧气。

图1-8　森林生态系统固碳释氧作用

1. 固碳指标

(1) 年固碳量。公式如下：

$$G_{碳}=G_{植被固碳}+G_{土壤固碳} \tag{1-22}$$

$$G_{植被固碳}=1.63R_{碳} \cdot A \cdot B_{年} \cdot F \tag{1-23}$$

$$G_{土壤固碳}=A \cdot S_{土壤} \cdot F \tag{1-24}$$

式中：$G_{碳}$——评估林分生态系统年固碳量（吨/年）；

$G_{植被固碳}$——评估林分年固碳量（吨/年）；

$G_{土壤固碳}$——评估林分对应的土壤年固碳量（吨/年）；

$R_{碳}$——二氧化碳中碳的含量，为27.27%；

A——林分面积（公顷）；

$B_{年}$——实测林分净生产力[吨/（公顷·年）]；

$S_{土壤}$——单位面积实测林分土壤的固碳量[吨/（公顷·年）]；

F——森林生态系统服务功能修正系数。

公式计算得出森林的潜在年固碳量，再从其中减去由于森林年采伐造成的生物量移出从而损失的碳量，即为森林的实际年固碳量。

（2）年固碳价值。林分植被和土壤年固碳价值的计算公式如下：

$$U_{碳}=G_{碳} \cdot C_{碳} \cdot d \tag{1-25}$$

式中：$U_{碳}$——评估林分年固碳价值（元/年）；

$G_{碳}$——评估林分生态系统潜在年固碳量（吨/年）；

$C_{碳}$——固碳价格（元/吨）；

d——贴现率。

公式得出森林的潜在年固碳价值，再从其中减去由于森林年采伐消耗量造成的碳损失，即为森林的实际年固碳价值。

2. 释氧指标

（1）年释氧量。公式如下：

$$G_{氧}=1.19A \cdot B_{年} \cdot F \tag{1-26}$$

式中：$G_{氧}$——评估林分年释氧量（吨/年）；

A——林分面积（公顷）；

$B_{年}$——实测林分净生产力[吨/（公顷·年）]；

F——森林生态系统服务修正系数。

(2) 年释氧价值。公式如下：

$$U_{氧}=G_{氧} \cdot C_{氧} \cdot d \tag{1-27}$$

式中：$U_{氧}$——评估林分年释放氧气价值（元/年）；

$G_{氧}$——评估林分年释氧量（吨/年）；

$C_{氧}$——氧气价格（元/吨）；

d——贴现率。

（五）净化大气环境

雾霾天气的出现，使空气质量状况成为民众和政府部门的关注焦点，大气颗粒物（如 PM_{10}、$PM_{2.5}$）被认为是造成雾霾天气的罪魁出现在人们的视野中。如何控制大气污染、改善空气质量成为科学研究的热点。

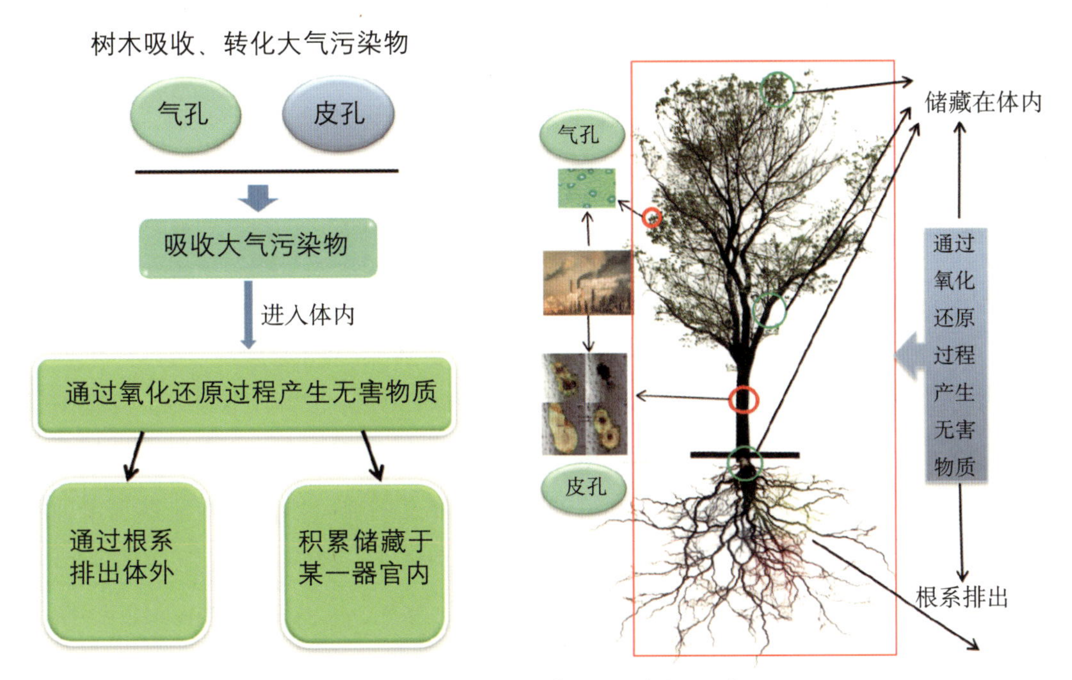

图 1-9 树木吸收空气污染物示意

森林能有效吸收有害气体、吸滞粉尘、降低噪音、提供负离子等，从而起到净化大气作用（图 1-9）。为此，本研究选取提供负离子、吸收气体污染物（二氧化硫、氟化物和氮氧化物）、滞尘、滞纳 PM_{10} 和 $PM_{2.5}$ 等 7 个指标反映森林净化大气环境能力。

1. 提供负离子指标

(1) 年提供负离子量。公式如下：

$$G_{负离子}=5.256\times10^{15}Q_{负离子}\cdot A\cdot H\cdot F/L \tag{1-28}$$

式中：$G_{负离子}$——评估林分年提供负离子个数（个/年）；

$Q_{负离子}$——实测林分负离子浓度（个/立方厘米）；

A——林分面积（公顷）；

H——实测林分高度（米）；

L——负离子寿命（分钟）；

F——森林生态系统服务修正系数。

（2）年提供负离子价值。国内外研究证明，当空气中负离子达到 600 个 / 立方厘米以上时，才能有益人体健康，所以林分年提供负离子价值采用的计算公式如下：

$$U_{负离子}=5.256\times10^{15}\cdot A\cdot H\cdot K_{负离子}\times（Q_{负离子}-600）/L\cdot d \quad (1\text{-}29)$$

式中：$U_{负离子}$——评估林分年提供负离子价值（元 / 年）；

$K_{负离子}$——负离子生产费用（元 /10^{18} 个）；

$Q_{负离子}$——实测林分负离子浓度（个 / 立方厘米）；

L——负离子寿命（分钟）；

H——实测林分高度（米）；

A——林分面积（公顷）；

d——贴现率。

2. 吸收污染物指标

二氧化硫、氟化物和氮氧化物是大气污染物的主要物质（图 1-10）。因此，本研究选取森林吸收二氧化硫、氟化物和氮氧化物 3 个指标核算森林吸收污染物的能力。森林对二氧化硫、氟化物和氮氧化物的吸收，可使用面积—吸收能力法、阈值法、叶干质量估算法等。本研究采用面积—吸收能力法核算森林吸收污染物的总量，采用应税污染物法核算价值量。

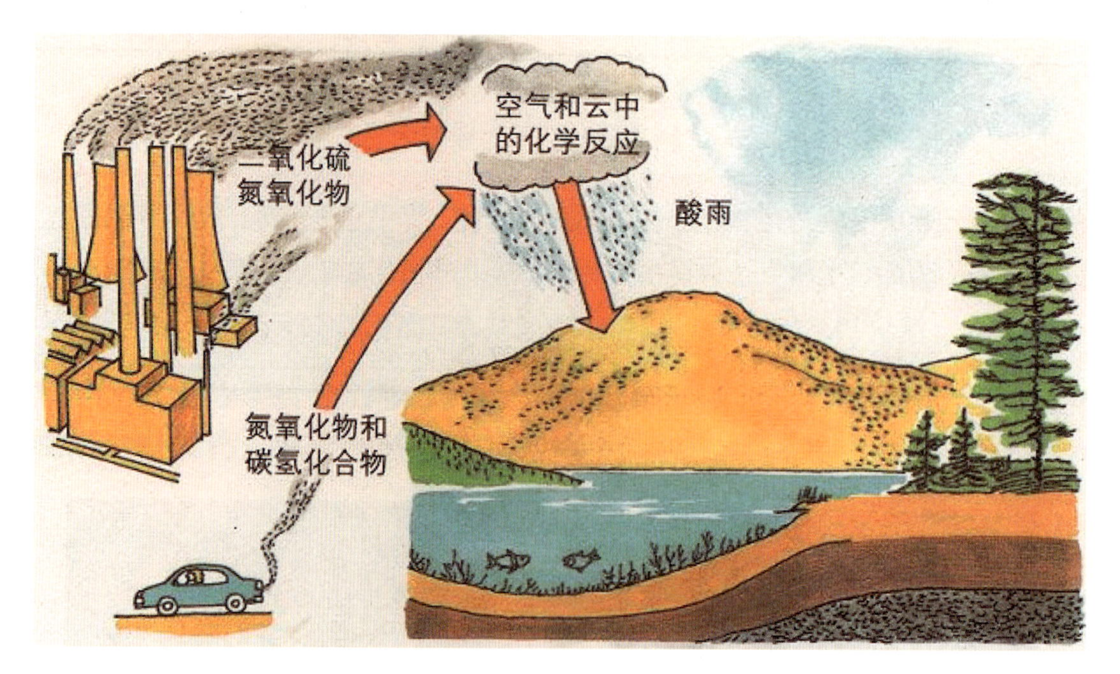

图 1-10　污染气体的来源及危害

（1）吸收二氧化硫。主要计算林分年吸收二氧化硫的物质量和价值量。

①林分年吸收二氧化硫量计算公式如下：

$$G_{二氧化硫}=Q_{二氧化硫}\cdot A\cdot F/1000 \tag{1-30}$$

式中：$G_{二氧化硫}$——评估林分年吸收二氧化硫量（吨/年）；

$Q_{二氧化硫}$——单位面积实测林分年吸收二氧化硫量［千克/（公顷·年）］；

A——林分面积（公顷）；

F——森林生态系统服务修正系数。

②林分年吸收二氧化硫价值计算公式如下：

$$U_{二氧化硫}=G_{二氧化硫}\cdot K_{二氧化硫}\cdot d \tag{1-31}$$

式中：$U_{二氧化硫}$——评估林分年吸收二氧化硫价值（元/年）；

$G_{二氧化硫}$——评估林分年吸收二氧化硫量（吨/年）；

$K_{二氧化硫}$——二氧化硫的治理费用（元/吨）；

d——贴现率。

（2）吸收氟化物。

①林分吸收氟化物年量计算公式如下：

$$G_{氟化物}=Q_{氟化物}\cdot A\cdot F/1000 \tag{1-32}$$

式中：$G_{氟化物}$——评估林分年吸收氟化物量（吨/年）；

$Q_{氟化物}$——单位面积实测林分年吸收氟化物量［千克/（公顷·年）］；

A——林分面积（公顷）；

F——森林生态系统服务修正系数。

②林分年吸收氟化物价值公式如下：

$$U_{氟化物}=G_{氟化物}\cdot K_{氟化物}\cdot d \tag{1-33}$$

式中：$U_{氟化物}$——评估林分年吸收氟化物价值（元/年）；

$G_{氟化物}$——评估林分年吸收氟化物量（吨/年）；

$K_{氟化物}$——氟化物治理费用（元/吨）；

d——贴现率。

（3）吸收氮氧化物。

①林分氮氧化物年吸收量计算公式如下：

$$G_{氮氧化物}=Q_{氮氧化物}\cdot A\cdot F/1000 \tag{1-34}$$

式中：$G_{氮氧化物}$——评估林分年吸收氮氧化物量（吨/年）；

$Q_{氮氧化物}$——单位面积实测林分年吸收氮氧化物量[千克/（公顷·年）]；

A——林分面积（公顷）；

F——森林生态系统服务修正系数。

②年吸收氮氧化物量价值计算公式如下：

$$U_{氮氧化物}=G_{氮氧化物}\cdot K_{氮氧化物}\cdot d \tag{1-35}$$

式中：$U_{氮氧化物}$——评估林分年吸收氮氧化物价值（元/年）；

$G_{氮氧化物}$——评估林分年吸收氮氧化物量（吨/年）；

$K_{氮氧化物}$——氮氧化物治理费用（元/吨）；

d——贴现率。

3. 滞尘指标

森林有阻挡、过滤和吸附粉尘的作用，可提高空气质量。因此，滞尘功能是森林生态系统重要的服务功能之一。鉴于近年来人们对 PM_{10} 和 $PM_{2.5}$（图 1-11）的关注，本研究在评估总滞尘量及其价值的基础上，将 PM_{10} 和 $PM_{2.5}$ 从总滞尘量中分离出来进行单独的物质量和价值量评估。

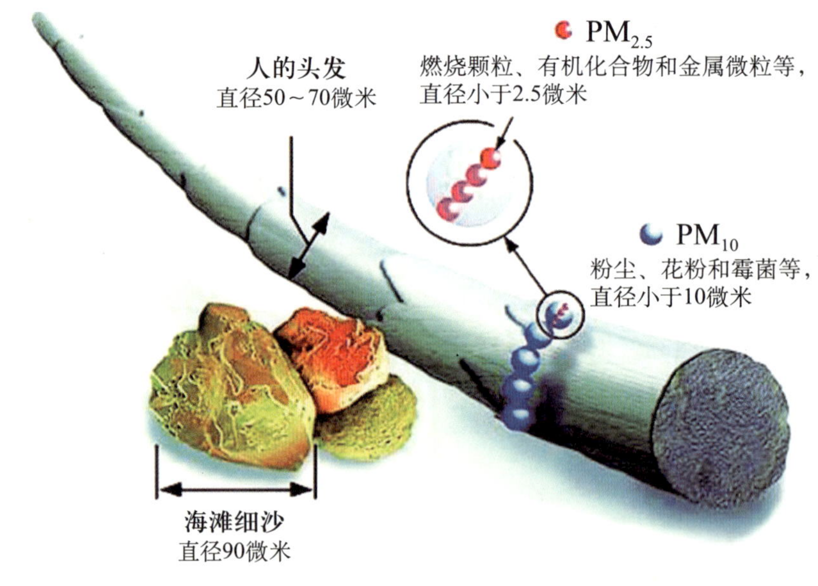

图 1-11　$PM_{2.5}$ 颗粒直径示意

（1）年总滞尘量。公式如下：

$$G_{TSP}=Q_{TSP}\cdot A\cdot F/1000 \tag{1-36}$$

式中：G_{TSP}——评估林分年潜在滞纳 TSP（总悬浮颗粒物）量（吨/年）；

Q_{TSP}——单位面积实测林分年滞纳 TSP 量[千克/（公顷·年）]；

A——林分面积（公顷）；

F——森林生态系统服务修正系数。

（2）年滞尘价值。本研究中，用应税污染物法计算林分滞纳 PM_{10} 和 $PM_{2.5}$ 的价值。其中，PM_{10} 和 $PM_{2.5}$ 采用炭黑尘（粒径 0.4 ~ 1 微米）污染当量值结合应税额度进行核算。林分滞纳其余颗粒物的价值一般性粉尘（粒径＜ 75 微米）污染当量值结合应税额度进行核算。年滞尘价值计算公式如下：

$$U_{滞尘}=(G_{TSP}-G_{PM_{10}}-G_{PM_{2.5}})\cdot K_{TSP}+U_{PM_{10}}+U_{PM_{2.5}} \quad (1\text{-}37)$$

式中：$U_{滞尘}$——评估林分年潜在滞尘价值（元/年）；

G_{TSP}——评估林分年潜在滞纳 TSP 量［千克/（公顷·年）］；

$G_{PM_{10}}$——评估林分年潜在滞纳 PM_{10} 量［千克/（公顷·年）］；

$G_{PM_{2.5}}$——评估林分年潜在滞纳 $PM_{2.5}$ 量［千克/（公顷·年）］；

K_{TSP}——降尘清理费用（元/千克）；

$U_{PM_{10}}$——评估林分年潜在滞纳 PM_{10} 价值［元/千克］；

$U_{PM_{2.5}}$——评估林分年潜在滞纳 $PM_{2.5}$ 价值［元/千克］。

4. 滞纳 $PM_{2.5}$

（1）年滞纳 $PM_{2.5}$ 量。公式如下：

$$G_{PM_{2.5}}=10Q_{PM_{2.5}}\cdot A\cdot n\cdot F\cdot \text{LAI} \quad (1\text{-}38)$$

式中：$G_{PM_{2.5}}$——评估林分年潜在滞纳 $PM_{2.5}$（直径小于等于 2.5 微米的可入肺颗粒物）量（千克/年）；

$Q_{PM_{2.5}}$——实测林分单位叶面积滞纳 $PM_{2.5}$ 的量（克/平方米）；

A——林分面积（公顷）；

F——森林生态系统服务修正系数；

n——年洗脱次数；

LAI——叶面积指数。

（2）年滞纳 $PM_{2.5}$ 价值。公式如下：

$$U_{PM_{2.5}}=G_{PM_{2.5}}\cdot C_{PM_{2.5}}\cdot d \quad (1\text{-}39)$$

式中：$U_{PM_{2.5}}$——评估林分年潜在滞纳 $PM_{2.5}$ 价值（元/年）；

$G_{PM_{2.5}}$——评估林分年潜在滞纳 $PM_{2.5}$ 量（千克/年）；

$C_{PM_{2.5}}$——$PM_{2.5}$ 清理费用（元/千克）；

d——贴现率。

5. 滞纳 PM_{10}

（1）年滞纳 PM_{10} 量。公式如下：

$$G_{PM_{10}}=10Q_{PM_{10}} \cdot A \cdot n \cdot F \cdot \mathrm{LAI} \tag{1-40}$$

式中：$G_{PM_{10}}$——评估林分年潜在滞纳 PM_{10} 量（千克/年）；

$Q_{PM_{10}}$——实测林分单位叶面积年滞纳 PM_{10} 量（克/平方米）；

A——林分面积（公顷）；

F——森林生态系统服务修正系数；

n——年洗脱次数；

LAI——叶面积指数。

（2）年滞纳 PM_{10} 价值。公式如下：

$$U_{PM_{10}}=G_{PM_{10}} \cdot C_{PM_{10}} \cdot d \tag{1-41}$$

式中：$U_{PM_{10}}$——评估林分年潜在滞纳 PM_{10} 价值（元/年）；

$G_{PM_{10}}$——评估林分年潜在滞纳 PM_{10} 量（千克/年）；

$C_{PM_{10}}$——PM_{10} 清理费用（元/千克）；

d——贴现率。

（六）生物多样性保护

生物多样性维护了自然界的生态平衡，并为人类的生存提供了良好的环境条件。生物多样性是生态系统不可缺少的组成部分，对生态系统服务的发挥具有十分重要的作用。Shannon-Wiener 指数是反映森林中物种的丰富度和分布均匀程度的经典指标。传统 Shannon-Wiener 指数对生物多样性保护等级的界定不够全面。本研究增加濒危指数、特有种指数以及古树年龄指数对生物多样性保护价值进行核算，以利于生物资源的合理利用和相关部门保护工作的合理分配。

修正后的生物多样性保护功能核算公式如下：

$$U_{生}=\left(1+0.1\sum_{m=1}^{x}E_m+0.1\sum_{n=1}^{y}B_n+0.1\sum_{r=1}^{z}O_r\right) \cdot S_{生} \cdot A \tag{1-42}$$

式中：$U_{生}$——评估林分年物种资源保育价值（元/年）；

E_m——评估林分（或区域）内物种 m 的珍稀濒危指数（表 1-1）；

B_n——评估林分（或区域）内物种 n 的特有种指数（表 1-2）；

O_r——评估林分（或区域）内物种 r 的古树年龄指数（表 1-3）；

x——计算珍稀濒危物种数量；

y——计算特有种物种数量；

z——计算古树物种数量；

$S_{生}$——单位面积物种资源保育价值[元/（公顷·年）]；

A——林分面积（公顷）。

本研究根据 Shannon-Wiener 指数计算生物多样性保护价值，共划分 7 个等级：

当指数 <1 时，$S_{生}$为 3000[元/（公顷·年）]；

当 1 ≤指数< 2 时，$S_{生}$为 5000[元/（公顷·年）]；

当 2 ≤指数< 3 时，$S_{生}$为 10000[元/（公顷·年）]；

当 3 ≤指数< 4 时，$S_{生}$为 20000[元/（公顷·年）]；

当 4 ≤指数< 5 时，$S_{生}$为 30000[元/（公顷·年）]；

当 5 ≤指数< 6 时，$S_{生}$为 40000[元/（公顷·年）]；

当指数≥ 6 时，$S_{生}$为 50000[元/（公顷·年）]。

表 1-1　物种濒危指数体系

濒危指数	濒危等级	物种种类
4	极危	参见《中国物种红色名录》第一卷：红色名录
3	濒危	
2	易危	
1	近危	

表 1-2　特有种指数体系

特有种指数	分布范围
4	仅限于范围不大的山峰或特殊的自然地理环境下分布
3	仅限于某些较大的自然地理环境下分布的类群，如仅分布于较大的海岛（岛屿）、高原、若干个山脉等
2	仅限于某个大陆分布的分类群
1	至少在2 个大陆都有分布的分类群
0	世界广布的分类群

注：参见《植物特有现象的量化》（苏志尧，1999）。

表 1-3　古树年龄指数体系

古树年龄	指数等级	来源及依据
100～299年	1	参见全国绿化委员会、国家林业局文件《关于开展古树名木普查建档工作的通知》
300～499年	2	
≥500年	3	

（七）林木产品供给

1. 木材产品价值

$$U_{木材产品}=\sum_{i}^{n}(A_i \cdot S_i \cdot U_i)\quad(i=1,\ 2,\ \ldots,\ n) \tag{1-43}$$

式中：$U_{木材产品}$——内蒙古森工集团年木材产品价值（元/年）；

A_i——第 i 种木材产品面积（公顷）；

S_i——第 i 种木材产品单位面积蓄积量 [立方米/（公顷·年）]；

U_i——第 i 种木材产品市场价格（元/立方米）。

2. 非木材产品价值

$$U_{非木材产品}=\sum_{j}^{n}(A_j\cdot V_j\cdot P_j)\quad(j=1,\ 2,\ \ldots,\ n) \tag{1-44}$$

式中：$U_{非木材产品}$——内蒙古森工集团年非木材产品价值（元/年）；

A_j——第 j 种非木材产品种植面积（公顷）；

V_j——第 j 种非木材产品单位面积产量 [千克/（公顷·年）]；

P_j——第 j 种非木材产品市场价格（元/千克）。

（八）森林康养

森林康养是指森林生态系统为人类提供森林医疗、疗养、康复、保健、养生、休闲、游憩和度假等消除疲劳、愉悦身心、有益健康的功能。内蒙古大兴安岭以森林的原始性、湖泊的天然性、冰雪的纯洁性、口岸的集中性、古迹的民族性和民俗的独特性而受到瞩目，“大草原、大森林、大水域、大口岸、大民俗”共同构成内蒙古森工集团旅游资源。2020 年，仅森林游憩共接待游客 20.25 万人次，旅游直接收入 1156.14 万元。

$$U_{康养}=0.8\ (U_{直接}+U_{带动}) \tag{1-45}$$

式中：$U_{康养}$——内蒙古森工集团年森林康养价值量（元/年）；

$U_{直接}$——林业旅游与休闲产值，按照直接产值对待（元/年）；

$U_{带动}$——林业旅游与休闲带动的其他产业产值（元/年）；

0.8——森林公园接待游客量和创造的旅游产值约占全国森林旅游总规模的百分比。

（九）内蒙古森工集团森林生态服务总价值评估

内蒙古森工集团森林生态服务总价值为上述各分项生态系统服务价值之和，计算公式如下：

$$U_I=\sum_{i=1}^{23}U_i \tag{1-46}$$

式中：U_I——内蒙古森工集团森林生态系统服务年总价值（元/年）；

U_i——内蒙古森工集团森林生态系统服务各分项价值量（元/年）。

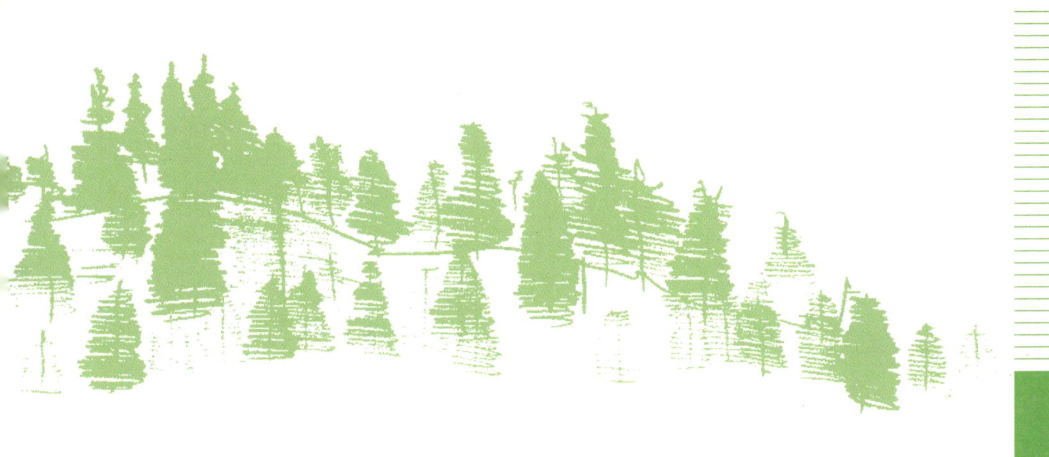

第二章
内蒙古森工集团概况

内蒙古森工集团始建于1952年，是国务院确定的首批57户试点企业集团之一。内蒙古森工集团地处大兴安岭重点国有林区，是我国最大的集中连片的国有林区，地跨内蒙古自治区的呼伦贝尔市、兴安盟9个旗市区（牙克石市、扎兰屯市、根河市、额尔古纳市、鄂伦春自治旗、鄂温克族自治旗、阿荣旗、莫力达瓦达斡尔族自治旗、阿尔山市）。集团现有直属企事业单位44家，包括有大杨树、乌尔旗汉、甘河、吉文、毕拉河、伊图里河、克一河、库都尔、阿龙山、阿尔山、阿里河、图里河、金河、莫尔道嘎、根河、得耳布尔、绰尔、绰源、满归等19个森工(林业)公司、3个国家级自然保护区管理局(汗马、额尔古纳、毕拉河)、1个北部原始林区管护局(乌玛、永安山、奇乾3个规划林业局)、林业规划院、生态研究院、党校、航空护林局等其他企事业单位21个。

第一节　地理环境概况

内蒙古大兴安岭重点国有林区东连黑龙江，西接呼伦贝尔大草原，南至洮儿河，北部和西部与俄罗斯、蒙古国毗邻。大兴安岭主山脉贯穿全林区，呈东北—西南走向，北起黑龙江畔，南至西拉木伦河上游谷地，全长1200多千米，宽200～300千米，其地理坐标为东经119°36′26″～125°24′10″、北纬47°03′26″～53°20′00″（图2-1），是我国面积最大的集中连片国有林区，是我国重要的林业基地之一。

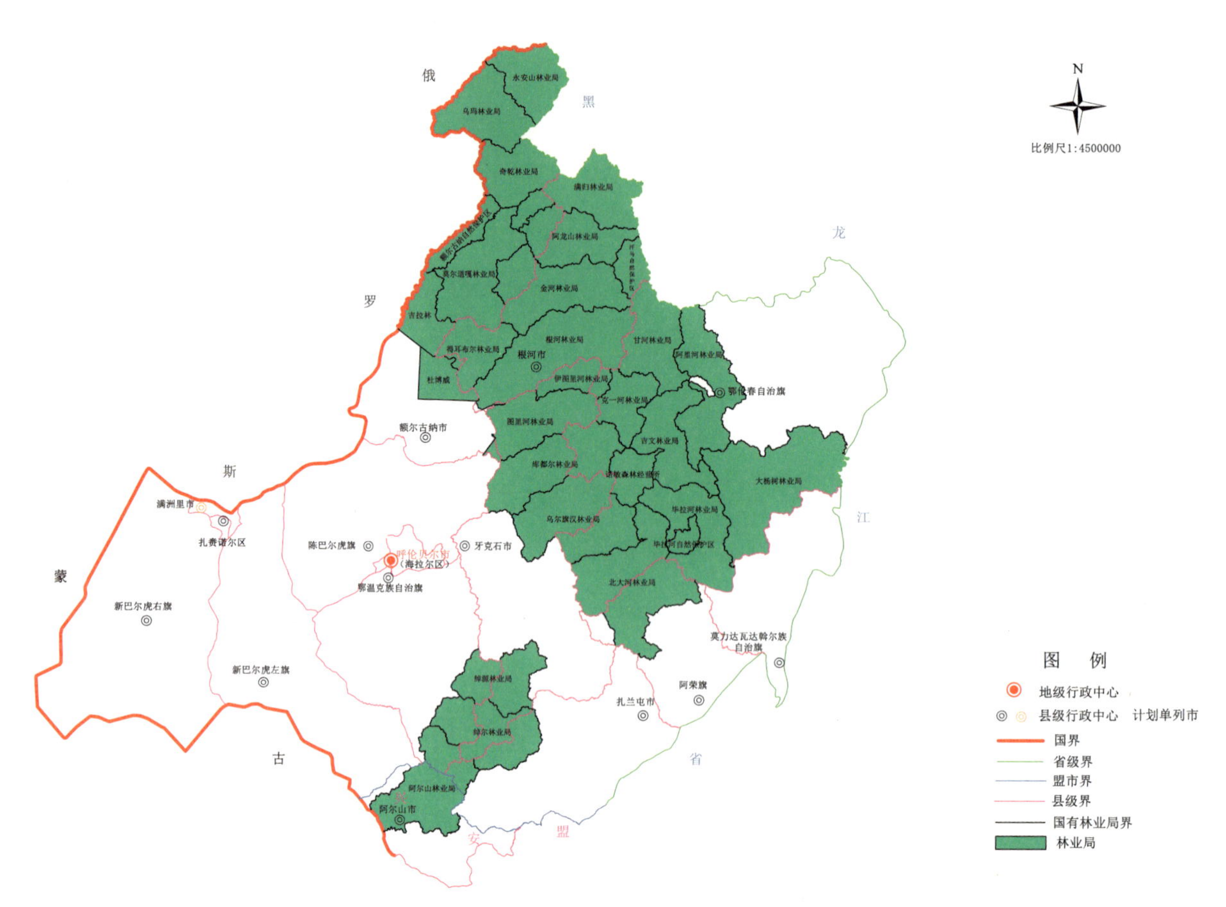

图 2-1　内蒙古森工集团地理位置示意

一、地质地貌

大兴安岭地区系新华夏系第三隆起代北段之地质带。上元古代时期，系原始海洋的蒙古海漕，属早期地质构造中“五台运动”的产物。古生代时期，在“加里东”地壳激烈运动中，区内出现海陆交汇地层。至石炭纪和二叠纪，经过“海西运动”，海水东泄退出，全区上升为陆地，形成大兴安岭褶皱带与伊勒呼里山系雏形，呈北东、南西走向。

中生代时期，侏罗纪后期至白垩纪初期的“燕山运动”，使本区出现强烈褶皱、断裂和火山喷发，加之西伯利亚板块与中国板块挤压、相撞，大兴安岭褶皱带进一步上升，形成新华夏隆起带和阶梯式断裂带，主轴呈北北东向展布。新生代时期，早期第三纪大兴安岭隆起带和区域断裂带，继续稳步上升。受长期侵蚀和剥蚀，出现“兴安期夷平面”。“喜马拉雅运动”使本区出现新褶皱、大断裂，火山喷发激烈，出现黑龙江、呼玛河、多布库尔河、甘河、盘古河等多处断裂带。至第四纪及其尔后，大兴安岭继续缓慢上升，发育成大兴安岭山脉和断裂带及河谷地带。

依据《中国内蒙古森工集团内蒙古大兴安岭林管局志（2000—2011 年）》，内蒙古森工集团地貌主要分为山地和丘陵两种类型。林区北部以块状—褶皱中低山为主，海拔在

700 ~ 1300 米。林区中南部（金河以南至阿尔山），属于剥蚀低山、中山区，褶皱低山，海拔 1000 ~ 1500 米。内蒙古大兴安岭林区呈北低南高、东低西高地貌。有大小山峰 25905 座，其中海拔 800 米以上山峰 25823 座，林区第一高峰是位于阿尔山林业局南沟林场的特尔莫山，海拔 1745.2 米；林区中东部最高峰是位于甘河林业局乌里特林场的大白山，海拔 1528.7 米；北部最高峰是位于阿龙山林业局先锋林场的奥克里堆山，海拔 1520 米。林区相对高度最高的山是位于莫尔道嘎林业局激流河林场的 1042 米高地，相对高度 795.4 米。林区最低处位于毕拉河林业局诺敏河岸，海拔 268 米。

内蒙古大兴安岭林区主山脉两侧呈明显不对称性，东侧较陡，西侧较缓。西侧与内蒙古高原毗邻处的海拔为 600 ~ 700 米，东侧与松嫩平原交界处海拔为 200 米，这表明内蒙古大兴安岭高出内蒙古高原仅 400 ~ 500 米，而高出松嫩平原则达 800 ~ 1000 米。内蒙古大兴安岭林区丘陵介于林区山地与松嫩平原向山地发展，由东向西可划分为浅丘、丘陵。东侧多波状丘陵，主要分布于大杨树林业局和毕拉河林业局，呈东北—西南向延伸。丘陵地区海拔在 400 米以下，相对高差较小，为 100 ~ 200 米。丘陵顶部广阔而平坦，丘陵坡度 5° ~ 20°。

二、气候条件

内蒙古大兴安岭地处欧亚大陆中高纬度地带，属寒温带大陆性季风气候区，有“高寒禁区”之称。受大兴安岭山地的阻隔，岭东和岭西的气候有显著差异。岭东气候温和雨量较大，属于半湿润气候；内蒙古大兴安岭山地为寒冷湿润森林气候；岭西属于半湿润森林草原气候。

林区冬季在极地大陆气团控制下，气候严寒、干燥；夏季受副热带高压海洋气团影响，降水集中，气候温热、湿润。冬季漫长而严寒，夏季短暂而湿热，春季多风而干旱，秋季降温急骤，常有霜冻。

依据《内蒙古森工集团大兴安岭林管局志（2000—2011 年）》统计，内蒙古大兴安岭年平均气温 -2.4℃，年平均最高气温为 5.1℃，年平均最低气温 -9.3℃。山地平均气温 -5 ~ -2℃，岭西 -3 ~ 0℃，岭东 -2 ~ 0℃。岭西自西南向东北，岭东自东南向西北年平均气温逐渐降低。林区平均无霜期小于 100 天。1996 年以来，年平均气温 0.1℃，年平均最高气温 6.4℃，年平均最低气温 -6.5℃。年平均气温较过去有所上升。林区最冷月（1 月）平均气温：山地为 -31 ~ -24℃，岭东为 -22 ~ -18℃，岭西为 -28 ~ -22℃。林区大部分地区极端最低气温在 -40℃以下。根河、图里河气温最低。2001 年 2 月图里河最低气温达 -49.6℃。林区北部是全国同纬度最冷的地方。林区最热月（7 月）平均气温：山地为 16 ~ 18℃，岭东 20 ~ 21℃，岭西 18 ~ 21℃。极端最高气温可达 37℃以上。2001 年 6 月 25 日，毕拉河林业局最高气温达 39.4℃。林区的雨量线大体与大兴安岭山体平行，受地形和季风活动的影响，降水量由岭东到岭西递减。1996 年以来，林区年平均降水量 372.2 毫米，年平均蒸发量 112.6 毫米，平均相对湿度 63.9%，湿润度 1.0。

三、水文状况

内蒙古大兴安岭林区河流密布，以大兴安岭山脉为界，分为两大水系。岭东的河流流入嫩江，称嫩江水系；岭西的河流流入额尔古纳河，称额尔古纳水系。林区境内有大小河流 7146 条，其中一级支流 100 条，二级支流 884 条，二级以下支流 6400 条（含溪流），河流总长 34938 千米，水资源总量 161 亿立方米。林区长 30 千米以上河流 135 条，总长 9443 千米，境内最长的河流为诺敏河，其次是激流河。诺敏河属嫩江水系，发源于大兴安岭支脉伊勒呼里山南麓，全长 467.9 千米，流域面积 2.57 万平方千米。林管局境内河长 365.1 千米，流域面积 1.99 万平方千米。激流河属额尔古纳水系，发源于大兴安岭西北麓的三望山，全长 331.5 千米，流域面积 1.59 万平方千米，有支流 300 条。激流河是中国北部原始林区水面最宽、弯道最多、落差最大、河水流量充沛的原始森林河。激流河流域绝大部分尚未开发，仍保持原始生态环境。内蒙古大兴安岭最大的湖泊是毕拉河林业局的达尔滨湖，面积 352 公顷，其次是阿尔山林业局的松叶湖，面积 314 公顷。其他 3 个 100 公顷以上的湖泊均在阿尔山境内。

四、土壤条件

大兴安岭地区特有的土壤有机质和微量元素居全国之首，肥沃且无污染。大兴安岭为多年冻土带。大兴安岭森林土壤类型主要有：棕色针叶林土、暗棕壤、灰黑土、草甸土和沼泽土。林区土壤的垂直分布不明显，北部棕色针叶林土分布在海拔 800 ~ 1500 米；灰色森林土分布在海拔 500 ~ 1100 米；黑钙土分布于海拔 900 ~ 1200 米；暗棕壤分布于海拔 800 米以下；黑土分布在海拔 750 米以下；草甸土分布于谷地和阶地；沼泽土、泥炭土分布于河谷及低洼处。南部棕色针叶林土分布于海拔 900 ~ 1700 米；灰色森林土分布于海拔 900 ~ 1200 米；暗棕壤分布于海拔 500 ~ 900 米；草甸土、沼泽土分布于海拔 900 米以下；黑钙土多分布于海拔 800 米以下。

五、旅游资源

内蒙古大兴安岭是森林的海洋、河流的故乡、动物的乐园、植物的王国，享有“千里兴安，千里画卷”“绿色生态王国”“野生动植物乐园”“天然氧吧”之美称。依托于丰富的自然、人文资源和极具潜力的经济发展势态，内蒙古大兴安岭旅游产业持续快速发展。

历史遗址主要有阿里河境内的鲜卑遗址嘎仙洞、莫尔道嘎境内的成吉思汗遗址、乌尔旗汉境内的辽代古城遗址、绰源境内的“日军侵华工事”遗址等。

民族风情主要有蒙古歌舞、鄂温克驯鹿、达斡尔篝火等。

现代名人足迹主要有图里河林业局境内的刘少奇主席纪念林。

著名山峰主要有奥克里堆山、龙岩山、凝翠山、四方山、摩天岭、诺敏大山等。

目前，内蒙古大兴安岭林区已建成汗马、额尔古纳、阿尔山、莫尔道嘎白鹿岛、毕拉河达尔滨湖、阿里河相思谷、绰源等自然保护区、森林公园、湿地公园34处、180.73万公顷，打造5A级旅游景区1个、4A级景区3个。内蒙古森工集团正在不断完善海拉尔—满洲里—阿尔山、海拉尔—室韦—莫尔道嘎、牙克石—根河—满归、加格达奇—阿里河—克一河—达尔滨湖、乌兰浩特—阿尔山旅游精品线路等措施，先后推出了森林风光游、冰雪游、民俗游、边境口岸游、森林度假游、森林探险、狩猎等多项旅游项目。其独特的自然景观、森林文化、民风民俗吸引了国内外的游客前来观光旅游。2021年，内蒙古大兴安岭林区接待游客20.25万人次，旅游直接收入1156.14万元。

第二节 森林资源概况

内蒙古森工集团具有我国独有的原生性寒温带针叶林森林生态系统和多种过渡的生态类型，是重要的野生物种栖息地，在我国国土生态安全和生物多样性保护中具有重要的地位和作用。

一、森林资源空间格局

（一）森林面积空间格局

由图2-2可知，内蒙古森工集团2020年森林资源总面积852.77万公顷，各林业局森林资源面积分布有所差异，根河、乌尔旗汉、金河、库都尔和莫尔道嘎5个林业局的森林资源面积较大，5个林业局森林资源总面积为243.44万公顷，占内蒙古森工集团森林面积的28.55%。额尔古纳、汗马、吉拉林和杜博威4个林业局的森林面积较小，排后四位。

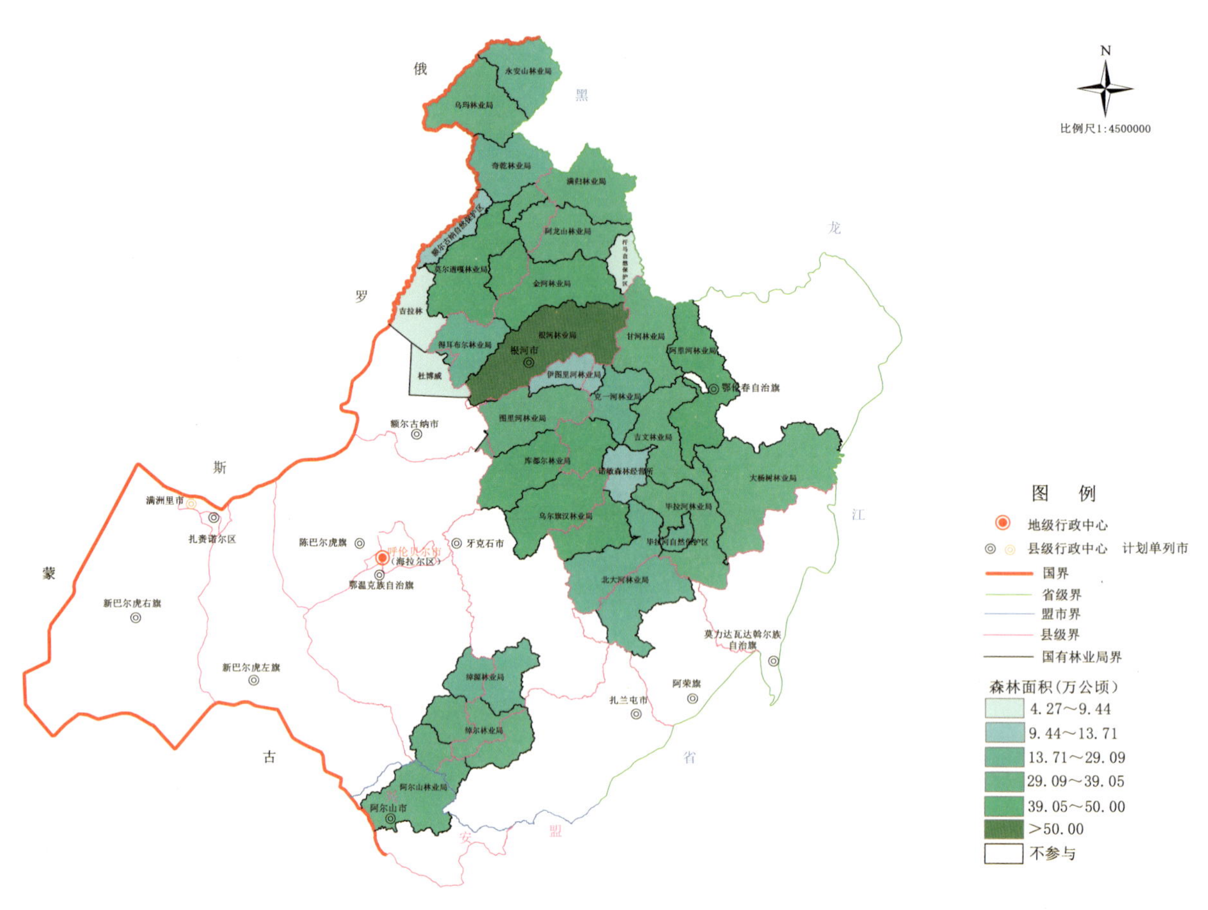

图 2-2 内蒙古森工集团森林面积分布

(二)森林蓄积量空间格局

2020 年，内蒙古森工集团森林蓄积量 95605.15 万立方米，其中乌尔旗汉林业局森林蓄积量最大，为 6461.44 万立方米；其次是根河林业局，森林蓄积量 6377.07 万立方米；毕拉河自然保护区森林蓄积量最小(图 2-3)。内蒙古森工集团单位面积蓄积量超过 100 立方米的林业局有 24 个，其森林蓄积量占集团森林蓄积量的 88.84%。单位面积森林蓄积量最高的三个林业局是额尔古纳、乌玛和永安山，分别为 159.70 立方米 / 公顷、153.61 立方米 / 公顷和 149.66 立方米 / 公顷；单位面积蓄积量最低的是大杨树林业局，单位面积蓄积量为 63.18 立方米 / 公顷。

二、森林资源数量变化

通过对 2010 年、2015 年和 2020 年最近三期森林资源调查更新数据的分析发现，内蒙古森工集团森林面积在近三次调查中表现为先增高、后降低的变化。2010 年，内蒙古森工集团森林面积为 835.09 万公顷，2015 年增加到 854.13 万公顷，到 2020 年略有降低为 852.77 万公顷，内蒙古森工集团的森林面积总体保持稳定，平均年变化率为 0.2%(图 2-4)。内蒙古森工集团森林面积的动态变化与国家政策、林区森林资源管理等密切相关。

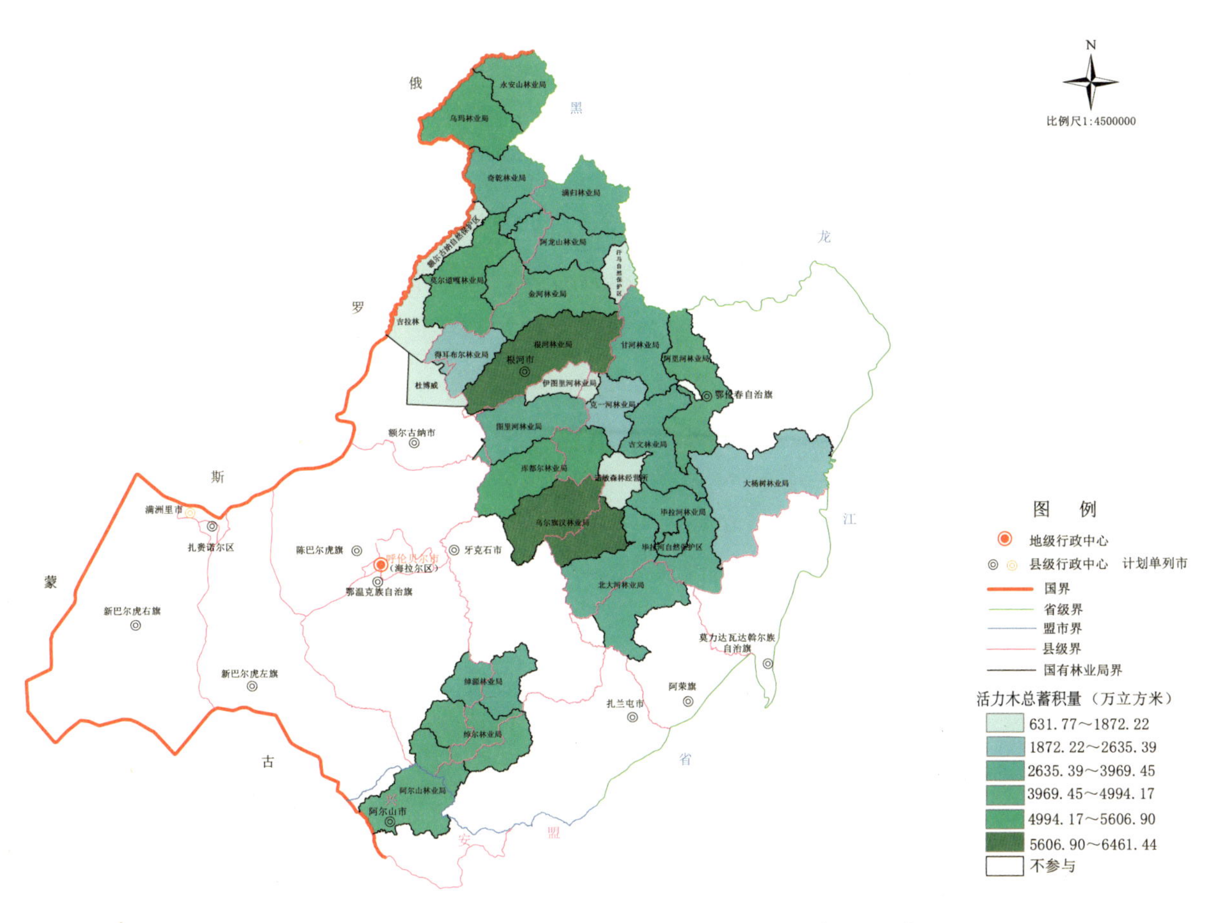

图 2-3 内蒙古森工集团活立木总蓄积量空间分布

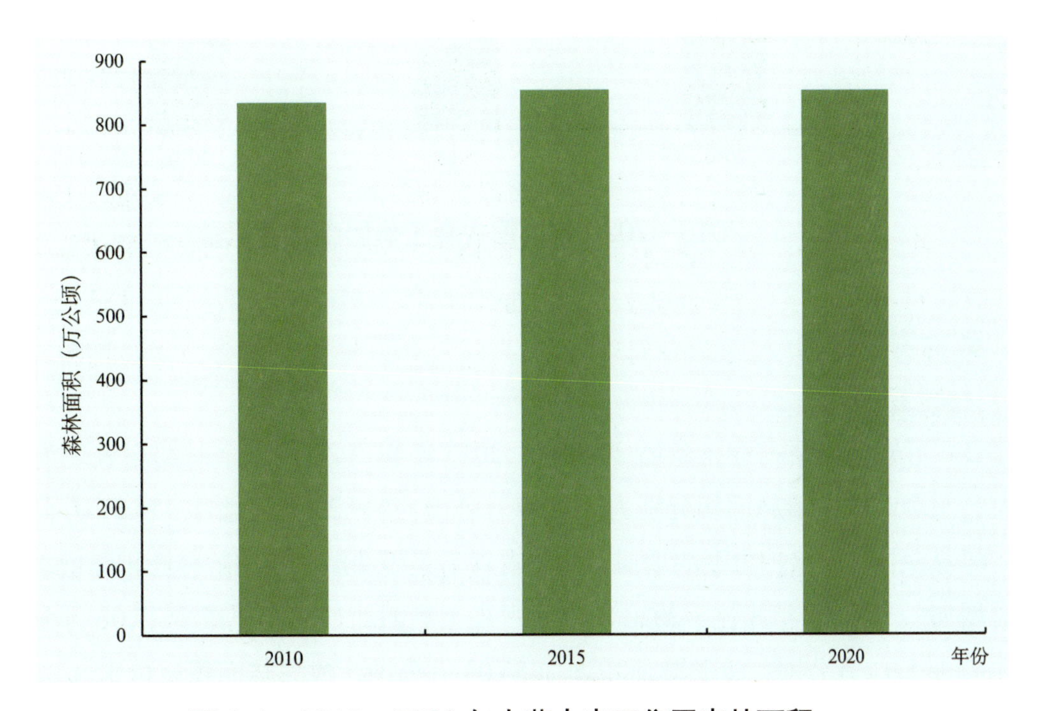

图 2-4 2010—2020 年内蒙古森工集团森林面积

三、森林资源质量

从图 2-5 可以看出，2010—2020 年，内蒙古森工集团森林蓄积量表现出增加趋势，由 2010 年的 7.25 亿立方米增加到 2015 年的 8.22 亿立方米，再增加到 2020 年的 9.56 亿立方米；十年间森林蓄积量增长 2.31 亿立方米，增长率为 31.94%。森林蓄积量的增加，究其原因主要是内蒙古森工集团一直重视对森林资源的培育力度，持续加强森林经营管理，实施的森林资源保护、自然保护区建设、森林公园建设、森林管护等手段促进林木生长速度，提高林木生长量。数据显示，自 2015 年内蒙古森工集团实施全面停止天然林商业性采伐以来，森林资源质量得到快速提高，2015—2020 年森林蓄积量增长率达 16.34%，较 2010—2015 年森林蓄积量增长率提高近 3 个百分点。

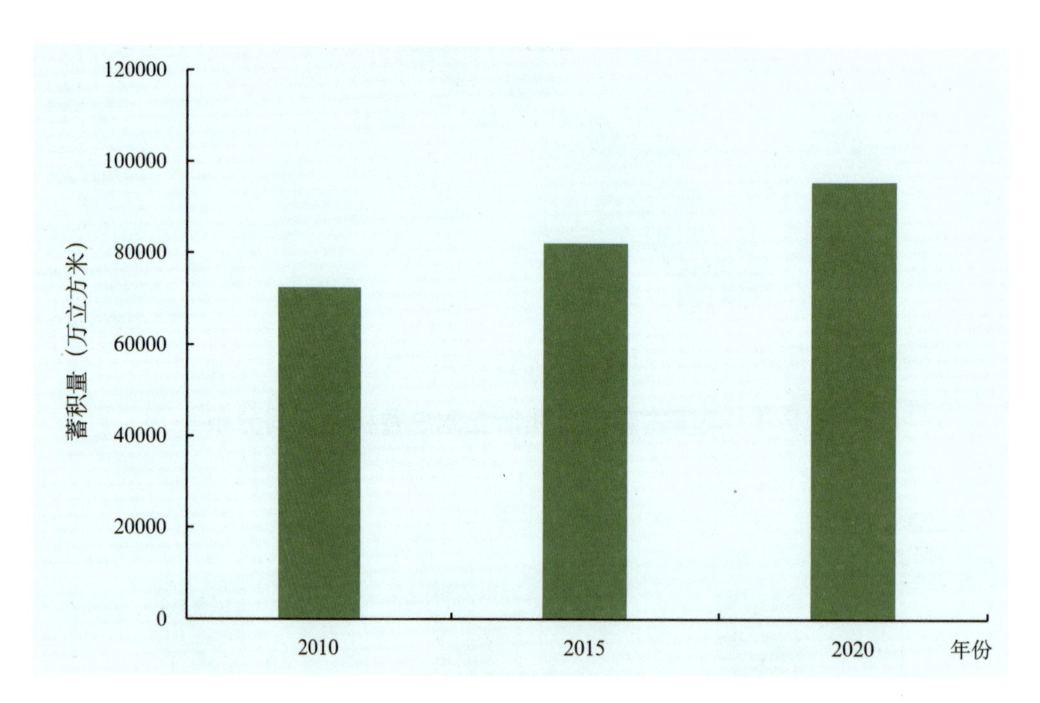

图 2-5　2010—2020 年内蒙古森工集团森林蓄积量

四、森林资源结构

（一）林龄结构

由图 2-6 可知，内蒙古森工集团 2010 年、2015 年和 2020 年三个时期均表现为中龄林面积最大，三个时期中龄林面积分别为 414.00 万公顷、440.23 万公顷和 434.31 万公顷。近五年来，随着森林资源保护力度的增加，内蒙古森工集团幼龄林和中龄林面积降低，近熟林面积明显增加。与 2015 年相比，2020 年内蒙古森工集团幼龄林面积减少 17.00 万公顷，中龄林面积减少 5.91 万公顷，近熟林面积增加 53.03 万公顷，成熟林面积减少 16.63 万公顷，过熟林面积减少 17.41 万公顷。

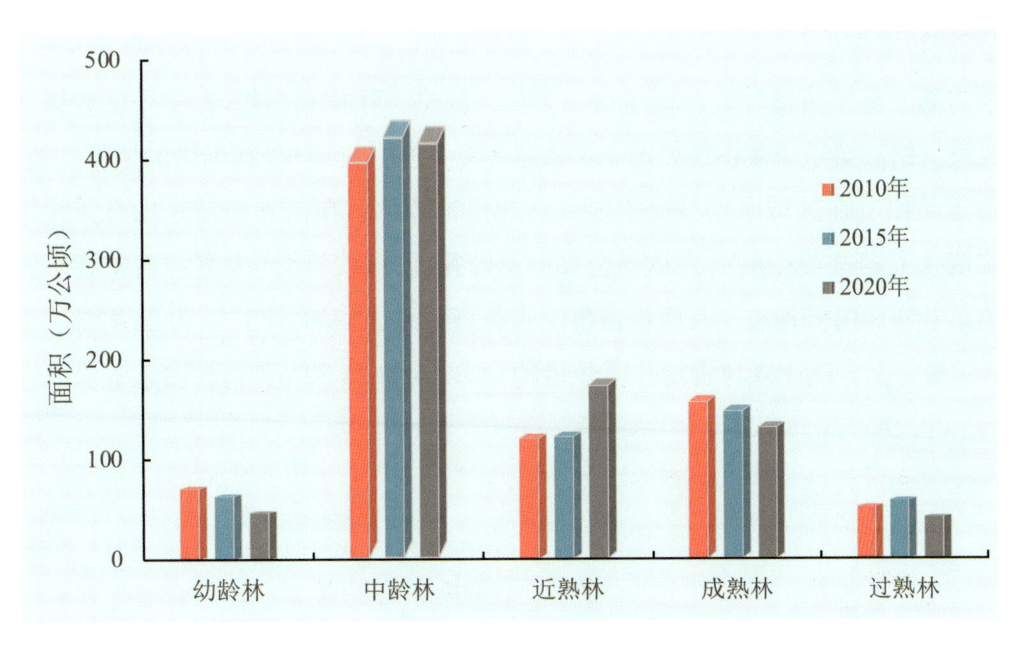

图 2-6　内蒙古森工集团不同林龄面积变化

由图 2-7 可知，内蒙古森工集团 2010 年、2015 年和 2020 年三个时期均是中龄林蓄积量居于首位，三个时期中龄林蓄积量分别为 333.46 百万立方米、401.14 百万立方米和 477.65 百万立方米。近十年间，内蒙古森工集团中龄林蓄积量最大，增加了 144.19 万立方米；其次是近熟林，蓄积量增加了 94.35 万立方米，幼龄林、成熟林和过熟林则表现为不同程度的减少。自 2015 年实施全面停止天然林商业性采伐以来，内蒙古森工集团近熟林和中龄林蓄积增长量较 2010—2015 年期间有明显增长，分别增加 75.53 百万立方米和 8.84 百万立方米，集团森林资源的龄林结构和资源质量更趋向好。

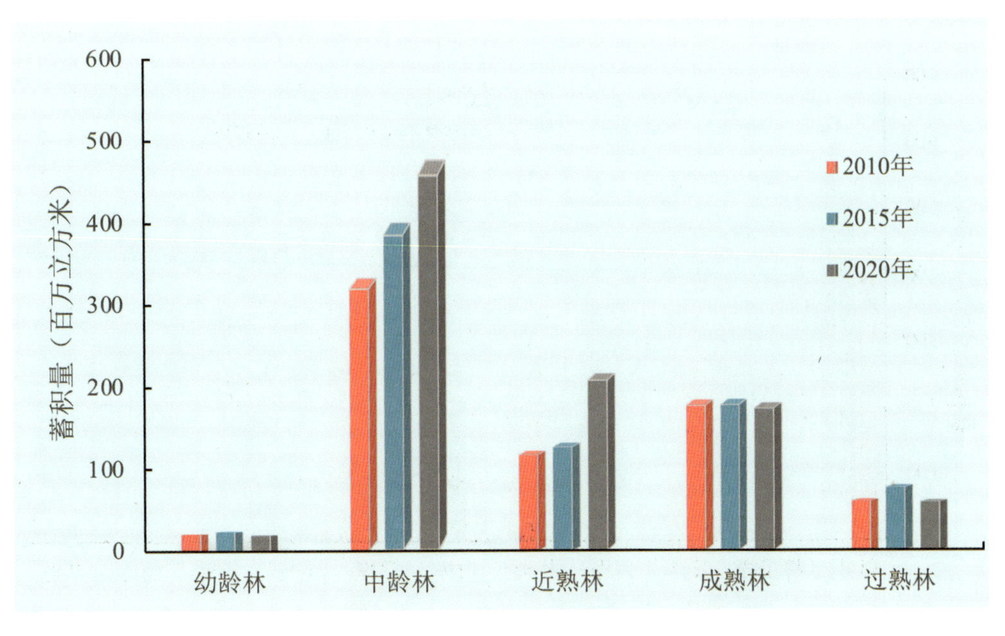

图 2-7　内蒙古森工集团不同林龄蓄积量变化

（二）树种结构

内蒙古森工集团有落叶松、樟子松、云杉、黑桦、柞树和白桦等 11 个优势树种（组），各优势树种（组）面积和蓄积量如图 2-8 和图 2-9。北方针叶林是寒温带的地带性植被类型，内蒙古森工集团所在区域原生植被主要是落叶松针叶林，在落叶松针叶林遭到破坏后常形成以白桦为主要植被类型的白桦林或白桦—落叶松混交林，因此内蒙古森工集团的主要优势树种由落叶松和白桦构成，其面积占集团森林资源总面积的 65.37% 和 25.42%，合计超过 90%；蓄积量分别占集团森林资源总蓄积量的 68.32% 和 24.22%，合计占森资源总蓄积量的 92.54%。

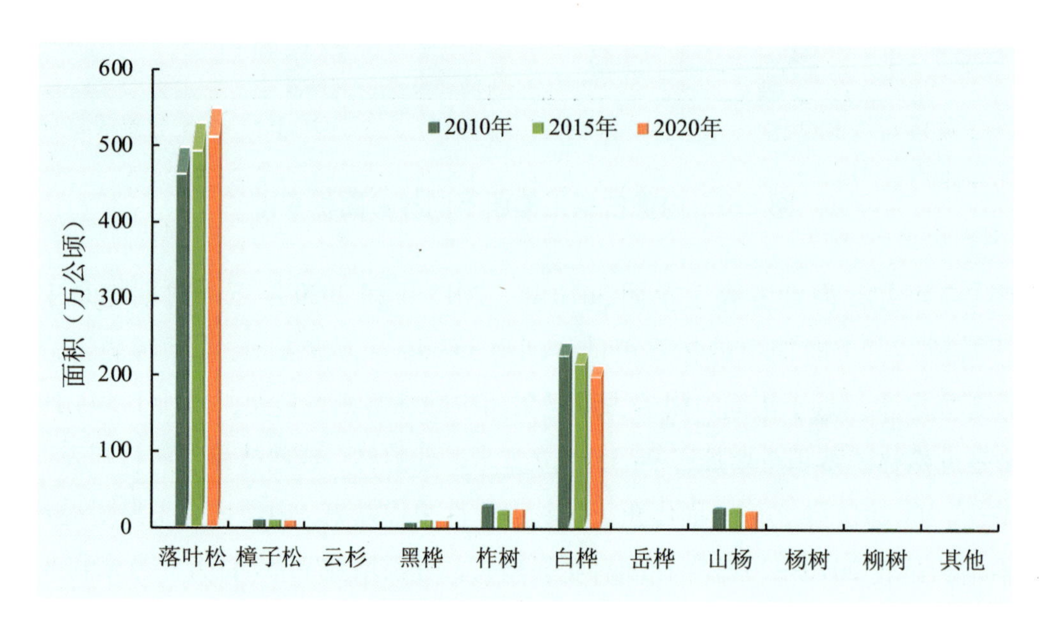

图 2-8　内蒙古森工集团各优势树种（组）面积

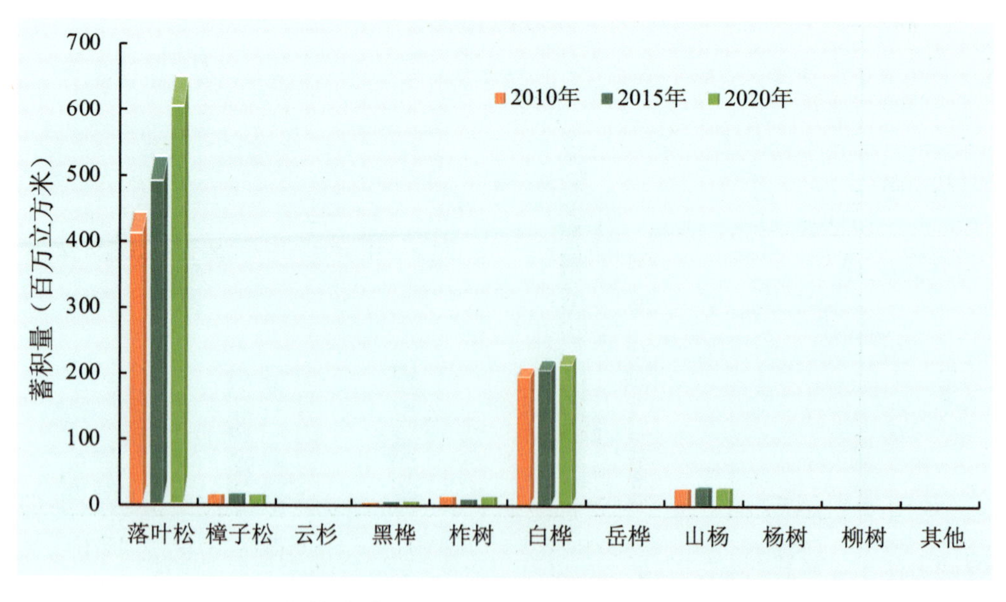

图 2-9　内蒙古森工集团各优势树种（组）蓄积量

随着全面停止天然林商业性采伐、天然林保护工程等政策的实施，落叶松和白桦2个优势树种面积变化表现出此消彼长的态势，近十年来落叶松面积增加了52.57万公顷，而白桦面积减少了29.68万公顷；近十年间，落叶松和白桦2个优势树种的蓄积量表现为持续的增加，2020年较2010年分别增加了207.53百万立方米，其中地带性植被落叶松的蓄积量得到显著的增加，特别是2015年实施全面停止天然林商业性采伐以来，落叶松蓄积增长量由2010—2015年的85.28百万立方米增加到了2015—2020年122.25百万立方米，区域森林质量得到较大提高。

五、森林资源生物多样性

（一）野生植物资源

内蒙古大兴安岭面积辽阔，森林资源丰富，在广袤的林海中，已发现1848种野生植物。据多年调查研究及文献资料统计，林区已知有野生植物203科719属2067种（含变种、变型），其中，真菌36科89属276种；地衣植物10科15属58种；苔藓植物59科124属272种；蕨类植物13科21属47种；裸子植物3科6属9种；被子植物92科464属1405种。林区共有树木27科55属166种；其中，乔木35种，灌木131种。林区湿地植物资源也比较丰富，据第二次全国湿地资源调查资料统计，林区共有湿地植物102科241属647种。

依据第一批《国家重点保护野生植物名录》（1988年12月10日国务院批准，1989年1月14日国家林业部、农业部令第1号发布），林区共有国家重点保护植物8种。依据《内蒙古珍稀濒危保护植物名录》通知，林区共有自治区珍稀濒危保护植物26种。依据内蒙古自治区人民政府2010年7月8日批准的《内蒙古自治区珍稀林木保护名录》，林区共有内蒙古自治区珍稀林木14科19属24种。内蒙古大兴安岭林区列入国家重点保护野生药材物种名录共计6科7属13种，野生经济植物资源见表2-1。

表2-1　内蒙大兴安岭地区主要经济野生植物种类

分类	主要野生植物种类
药用	黄芪、黄芩、龙胆、防风、兴安升麻、芍药、桔梗、金莲花等200种
食（药）用真菌	木耳、猴头、松口蘑（松茸）、蜜环菌、牛肝菌、侧耳等36科89属276种
食用野菜	蕨菜、黄花菜、沙参、山韭、水蒿、狭叶荨麻、燕子尾等40种
食用野果	悬钩子、水葡萄茶藨、蓝靛果忍冬、兴安茶藨等

（二）野生动物资源

根据《中国动物地理》区划，内蒙古大兴安岭脊椎动物资源以寒温带栖息类型的动物为主，统计本区共有脊椎动物390种，包括圆口类1种、鱼类42种、两栖类7种、爬行类7种、鸟类276种、哺乳类57种。繁衍栖息着寒温带马鹿、驯鹿、驼鹿（犴达犴）、梅花鹿、棕熊、紫貂、飞龙、野鸡、棒鸡、天鹅、獐、麋鹿（俗称四不像）、野猪、乌鸡、雪兔、狍子(矮鹿、野羊)等各种珍禽异兽400余种，成为世界上不可多得的动物乐园。截至2018年，调查发现全林区分布有陆生野生动物资源375种（399亚种），列入国家2000年8月1日发布的《国家保护的有益的或者有重要经济、科研价值的陆生野生动物名录》达253种之多。分布有国家重点保护野生动物共计72种，其中国家一级保护野生动物16种，国家二级保护野生动物56种。内蒙大兴安岭地区主要野生动物种类见表2-2。

表2-2　内蒙大兴安岭地区主要野生动物种类

序号	名称	保护等级	序号	名称	保护等级
1	金雕*Aquila chrysaetos*	一级	25	苍鹰*Accipiter gentilis*	二级
2	白尾海雕*Haliaeetus albicilla*	一级	26	雀鹰*Accipiter nisus*	二级
3	原麝*Moschus moschiferus*	一级	27	松雀鹰*Accipiter virgatus*	二级
4	紫貂*Martes zibellina*	一级	28	凤头蜂鹰*Pernis ptilorhynchus*	二级
5	貂熊*Gulo gulo*	一级	29	普通鵟*Buteo japonicus*	二级
6	黑嘴松鸡*Tetrao urogalloides*	一级	30	毛脚鵟*Buteo lagopus*	二级
7	黑琴鸡*Lyrurus tetrix*	一级	31	灰脸鵟鹰*Butastur indicus*	二级
8	白头鹤*Grus monacha*	一级	32	大鵟*Buteo hemilasius*	二级
9	丹顶鹤*Grus japonensis*	一级	33	柳雷鸟*Lagopus lagopus*	二级
10	白枕鹤*Grus vipio*	一级	34	白尾鹞*Circus cyaneus*	二级
11	白鹤*Grus leucogeranus*	一级	35	鹊鹞*Circus melanoleucos*	二级
12	驼鹿*Alces alces*	一级	36	白腹鹞*Circus spilonotus*	二级
13	灰狼*Canis lupus*	二级	37	小天鹅*Cygnus columbianus*	二级
14	马鹿*Cervus elaphus*	二级	38	黑鸢*Milvus migrans*	
15	棕熊*Ursus arctos*	二级	39	短耳鸮*Asio flammeus*	二级
16	水獭*Lutra lutra*	二级	40	蓑羽鹤*Grus virgo*	二级
17	猞猁*Lynx lynx*	二级	41	红角鸮*Otus sunia*	二级
18	雪兔*Lepus timidus*	二级	42	雕鸮*Bubo bubo*	二级
19	燕隼*Falco subbuteo*	二级	43	鬼鸮*Aegolius funereus*	二级
20	灰背隼*Falco columbarius*	二级	44	乌林鸮*Strix nebulosa*	二级
21	红脚隼*Falco amurensis*	二级	45	雪鸮*Bubo scandiacus*	二级
22	红隼*Falco tinnunculus*	二级	46	猛鸮*Surnia ulula*	二级
23	灰鹤*Grus grus*	二级	47	长尾林鸮*Strix uralensis*	二级
24	花尾榛鸡*Tetrastes bonasia*	二级	48	长耳鸮*Asio otus*	二级

第三节 湿地资源概况

内蒙古森工集团地域辽阔，资源丰富，物种繁多，既是松嫩平原和呼伦贝尔草原的天然屏障和分界线，又是嫩江和额尔古纳水系的重要发源地。内蒙古森工集团湿地总面积为120.35万公顷，约占实际经营面积的12.29%，占全国湿地面积的3.35%。2005年，为实施科学保护，共划定重点湿地20块，总面积34755公顷，占林区湿地总面积的30.8%，现有8处自然保护区，54处野生动植物监管站，对重点湿地实行了管理，现已使65%的重点湿地得到有效保护。

一、湿地资源数量

内蒙古森工集团湿地面积为120.35万公顷，按照湿地分类标准划分为河流湿地、湖泊湿地、沼泽湿地和人工湿地4个类型（表2-3）。

沼泽湿地面积最大，占内蒙古森工集团湿地面积的96.84%，其中森林沼泽湿地面积为47.54万公顷，主要集中在嫩江水系诺敏河、甘河、绰尔河、多布库尔河及额尔古纳河水系；河流湿地次之，占集团湿地面积的2.97%，主要集中在大杨树、毕拉河、乌玛和额尔古纳林业局，占总河流湿地面积的28.02%；湖泊湿地所占比例较低，主要集中分布在额尔古纳河水系的阿尔山林业局及嫩江水系的大杨树、毕拉河林业局，分别占内蒙古森工集团湖泊湿地面积的47.43%、23.41%和19.93%；人工湿地面积最小，仅占内蒙古森工集团湿地总面积的0.01%，主要集中在大杨树林业局。

表2-3 内蒙古大兴安岭各湿地类型面积统计

林业局	总面积（公顷）	河流湿地（公顷）	湖泊湿地（公顷）	沼泽湿地（公顷）	人工湿地（公顷）
总计	1203506.03	35762.32	2207.42	1165450.81	85.49
大杨树	122410.73	5183.61	516.67	116624.96	85.49
乌尔旗汉	115725.64	1727.55	—	113998.09	—
库都尔	99218	848.92	—	98369.08	—
根河	91350.82	2098.96	—	89251.86	—
毕拉河	67293.6	2482.58	440.03	64370.99	—
图里河	66248.63	874.09	—	65374.54	—
金河	65338.4	1041.26	—	64297.14	—

（续）

林业局	总面积（公顷）	河流湿地（公顷）	湖泊湿地（公顷）	沼泽湿地（公顷）	人工湿地（公顷）
阿龙山	57949.45	1598.06	—	56351.39	—
阿里河	52131.33	1750.88	—	50380.45	—
北大河	50510.93	1216.81	110.24	49183.88	—
满归	47905.44	1715.14	73.47	46116.83	—
得耳布尔	44669.49	485.4	—	44184.09	
甘河	38166.17	1246.18	—	36919.99	—
阿尔山	37797.57	581.49	1046.87	36169.21	—
汗马	35442.48	272.69	8.92	35160.87	—
吉文	35036.89	1398.79	—	33638.1	—
莫尔道嘎	29243.06	1226.69	—	28016.37	—
绰源	24470.71	539.44	—	23931.27	—
绰尔	24445.13	759.78	—	23685.35	—
伊图里河	24013.23	372.71	—	23640.52	—
克一河	22961.54	667.38	—	22294.16	—
诺敏森林经营所	15653.37	557.78	—	15095.59	—
奇乾	13013.1	1188.4	—	11824.97	—
乌玛	9737.68	2346.21	—	7391.47	—
额尔古纳	7971.83	2333.85	11.22	5626.76	—
永安山	4800.81	1247.67		3553.14	—

二、湿地资源空间格局

内蒙古森工集团湿地资源空间分布不均，其中大杨树林业局湿地面积最大，占集团湿地总面积的10.17%，依次是乌尔旗汉、库都尔、根河，分别占集团湿地总面积的9.62%、8.24%和7.59%。湿地面积最小的是永安山林业局，湿地面积仅占集团湿地总面积的0.4%（图2-10）。

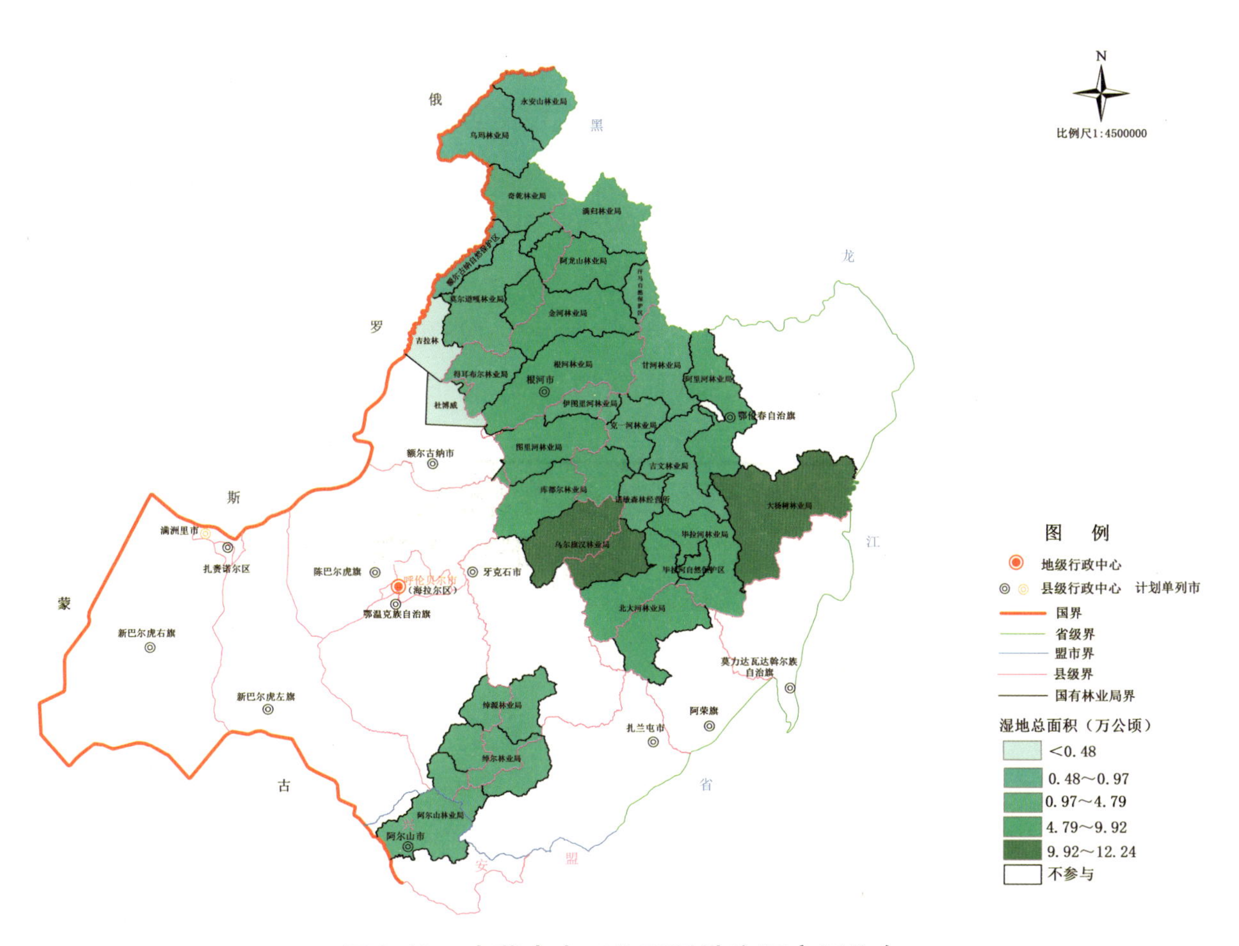

图 2-10 内蒙古森工集团湿地资源空间分布

三、湿地资源质量

湿地是陆地与水体的过渡地带，因此它同时兼具丰富的陆生和水生动植物资源，形成了其他任何单一生态系统都无法比拟的天然基因库和独特的生物环境，特殊的土壤和气候提供了复杂且完备的动植物群落，它对于保护物种、维持生物多样性具有难以替代的生态价值。截至 2021 年年末，内蒙古森工集团已建立国家级湿地公园 12 处，重要湿地资源得到有效保护（表 2-4）。

表 2-4 内蒙古森工集团国家级湿地公园名录（截至 2021 年年末）

序号	湿地公园名称	湿地面积（公顷）	序号	湿地公园名称	湿地面积（公顷）
1	内蒙古根河源国家湿地公园	20291.01	7	内蒙古甘河国家湿地公园	3695.44
2	内蒙古图里河国家湿地公园	3195.00	8	内蒙古阿尔山哈拉哈河国家湿地公园	1505.19
3	内蒙古牛耳河国家湿地公园	10718.34	9	内蒙古卡鲁奔国家湿地公园	5587.22
4	内蒙古绰源国家湿地公园	2561.68	10	内蒙古库都尔河国家湿地公园	3891.90
5	内蒙古伊图里河国家湿地公园	12434.72	11	内蒙古绰尔雅多罗国家湿地公园	1155.87
6	内蒙古大杨树奎勒河国家湿地公园	2542.63	12	内蒙古额尔古纳国家湿地公园	9518.64

汗马国家级自然保护区地处大兴安岭西北坡原始森林腹地，是中国保存最为完整的寒温带原始针叶林地之一，保护区内保存有完整的湿地生态系统。2015年，汗马保护区及其毗邻区被正式指定为世界生物圈保护区；2017年，该自然保护区正式列入《国际重要湿地名录》。2019年7月26日，汗马保护区同吉林长白山国家级自然保护区、俄罗斯卡通斯基保护区、俄罗斯库兹涅茨克保护区签订《合作谅解备忘录》，就共同保护生物多样性和可持续发展方面的科学技术等方面建立合作；同时汗马保护区也是全球变化最为敏感的区域，应对全球变化背景下生物多样性监测与保护，汗马保护区将逐渐成为全球生态系统的“样板图”。

大兴安岭根河源国家湿地公园森林与湿地交错分布，是众多东亚水禽的繁殖地，是目前我国保持原生状态最完好、最典型的温带湿地生态系统。公园的主体——根河，是额尔古纳河最大支流之一，担负着额尔古纳河水量供给和水生态安全的重任，维系着呼伦贝尔大草原的生态安全。根河源国家湿地公园被专家誉为“中国冷极湿地天然博物馆”和“中国环境教育的珠穆朗玛峰”，是集森林生态观光、木屋住宿、餐饮娱乐、会议接待、野生动物观赏、冷极湾漂流、高尔夫体验、野生浆果采摘、野外拓展训练于一体的多功能景区。

额尔古纳国家湿地公园是目前保持原状最完好、面积较大的湿地，也被誉为“亚洲第一湿地”。该景区湿地生存繁衍的野生动植物极为丰富，每年在这里迁徙停留、繁殖栖息的鸟类达到2000万只。这是世界上最重要的丹顶鹤繁殖地之一，也是世界濒危物种鸿雁的重要栖息地之一。

内蒙古图里河国家湿地公园建有刘少奇纪念林、鹤翔园度假村2个森林旅游景区。2017年12月10日被中国林业产业联合会森林医学与健康促进会授予“第三批全国森林康养基地试点建设单位”。湿地公园内设有大型观景台，长廊弯曲，环绕水面，台前河水平如镜面，清澈透明，水中环岛树高林密，植被繁茂，呈现出色彩斑斓的秋色，与水面相映，宛如仙境。

牛耳河国家湿地公园位于金河林业局牛耳河林场生态功能区内，湿地公园内湿地资源丰富，类型多样，分为河流湿地和沼泽湿地两个湿地类。牛耳河国家湿地公园与上游汗马国家级自然保护区共同构成结构完整的牛耳河湿地保护系统，为维持区域生态平衡，保持大兴安岭地区森林生态系统完整性发挥重要作用。

四、湿地资源生物多样性

大兴安岭湿地是位于内蒙古高原陆生生态系统和水生生态系统之间的过渡性地带，在土壤浸泡于水中的特定环境下，生长着很多湿地特征植物。广泛分布于内蒙古大兴安岭地区的湿地生态系统拥有众多野生动植物资源，具有强大的净化生态环境的作用。据《内蒙古大兴安岭林区湿地调查报告》，林区湿地植物有105科244属652种，其中地衣植物3科3属

5 种；苔藓植物 33 科 52 属 130 种；蕨类植物 4 科 4 属 12 种；种子植物 65 科 187 属 505 种。植物科数、属数和种数分别占全国湿地植物总科数（225 科）、属（815 属）、种（2276 种）的 46.67%、29.94% 和 28.65%。林区湿地保护植物有 4 种国家二级保护野生植物钻天柳、乌苏里狐尾藻、野大豆和浮叶慈姑。林区湿地植被分布规律由高海拔到低海拔依次为泥炭藓—偃松—兴安落叶松林—泥炭藓—杜香—兴安落叶松林—扇叶桦灌丛—柴桦—兴安落叶松林—柴桦灌丛—水冬瓜赤杨林—甜杨、钻天柳林—小叶章草甸—沼泽化草甸—臌囊薹草—灰脉苔草—乌拉草沼泽—香蒲群落—漂筏薹草—驴蹄草群落—睡莲群落—浮萍群落—狐尾藻群落—金鱼藻群落。

已知湿地动物 22 目 33 科 146 种。其中，鱼类 7 目 12 科 42 种；两栖类 2 目 4 科 7 种；爬行类 2 目 2 科 3 种；鸟类 9 目 13 科 89 种；兽类 2 目 2 科 5 种。国家一级保护野生动物有白鹳、黑鹳、白头鹤、丹顶鹤、白鹤、中华秋沙鸭、白额雁、貂熊、紫貂等 11 种；国家二级保护野生动物有大天鹅、小天鹅、灰鹤、白枕鹤、鸳鸯、马鹿、雪兔等 16 种。

第三章 内蒙古森工集团森林生态系统服务功能物质量评估

内蒙古森工集团森林生态系统服务功能主要是从物质量的角度对生态系统提供的各项服务进行定量评估，其特点是能够比较客观地反映生态系统的生态过程，进而反映生态系统的可持续性。本章依据国家标准《森林生态系统服务功能评估规范》(GB/T 38582—2020)，对内蒙古森工集团2020年森林生态系统服务功能的物质量开展评估，分析内蒙古森工集团森林生态系统服务功能物质量的特征。

森林生态系统物质量评估：主要是对森林生态系统提供服务的物质数量进行评估，即根据不同区域、不同生态系统的结构、功能和过程，从生态系统服务功能机制出发，利用适宜的定量方法确定生态系统服务功能的质量和数量。

第一节　森林生态系统服务功能物质量评估

2020年，内蒙古森工集团森林生态系统保育土壤、林木养分固持、涵养水源、固碳释氧、净化大气环境等5项功能18项指标生态系统服务功能物质量见表3-1。

表3-1　内蒙古森工集团森林生态系统服务功能物质量评估结果

服务类别	功能类别	指标分项	物质量
支持服务	保育土壤	固土（万吨/年）	33355.49
		减少氮流失（万吨/年）	78.20
		减少磷流失（万吨/年）	24.18
		减少钾流失（万吨/年）	641.70
		减少有机质流失（万吨/年）	1288.24

（续）

服务类别	功能类别	指标分项		物质量
支持服务	林木养分固持	氮固持（万吨/年）		100.61
		磷固持（万吨/年）		16.58
		钾固持（万吨/年）		47.92
调节服务	涵养水源	调节水量（亿立方米/年）		171.41
	固碳释氧	固碳（万吨/年）		917.68
		释氧（万吨/年）		2055.60
	净化大气环境	提供负离子（$\times10^{25}$个/年）		7.84
		吸收气体污染物	吸收二氧化硫（万千克/年）	139410.05
			吸收氟化物（万千克/年）	7678.40
			吸收氮氧化物（万千克/年）	4708.08
		滞尘	滞纳TSP（亿千克/年）	2555.23
			滞纳PM_{10}（万千克/年）	3945.24
			滞纳$PM_{2.5}$（万千克/年）	1035.62

一、保育土壤

土壤是地表的覆盖物，充当着大气圈和岩石圈的交界面，是地球的最外层。土壤具有生物活性，并且是由有机和无机化合物、生物、空气和水形成的复杂混合物，是陆地生态系统中生命的基础（UK National Ecosystem Assessment，2011）；土壤养分对土壤化学过程的影响较为复杂（UK National Ecosystem Assessment，2011）。2020 年内蒙古森工集团森林生态系统固土量为 33355.49 万吨，森林生态系统对防治土壤侵蚀的作用进一步增加。2020 年内蒙古森工集团森林生态系统年固土量是 2014 年东北地区松花江、辽河土壤侵蚀总量 0.315 亿吨的 10.59 倍（中国水土保持公报，2014）。内蒙古自治区 2021 年水土保持公报显示，2020 年内蒙古自治区的松花江、辽河流域水土流失面积 115580.80 平方公里，较 2019 年减少了 1476.91 平方千米，减少了 1.26%，内蒙古森工集团森林生态系统对防治土壤侵蚀起到了积极的作用。

评估结果显示，2020 年内蒙古森工集团土壤减少养分流失量达 2032.32 万吨。可以看出内蒙古森工集团森林生态系统固土作用显著，在减少水土流失上发挥着重要的作用。森林生态系统有效地减轻了土壤侵蚀，降低了对环境破坏程度，对于维护和提高土地生产力、充分发挥国土资源的经济效益和社会效益、保障区域经济社会稳定发展有着至关重要的作用。

二、林木养分固持

森林在生长过程中不断地从周围环境中吸收营养物质固定在植物体内，成为全球生物化学循环不可缺少的环节。地下动植物（包括菌根关系）促进了基本的生物地球化学过程，促进土壤、植物养分和肥力的更新（UK National Ecosystem Assessment，2011）。林木养分固持功能首先是维持自身生态系统的养分平衡，其次才是为人类提供生态系统服务功能。森林通过大气、土壤和降水吸收氮、磷、钾等营养物质并贮存在体内各器官，其林木养分固持功能对降低下游水源污染及水体富营养化具有重要作用。2020 年，内蒙古森工集团森林生态系统林木养分固持物质量为 165.11 万吨，其中年氮固持量、磷固持量和钾固持量分别为 100.61 万吨、16.58 万吨和 47.92 万吨，分别是 2020 年呼伦贝尔市氮肥（7.65 万吨）、磷肥（5.70 万吨）、钾肥（3.40 万吨）施用量的 13.15 倍、2.90 倍和 14.09 倍。

三、涵养水源

森林涵养水源功能需要得到足够的认识，它是人类安全生存以及社会可持续发展的基础（UK National Ecosystem Assessment，2011）。内蒙古森工集团所属各单位是黑龙江、嫩江的主要发源地，水资源总量 192 亿立方米，地表水多年平均径流量为 134.4 亿立方米。2020 年内蒙古森工集团森林生态系统涵养水源量 171.41 亿立方米，是其水资源总量的 89.28%，是多年平均径流量的 1.28 倍，以上对比可以看出内蒙古森工集团森林生态系统涵养水源功能较强。森林可以通过对降水的截留、吸收和下渗，对降水进行时空再分配，减少无效水，增加有效水，因此习惯于将森林称为“绿色水库”。内蒙古森工集团森林生态系统是“绿色”“安全”的天然水库，调节水资源的潜力巨大，对于维护地区水资源安全起着举足轻重的作用，是区域国民经济和社会可持续发展的重要保障。

四、固碳释氧

森林是陆地生态系统最大的碳储库，在全球碳循环过程中发挥着重要的作用。就森林对储存碳的贡献而言，森林面积占全球陆地面积的 27.6%，森林植被的碳储量约占全球植被的 77%，对有效抑制大气中二氧化碳浓度的上升，起到了绿色减排的作用。森林固碳与工业减排相比，投资少、代价低，更具有经济可行性和现实操作性。森林碳汇（即在森林达到稳定状态之前）已被确定为增加碳储量和减缓气候变化的途径。生长速度快的物种与土地质量更好的区域不仅固碳速度快，还可以迅速生产出可利用的木材（UK National Ecosystem Assessment，2011）。据预测，2020 年内蒙古碳排放预计达 6.3 亿吨左右，居全国第四，单位 GDP 碳排放和人均碳排放是全国平均水平的近 4 倍，自治区碳排放总量大、能源供给仍在增长、火电领域脱碳困难，实现“双碳”（碳达峰、碳中和）目标面临更多困难和更大挑战（内蒙古自治区人民政府办公厅，2021）。评估结果显示，2020 年内蒙古森工集团森林生态系统固碳量 917.68 万吨，转换为二氧化碳量为 3364.83 万吨，约占自治区当年碳排放量的 5.34%，森林生态系统碳汇作用显著。内蒙古森工集团森林生态系统固碳功能对于保障区域低碳经济发展、推进节能减排、建设生态文明具有重要意义。

森林通过光合作用吸收大气中二氧化碳，在吸收二氧化碳的同时释放出氧气，维持大

气中气体组分的平衡，保持大气的健康稳定状态，为人类及动物等提供了生活空间和生存资料，在人类的长期生存和可持续发展中发挥着举足轻重的作用。2020 年内蒙古森工集团森林生态系统释氧量 2055.60 万吨。

五、净化大气环境

森林在大气生态平衡中起着“除污吐新”的作用，植物通过叶片拦截、富集和吸收污染物质，提供负离子和萜烯类物质等，改善大气环境。空气负离子是一种重要的无形旅游资源，具有杀菌、降尘、清洁空气的功效，被誉为“空气维生素与生长素”，对人体健康十分有益，能改善肺器官功能，促进人体新陈代谢，提高人体免疫力和抗病能力。随着森林生态旅游的兴起及人们保健意识的增强，空气负离子作为一种重要的森林旅游资源已越来越受到人们的重视。2020 年内蒙古森工集团森林生态系统提供负离子量为 7.84×10^{25} 个。

2020 年内蒙古自治区二氧化硫排放量为 27.39 万吨，氮氧化物排放量为 47.56 万吨（中国统计年鉴，2021），内蒙古森工集团森林生态系统当年吸收污染物二氧化硫、氟化物、氮氧化物量分别为 139.41 万吨、7.68 万吨和 4.71 万吨，内蒙古大兴安岭森林生态系统吸收污染物能力较强，能够较好地起到净化大气环境作用。森林不仅可以吸收大气污染物，还可以通过沉降、阻滞和吸附三种方式清除大气中的颗粒物，起到净化大气环境的作用。2020 年内蒙古森工集团森林生态系统滞纳 TSP 2.56 亿吨，其中滞纳 PM_{10} 和 $PM_{2.5}$ 物质量分别为 3.95 万吨和 1.04 万吨。在大家呼唤清洁空气的新时代，森林生态系统净化大气环境的功能恰好契合了人们的需求，满足人们对美好生活的向往。

第二节　优势树种（组）生态系统服务功能物质量评估

按照国家标准《森林生态系统服务功能评估规范》(GB/T 38582—2020)，并基于内蒙古森工集团 2020 年森林资源更新数据，计算主要优势树种（组）森林生态系统服务功能的物质量。

一、保育土壤

森林具有较好的水土保持功能，不仅能够涵养水源，同时可以固持土壤，减少进入河流的泥沙量，减少土壤流失，保持土壤肥力。图 3-1 可以看出，2020 年内蒙古森工集团固土量前三的优势树种（组）分别为落叶松、白桦和柞树。其中落叶松固土量最高，占全部优势树种（组）固土量的 61.76%，白桦和柞树的固土量占全部优势树种（组）固土量的 30.23%。

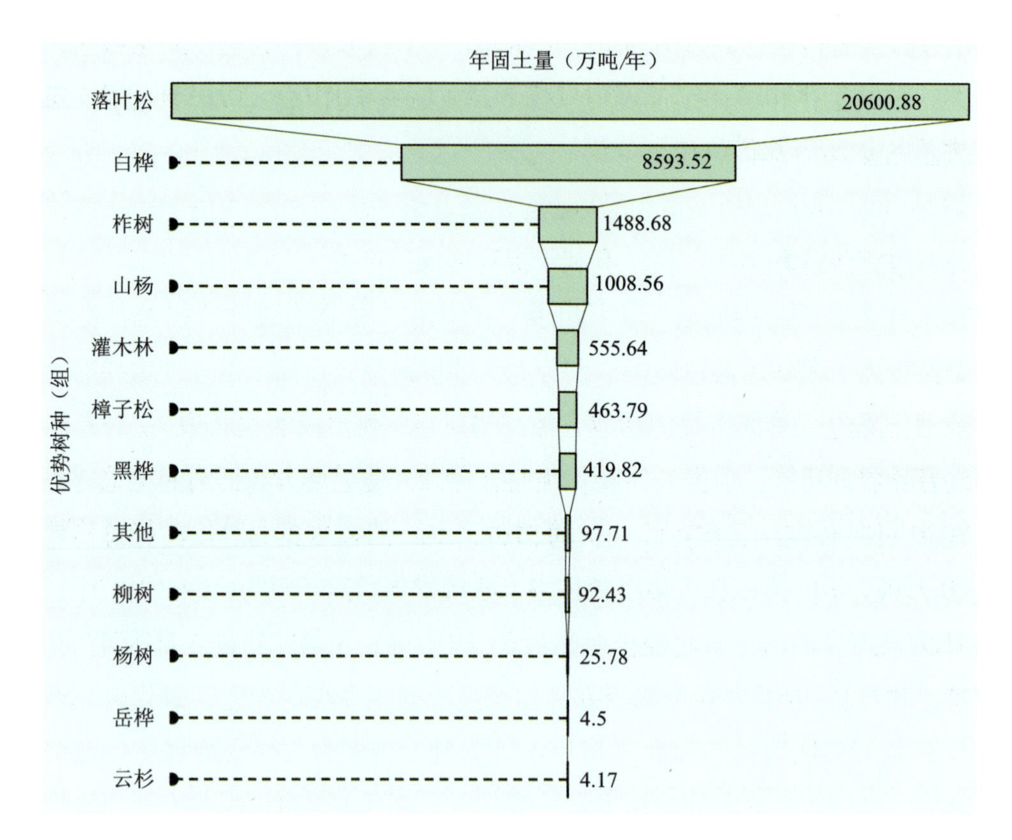

图 3-1　内蒙古森工集团不同优势树种（组）固土量

在调控水土流失和土壤侵蚀过程中，森林植被利用地上林冠部分进行截留，滞缓降水，改变降雨的时空分布来延迟地表径流的形成；利用枯落物涵蓄水分、拦截泥沙、保护地表，降低击溅侵蚀，减少了水土流失；利用地下根系改善土壤理化性质，并对土壤进行机械固持，提高土壤抗蚀抗冲性。森林对土壤侵蚀的调控效果是林冠层、枯枝落叶层和根系综合作用的结果。

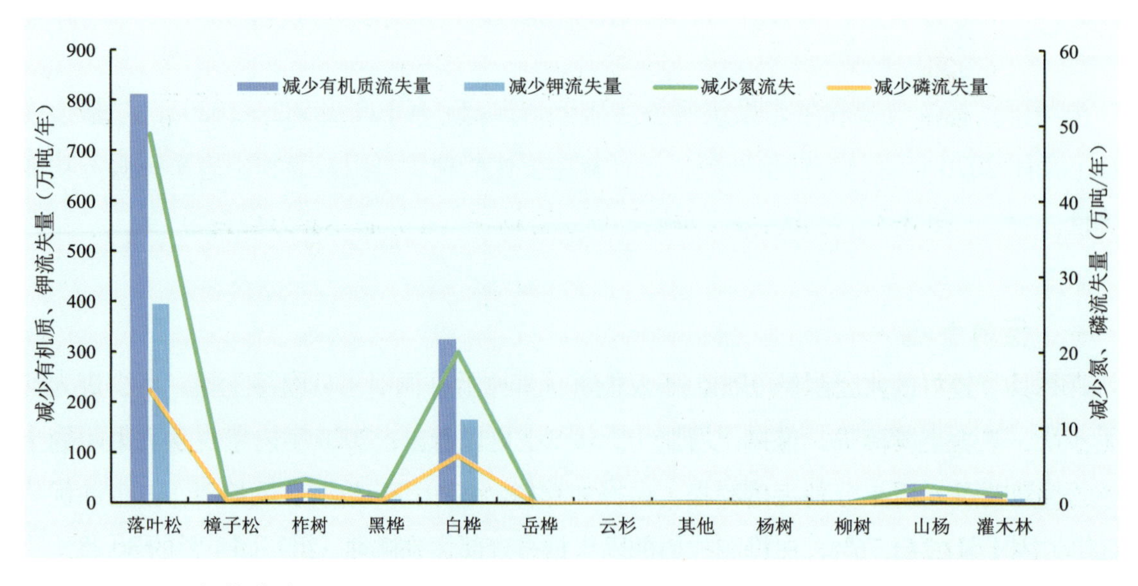

图 3-2　内蒙古森工集团不同优势树种（组）减少氮、磷、钾和有机质流失量

2020 年，内蒙古森工集团保肥物质量最高的 3 个优势树种（组）为落叶松、白桦和柞树（图 3-2），分别为 1271.11 万吨 / 年、517.91 万吨 / 年和 78.44 万吨 / 年；其中，落叶松减少养分流失量占集团全部优势树种（组）总减少养分流失量的 62.54%，减少养分流失量前三的优势树种（组）占总减少养分流失量的比例超过 90%。森林起到了防止水土流失、提高土壤肥力、改善生态环境的作用，有利于提高区域生产力。

二、林木养分固持

林木生长过程中从环境中吸收营养物质并参与到全球生物化学循环的过程中，既可以维持体内的营养物质平衡，又可以减少下游地区的水体富营养化，是森林生态系统一项重要的功能。2020 年内蒙古森工集团不同优势树种（组）的林木养分固持功能总物质量评估结果为 165.10 万吨 / 年，其中林木养分固持物质量最高的是落叶松（104.20 万吨 / 年），其次是白桦（41.98 万吨 / 年），两个优势树种（组）的林木养分固持量占全部优势树种（组）林木养分固持总物质量的 88.54%，如图 3-3。

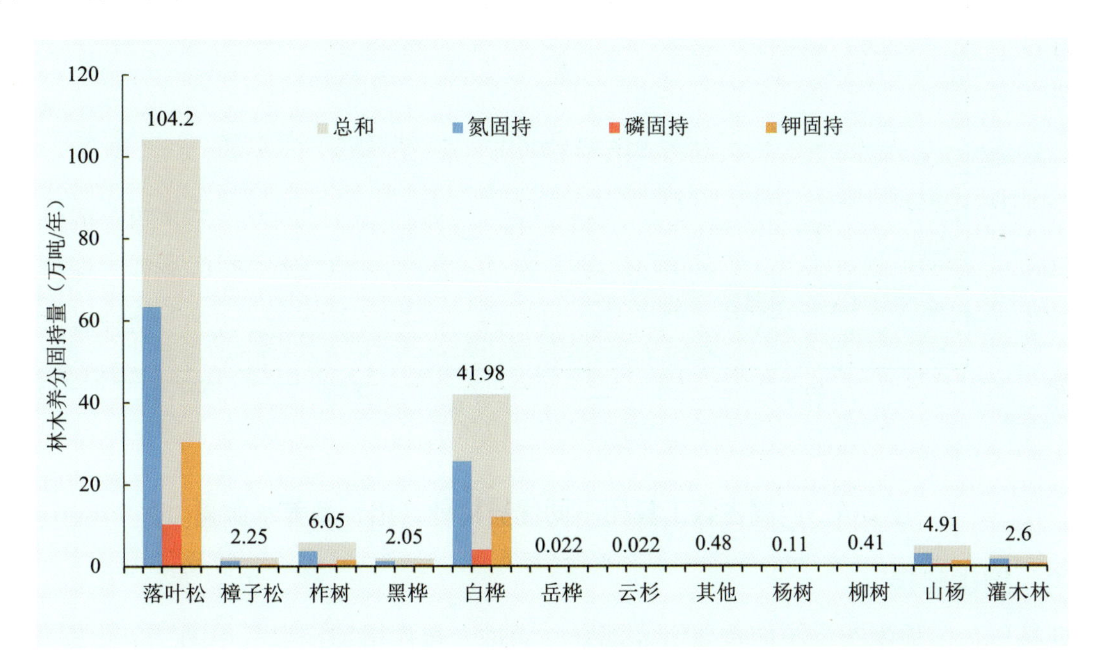

图 3-3　内蒙古森工集团不同优势树种（组）林木养分固持量

三、涵养水源

2020 年内蒙古森工集团优势树种（组）涵养水源量为 171.41 亿立方米 / 年，相当于中国第五大、内蒙古第一大呼伦湖蓄水量（138.5 亿立方米）的 1.24 倍。各优势树种（组）涵养水源量如图 3-4 所示。各优势树种（组）中落叶松涵养水源量最大（105.75 亿立方米 / 年），其次是白桦（44.24 亿立方米 / 年），2 个优势树种（组）占内蒙古森工集团总涵养水源量的 87.51%。落叶松和白桦是支撑内蒙古森工集团涵养水源功能的主体，其对保障内蒙古森工集团水资源安全起着极其重要的作用。影响森林涵养水源的因子众多，首先是面积因子，其次不同树种（组）的林冠截留量、林下枯落物厚度及蓄水能力、不同林分下的土壤非毛管孔隙等也是造成不同树种（组）涵养水源差异的原因之一（余新晓等，2014）。另外，森林生态系统的调节水量功能对于削减洪峰、减少洪水流量、延缓洪水过程具有巨大的作用。森林的林冠、灌木和草本以及枯落物层，在影响林地水文生态特性方面起着重要的作用。尤其是枯落物层，不仅有防止雨滴击溅土壤、维持土壤结构、拦蓄渗透降水、分散滞缓减少地表径流和覆盖地表减少表层土壤的水分蒸发等直接作用，而且还通过影响土壤的形成和性状及林木生长对森林水文产生间接影响。

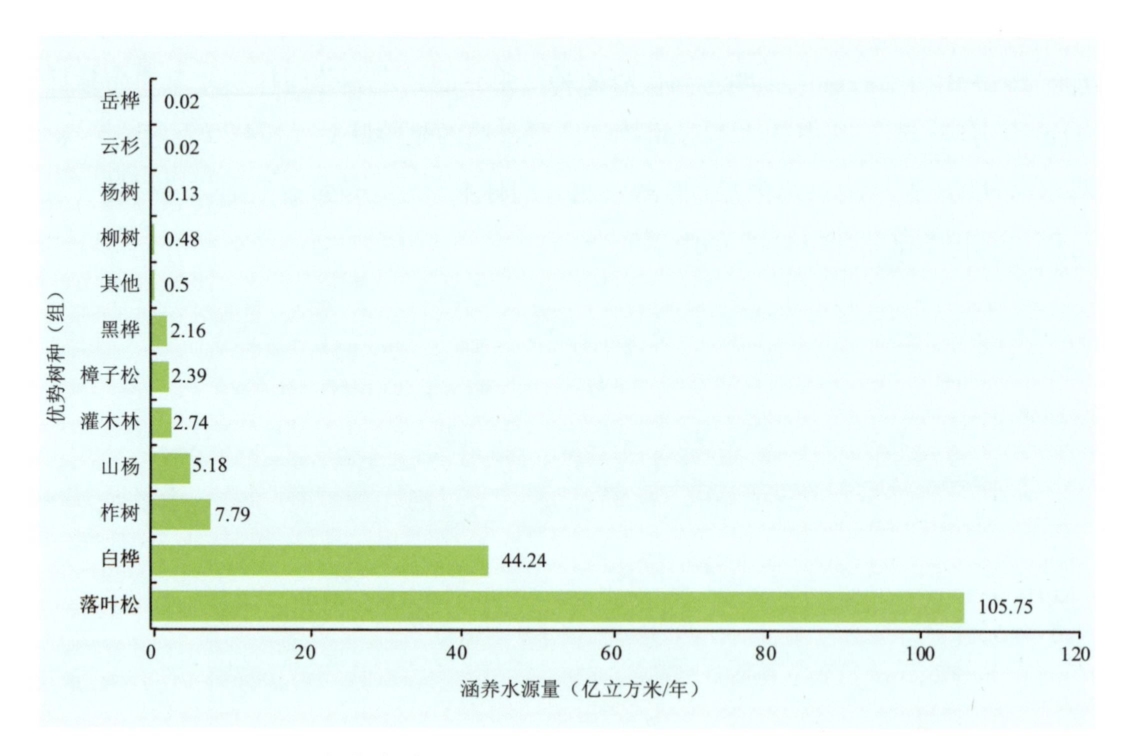

图 3-4　内蒙古森工集团不同优势树种（组）涵养水源量

四、固碳释氧

森林作为陆地生态系统的重要组成部分，通过光合作用固定大气中的二氧化碳并释放氧气，在应对气候变化过程中起到了重要的作用（Smith，2013）。内蒙古森工集团森林生态系统固碳释氧物质量结果，如图 3-5。固碳物质量最高的优势树种（组）为落叶松，占集团森林总固碳量的 64.97%；其次是白桦，占集团森林总固碳量的 24.33%。落叶松和白桦占集团优势树种（组）总固碳量的 89.30%。落叶松和白桦的固碳功能对于削减空气中二氧化碳浓度十分重要，在区域低碳发展中起到至关重要的作用。森林的固碳能力除受到自身生长特性、水热以及立地条件等影响外，还主要取决于森林的演替阶段、经营方式等，尤其是对现有森林的经营管理将会改变其固碳能力（Gower et al.，1996；Knapp & Smith，2001），因此未来可以通过改善森林经营管理措施提升其固碳潜力。各优势树种（组）释氧物质量与固碳

物质量特征基本相同，落叶松年释氧物质量最高（1335.49 万吨），白桦次之（500.06 万吨），2 个优势树种（组）2020 年释氧量占集团优势树种（组）总释氧量的 89.30%。

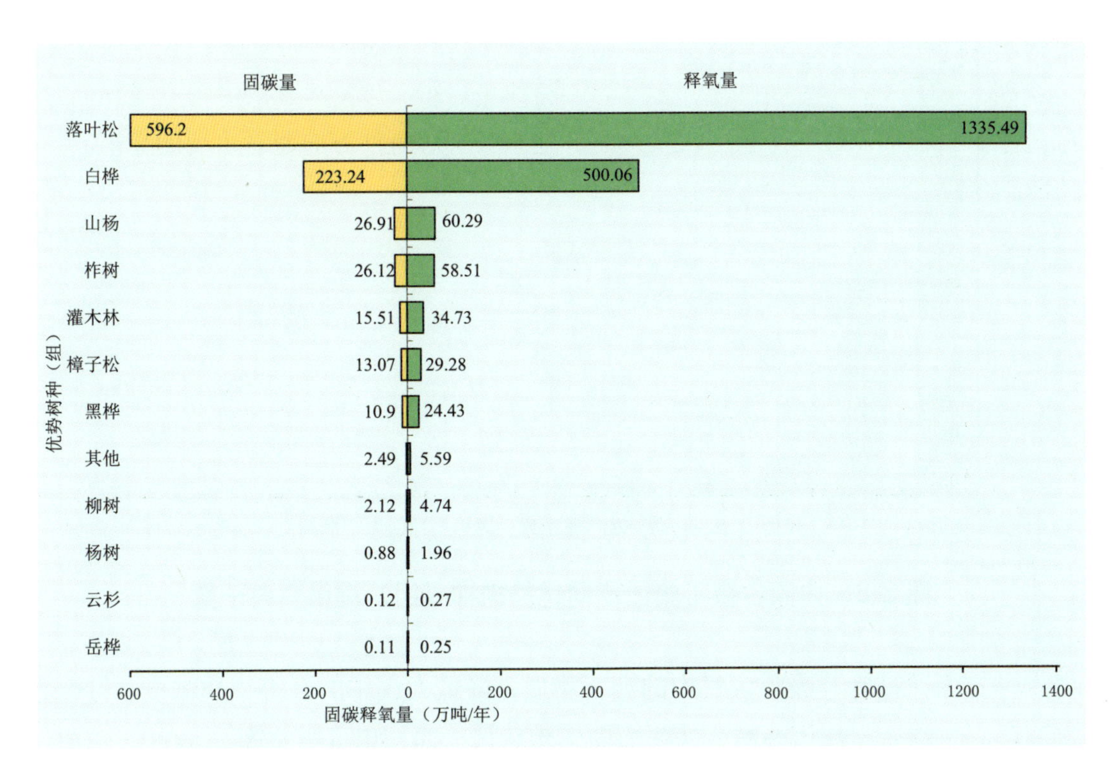

图 3-5 内蒙古森工集团不同优势树种（组）固碳释氧量

五、净化大气环境

空气负离子通常又称负氧离子，是指获得 1 个或 1 个以上的带负电荷的氧气离子，小粒径负离子有良好的生物活性，易于透过人体血管屏障，进入人体发挥生物效应。空气负离子具有镇静、镇痛、止咳、止痒、降血压等效用，可以使人们感到心情舒畅，治理慢性疾病。因此，空气负离子又被称为“空气维生素”“空气维他命”“长寿素”等。影响负离子产生的因素主要有几个方面：首先，宇宙射线是自然界产生负离子的重要来源，海拔越高则负离子浓度增加得越快；其次，与植物的生长息息相关，植物的生长活力高，则能够产生较多的负离子，这与“年龄依赖”假设吻合（Tikhonov et al.，2004）；第三，叶片形态结构不同也是导致产生负离子量不同的重要原因，针叶树曲率半径较小，具有“尖端放电”功能，且产生的电荷能使空气发生电离从而产生更多的负离子（牛香，2017）。2020 年，内蒙古森工集团提供负离子量最多的优势树种（组）主要是落叶松和白桦，分别为 4.83×10^{25} 个和 2.03×10^{25} 个，分别占集团森林提供负离子总量的 61.61% 和 25.84%，2 个优势树种（组）提供负离子量占集团森林提供负离子总量的 87.45%，如图 3-6。

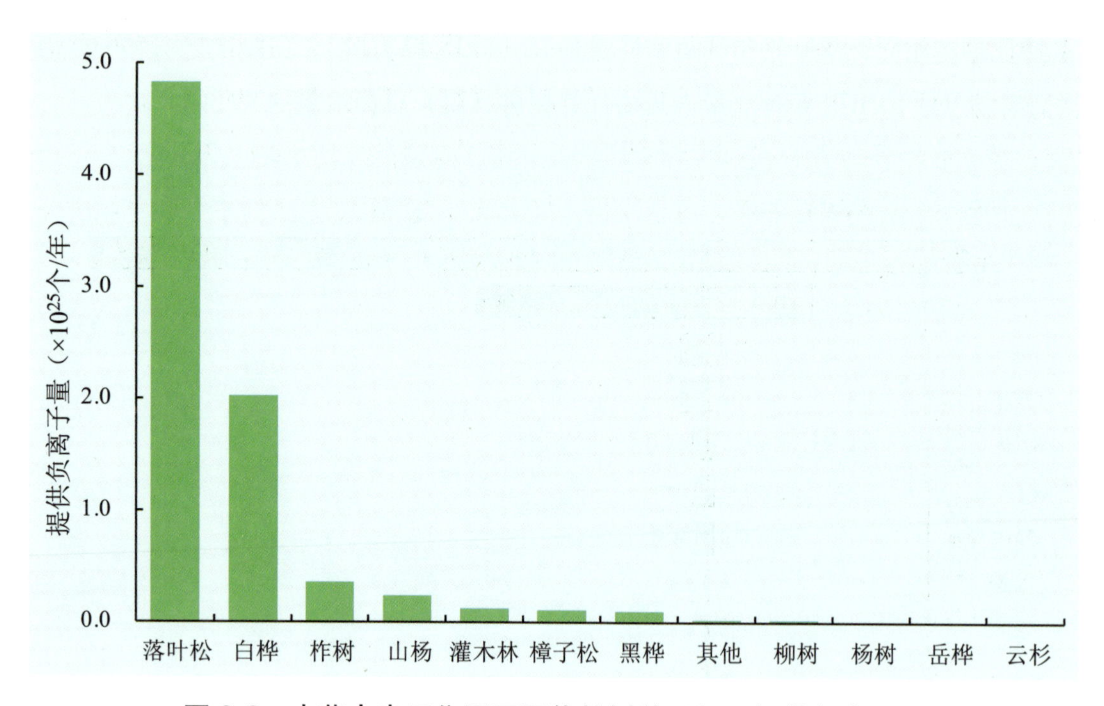

图 3-6　内蒙古森工集团不同优势树种（组）提供负离子量

树木一方面通过叶片吸收大气中的有害物质，降低大气中的有害物质浓度；另一方面，树木将有些有害物质在体内分解，转化为无害物质后代谢利用（李晓阁，2005）。2020 年内蒙古森工集团吸收污染物量最高的优势树种（组）为落叶松和白桦，分别为 93.88 万吨 / 年和 39.12 万吨 / 年，占集团总吸收污染物量的 61.85% 和 25.77%。2 个优势树种（组）对污染物的吸收量占集团总污染物吸收量的 87.62%，如图 3-7。

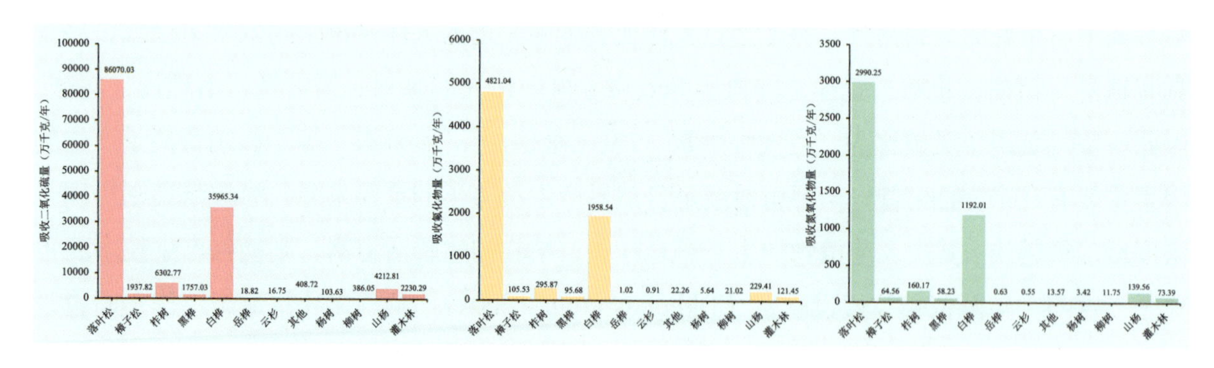

图 3-7　内蒙古森工集团不同优势树种（组）吸收二氧化硫、氟化物和氮氧化物量

内蒙古森工集团滞纳 TSP 物质量最高的优势树种（组）为落叶松，其次是白桦，分别为 1663.87 亿千克 / 年和 636.07 亿千克 / 年，占集团森林总滞纳 TSP 量的 65.12% 和 24.89%，两个优势树种（组）滞纳 TSP 物质量超过集团森林总滞纳 TSP 量的 90%，如图 3-8。优势树种（组）滞纳 PM_{10} 和 $PM_{2.5}$ 的物质量分布特征与各优势树种（组）滞纳 TSP 物质量基本相同，滞纳 PM_{10} 和 $PM_{2.5}$ 物质量最高的 2 个优势树种（组）为落叶松和白桦，其

对 PM_{10} 和 $PM_{2.5}$ 的滞纳量分别为 2526.83 万千克 / 年、656.02 万千克 / 年和 995.25 万千克 / 年、262.60 万千克 / 年，如图 3-9。内蒙古森工集团优势树种（组）潜在滞纳 TSP 物质量远高于 2020 年内蒙古自治区工业粉尘排放量的 71.42 万吨（内蒙古统计年鉴，2021）。内蒙古森工集团森林生态系统滞纳颗粒物功能对于净化区域大气环境、打好蓝天保卫战贡献巨大。

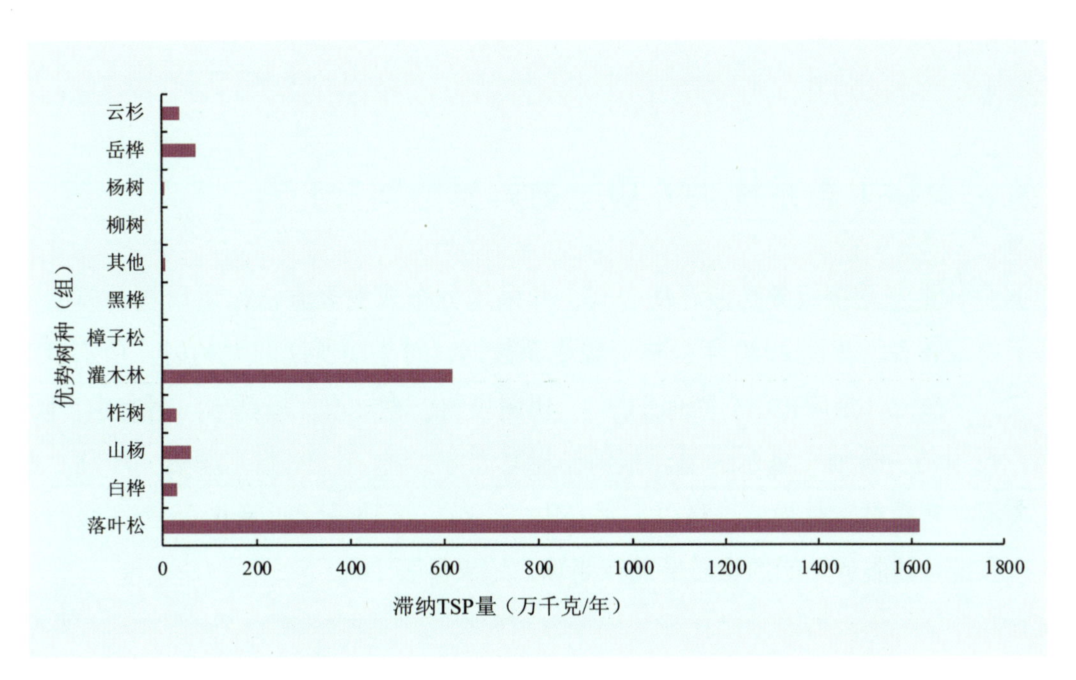

图 3-8　内蒙古森工集团不同优势树种（组）滞纳 TSP 量

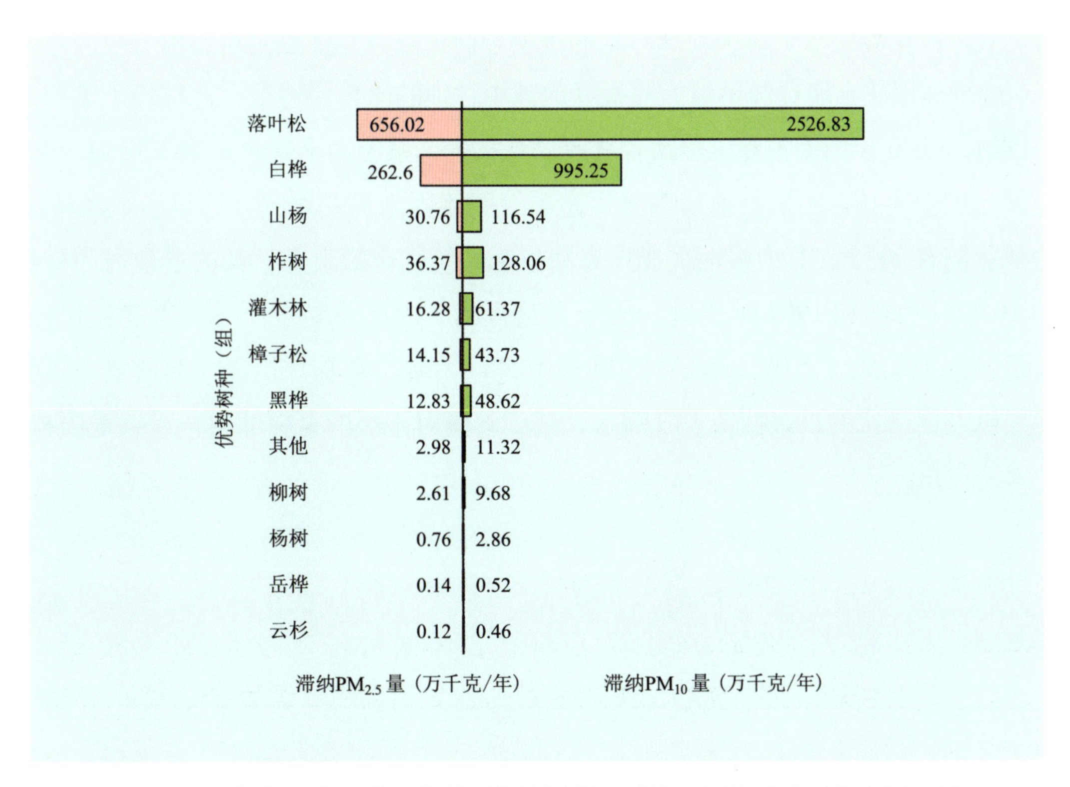

图 3-9　内蒙古森工集团不同优势树种（组）滞纳 $PM_{2.5}$ 和 PM_{10} 量

综上研究得出内蒙古森工集团落叶松、白桦吸收污染物和滞尘的功能较强。主要是因为落叶松是寒温带和温带树种，资源储量丰富，天然分布范围广，面积相对较大；其次与树种的特性有关，与阔叶树种相比，针叶树气孔密度和叶面积指数大，叶片表面粗糙有绒毛、分泌黏性油脂和汁液等较多，污染物易在叶表面附着和滞留（Neihuis et al.，1998；牛香，2017），使得落叶松吸收污染气体量相对较大。

第三节　森林生态系统服务功能物质量空间分布

根据森林生态系统服务功能评估公式，并采用分布式测算方法，运用相关模型、软件等，基于内蒙古森工集团2020年森林资源更新数据，对集团所属的大杨树、乌尔旗汉、甘河、吉文、毕拉河（含毕拉河自然保护区）、伊图里河、克一河、库都尔、阿龙山、阿尔山、阿里河、图里河、金河、莫尔道嘎、根河、得耳布尔、绰尔、绰源、满归、汗马、额尔古纳、北大河、吉拉林、杜博威、乌玛、永安山、奇乾、诺敏经营所等共28个一级测算单元森林生态系统各项服务功能的物质量进行测算，结果见表3-2。

一、保育土壤

水土流失是人类所面临的重要环境问题，已经成为经济社会可持续发展的一个重要制约因素。我国是世界上水土流失十分严重的国家，而内蒙古地区也是水土流失较为严重的地区之一；减少林地的土壤侵蚀模数能够很好地减少林地的土壤侵蚀量，对林地土壤形成很好的保护作用。2020年内蒙古森工集团各林业局森林生态系统固土量介于165.37万～2342.27万吨之间，如图3-10。不同林业局森林生态系统的年固土量差距较大，年固土量超过1000万吨的林业局有20个，其中根河林业局森林生态系统固土量最高，其次是金河和乌尔旗汉分别为1956.61万吨和1903.08万吨。固土量最低的3个林业局是汗马、吉拉林和杜博威，年固土量分别为378.24万吨、364.71万吨和165.37万吨。森林凭借庞大的树冠、深厚的枯枝落叶层以及网络状的根系截留大气降水，减少雨滴对土层的直接冲击，有效地固持土壤，减少土壤流失量。

表 3-2　内蒙古森工集团各林业局 2020 年森林生态系统服务功能物质量评估结果

林业局	保育土壤（万吨/年）					林木养分固持（万吨/年）			调节水量（亿立方米/年）	固碳释氧（万吨/年）		净化大气环境						
	固土	减少氮流失	减少磷流失	减少钾流失	减少有机质流失	氮固持	磷固持	钾固持		固碳	释氧	提供负离子（$\times10^{25}$个/年）	吸收气体污染物（万吨/年）			滞尘（万吨/年）		
													吸收二氧化硫	吸收氟化物	吸收氮氧化物	滞纳TSP	滞纳PM_{10}	滞纳$PM_{2.5}$
阿尔山	1518.22	3.56	1.10	29.21	58.64	4.58	0.75	2.18	7.80	41.77	93.56	0.36	6.35	0.35	0.21	1128.84	0.18	0.05
绰尔	1401.68	3.29	1.02	26.97	54.14	4.23	0.70	2.01	7.20	38.56	86.38	0.33	5.86	0.32	0.20	1042.19	0.17	0.04
绰源	1021.84	2.40	0.74	19.66	39.47	3.08	0.51	1.47	5.25	28.11	62.97	0.24	4.27	0.24	0.14	759.77	0.12	0.03
乌尔旗汉	1903.08	4.46	1.38	36.61	73.50	5.74	0.95	2.73	9.78	52.36	117.28	0.45	7.95	0.44	0.27	1415.00	0.23	0.06
库都尔	1714.67	4.02	1.24	32.99	66.22	5.17	0.85	2.46	8.81	47.17	105.67	0.40	7.17	0.39	0.24	1274.91	0.20	0.05
图里河	1267.11	2.97	0.92	24.38	48.94	3.82	0.63	1.82	6.51	34.86	78.09	0.30	5.30	0.29	0.18	942.13	0.15	0.04
伊图里河	531.55	1.25	0.39	10.23	20.53	1.60	0.26	0.76	2.73	14.62	32.76	0.12	2.22	0.12	0.08	395.22	0.06	0.02
克一河	789.01	1.85	0.57	15.18	30.47	2.38	0.39	1.13	4.05	21.71	48.62	0.19	3.30	0.18	0.11	586.65	0.09	0.02
甘河	1304.54	3.06	0.95	25.10	50.38	3.93	0.65	1.87	6.70	35.89	80.39	0.31	5.45	0.30	0.18	969.96	0.15	0.04
吉文	1245.41	2.92	0.90	23.96	48.10	3.76	0.62	1.79	6.40	34.26	76.75	0.29	5.21	0.29	0.18	926.00	0.15	0.04
阿里河	1580.88	3.71	1.15	30.41	61.06	4.77	0.79	2.27	8.12	43.49	97.43	0.37	6.61	0.36	0.22	1175.43	0.19	0.05
根河	2342.27	5.49	1.70	45.06	90.46	7.06	1.16	3.36	12.04	64.44	144.35	0.55	9.79	0.54	0.33	1741.55	0.28	0.07
金河	1956.61	4.59	1.42	37.64	75.57	5.90	0.97	2.81	10.05	53.83	120.58	0.46	8.18	0.45	0.28	1454.80	0.23	0.06
阿龙山	1349.59	3.16	0.98	25.96	52.12	4.07	0.67	1.94	6.94	37.13	83.17	0.32	5.64	0.31	0.19	1003.46	0.16	0.04
满归	1465.15	3.43	1.06	28.19	56.59	4.42	0.73	2.10	7.53	40.31	90.29	0.34	6.12	0.34	0.21	1089.38	0.17	0.05
得耳布尔	928.57	2.18	0.67	17.86	35.86	2.80	0.46	1.33	4.77	25.55	57.22	0.22	3.88	0.21	0.13	690.42	0.11	0.03

（续）

林业局	保育土壤（万吨/年）					林木养分固持（万吨/年）			调节水量（亿立方米/年）	固碳释氧（万吨/年）		净化大气环境						
												提供负离子（$\times10^{25}$个/年）	吸收气体污染物（万吨/年）			滞尘（万吨/年）		
	固土	减少氮流失	减少磷流失	减少钾流失	减少有机质流失	氮固持	磷固持	钾固持		固碳	释氧		吸收二氧化硫	吸收氟化物	吸收氮氧化物	滞纳TSP	滞纳PM_{10}	滞纳$PM_{2.5}$
莫尔道嘎	1700.10	3.99	1.23	32.71	65.66	5.13	0.84	2.44	8.74	46.77	104.77	0.40	7.11	0.39	0.24	1264.08	0.20	0.05
大杨树	1472.04	3.45	1.07	28.32	56.85	4.44	0.73	2.11	7.56	40.50	90.72	0.35	6.15	0.34	0.21	1094.51	0.17	0.05
毕拉河	1310.30	3.07	0.95	25.21	50.61	3.95	0.65	1.88	6.73	36.05	80.75	0.31	5.48	0.30	0.18	974.25	0.15	0.04
北大河	1126.03	2.64	0.82	21.66	43.49	3.40	0.56	1.62	5.79	30.98	69.39	0.26	4.71	0.26	0.16	837.24	0.13	0.03
乌玛	1412.57	3.31	1.02	27.18	54.56	4.26	0.70	2.03	7.26	38.86	87.05	0.33	5.90	0.33	0.20	1050.29	0.17	0.04
永安山	1065.22	2.50	0.77	20.49	41.14	3.21	0.53	1.53	5.47	29.31	65.65	0.25	4.45	0.25	0.15	792.02	0.13	0.03
奇乾	1071.20	2.51	0.78	20.61	41.37	3.23	0.53	1.54	5.50	29.47	66.01	0.25	4.48	0.25	0.15	796.47	0.13	0.03
诺敏经营所	515.86	1.21	0.37	9.92	19.92	1.56	0.26	0.74	2.65	14.19	31.79	0.12	2.16	0.12	0.07	383.56	0.06	0.02
汗马	378.24	0.89	0.27	7.28	14.61	1.14	0.19	0.54	1.94	10.41	23.31	0.09	1.58	0.09	0.05	281.24	0.04	0.01
额尔古纳	453.68	1.06	0.33	8.73	17.52	1.37	0.23	0.65	2.33	12.48	27.96	0.11	1.90	0.10	0.06	337.32	0.05	0.01
吉拉林	364.71	0.86	0.26	7.02	14.09	1.10	0.18	0.52	1.87	10.03	22.48	0.09	1.52	0.08	0.05	271.17	0.04	0.01
杜博威	165.37	0.39	0.12	3.18	6.39	0.50	0.08	0.24	0.85	4.55	10.19	0.04	0.69	0.04	0.02	122.96	0.02	0.01
合计	33355.49	78.20	24.18	641.70	1288.24	100.61	16.58	47.92	171.41	917.68	2055.60	7.84	139.41	7.68	4.71	24800.81	3.95	1.04

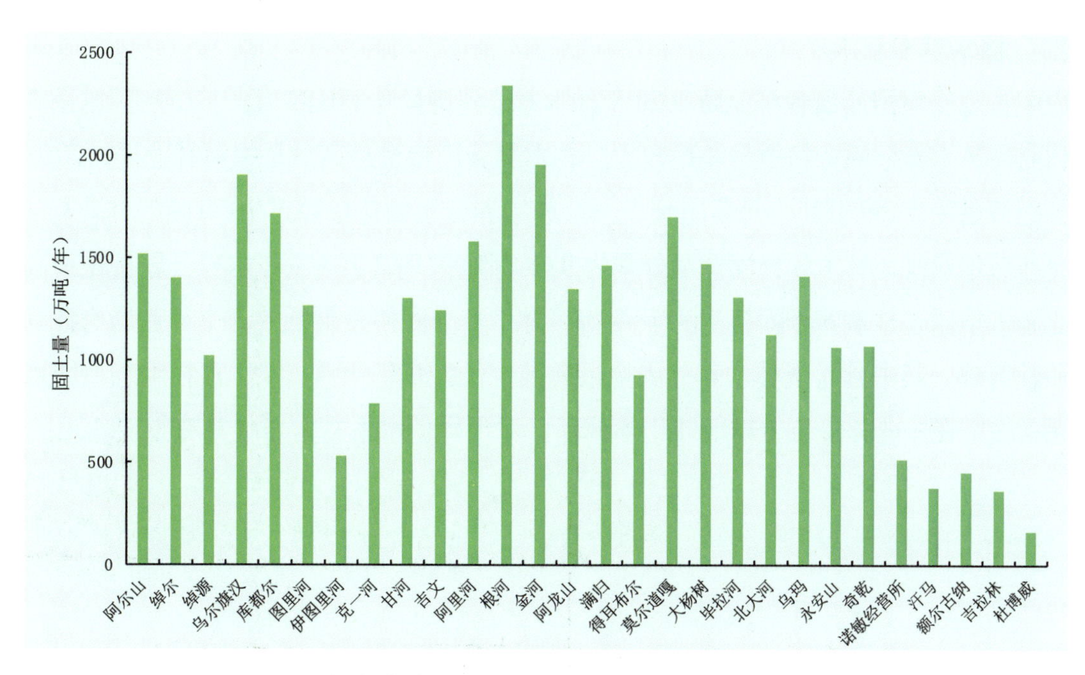

图 3-10　内蒙古森工集团各林业局森林生态系统固土量

森林保育土壤的功能不仅表现为固定土壤，同时还表现为保持土壤肥力。2020 年内蒙古森工集团各林业局森林生态系统保肥量如图 3-11，森林生态系统保肥量介于 10.08 万～ 142.71 万吨之间，其中根河林业局保肥量最高，杜博威林业局最低。年保肥量超过 100 万吨的林业局有 5 家，分别是根河、金河、乌尔旗汉、库都尔和莫尔道嘎，占集团森林生态系统总保肥量的 28.83%。森林植被不仅在调控土壤侵蚀方面发挥着不可替代的作用，使水土流失从总体上得到控制，而且在维持和改善森林生态系统土壤肥力，提高森林生产力方面具有重要的作用（Carroll et al.，1997）。

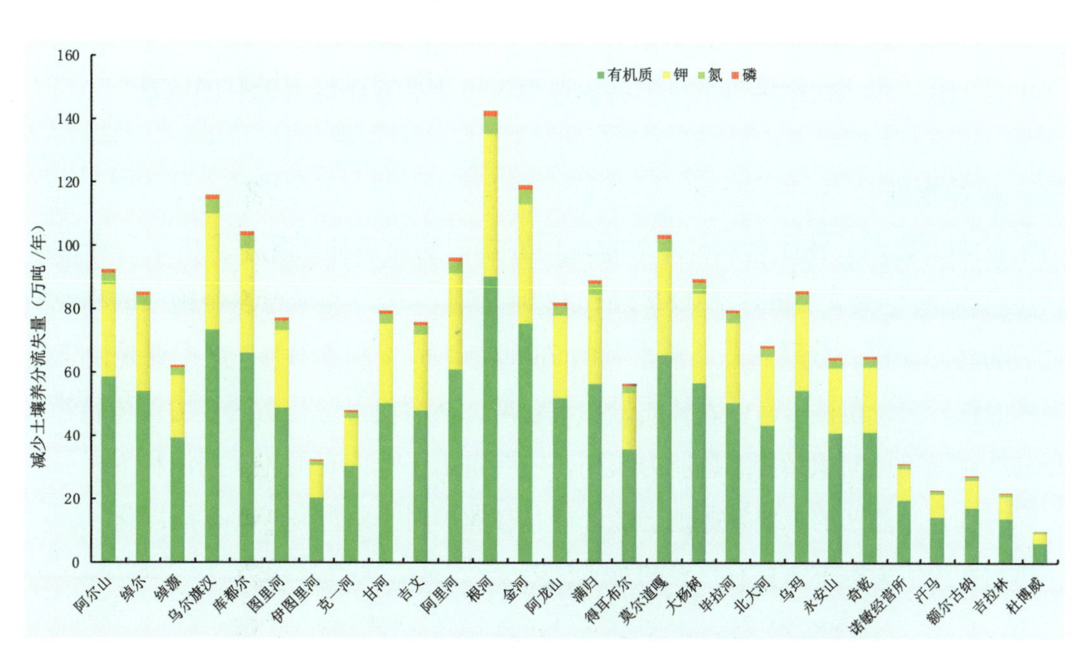

图 3-11　内蒙古森工集团各林业局森林生态系统保肥量

二、林木养分固持

内蒙古森工集团所属各林业局2020年林木养分固持量介于0.82万~11.59万吨(图3-12)，不同林业局林木养分固持物质量差距较大。林木养分固持量最高的是根河林业局，2020年林木养分固持量为11.59万吨，是集团唯一一个林木养分年固持量超过10万吨的林业局；其次是金河和乌尔旗汉，林木养分固持量分别为9.68万吨和9.42万吨；林木养分固持量最高的三个林业局占集团总林木养分固持量的18.59%。林木养分固持量最低的3个林业局为汗马、吉拉林和杜博威，其中杜博威林木养分固持量最低，仅为0.82万吨/年。森林生态系统可以将营养元素固定在体内并参与生物地球化学循环，对于降低水系富营养化具有重要作用。

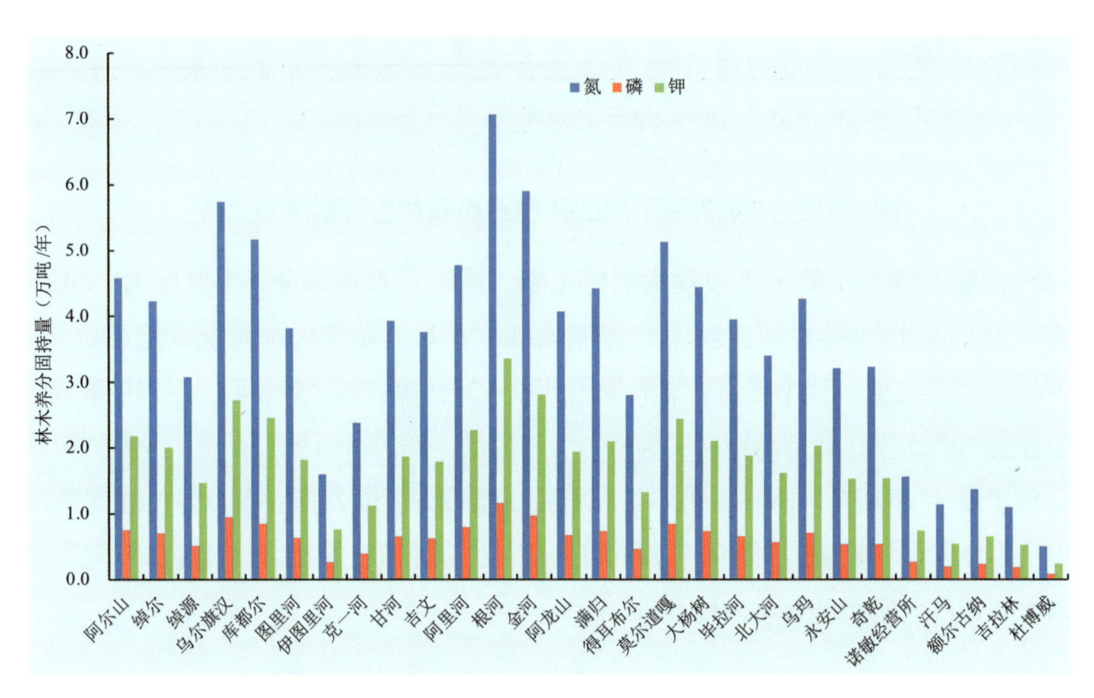

图3-12 内蒙古森工集团各林业局森林生态系统林木养分固持量

三、涵养水源

内蒙古森工集团各林业局森林生态系统涵养水源物质量如图3-13。内蒙古森工集团所属各林业局2020年调节水量介于0.85万~12.04万吨。2020年调节水量前三的林业局为根河、金河和乌尔旗汉，分别占总调节水量的7.02%、5.87%和5.71%，这主要是由于这几个地区森林面积较大，植被丰富，森林质量相对较高，从而使得这几个区域的森林涵养水源量大。汗马林业局单位面积涵养水源能力较高，主要是由于境内有河流、湖泊和沼泽三大湿地类型，同时也是激流河的主要发源地之一，汗马林业局对于水源调控、水质净化、减少水旱灾害、防治水土流失等方面具有重要的意义。

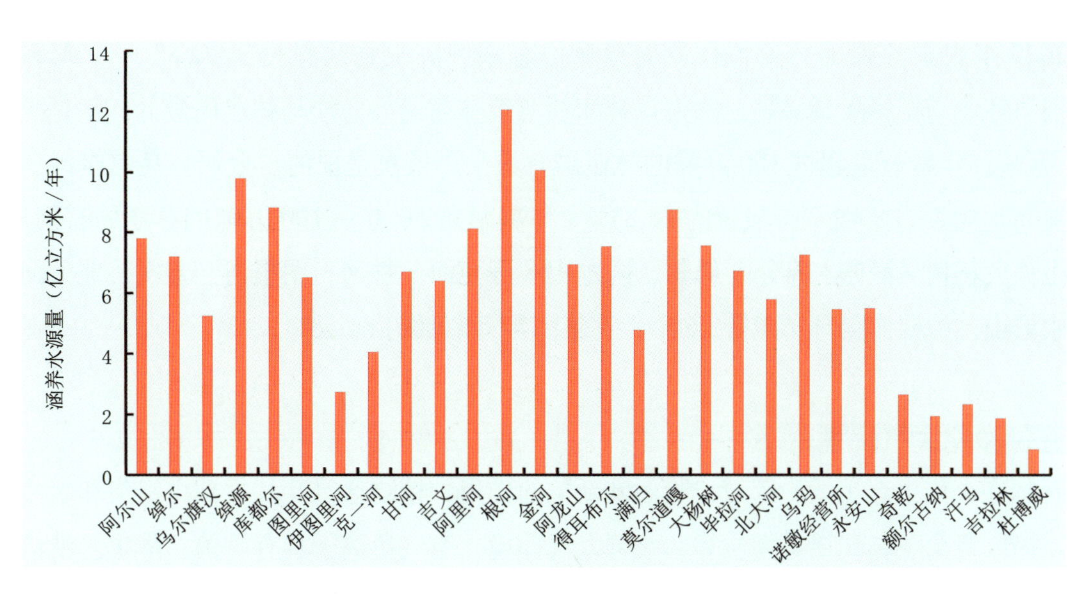

图 3-13 内蒙古森工集团各林业局森林生态系统涵养水源量

四、固碳释氧

森林固碳释氧机制是通过自身的光合作用过程吸收二氧化碳，制造有机物，积累在树干、根部和枝叶等部位，并释放出氧气，从而抑制大气中二氧化碳浓度的上升，体现出绿色减排的作用（Niu et al.，2012）。2020 年内蒙古森工集团各林业局森林生态系统固碳量如图 3-14。评估结果显示，2020 年内蒙古森工集团各林业局森林生态系统固碳量介于 4.55 万～64.44 万吨，其中根河林业局年固碳量最高。汗马林业局森林生态系统固碳量最低，仅为 10.41 万吨；除根河林业局外，年固碳量超过 50 万吨的林业局还有金河（53.83 万吨）和乌尔旗汉（52.36 万吨）。2020 年固碳量最高的 3 个林业局年固碳量占集团总固碳量的 18.59%。

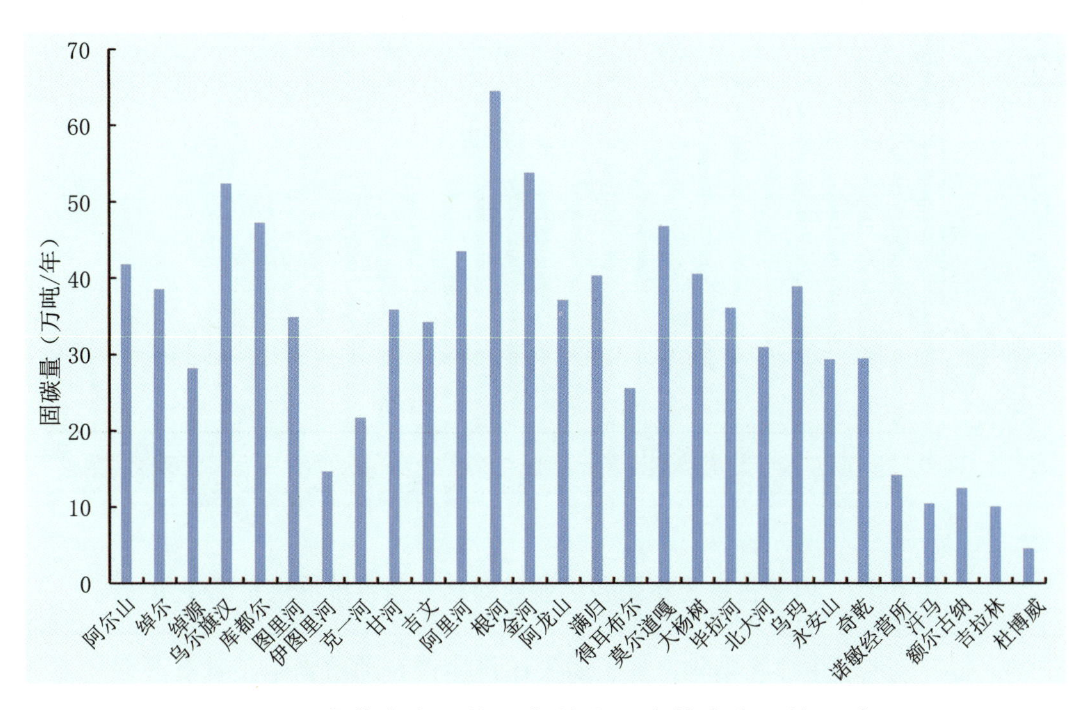

图 3-14 内蒙古森工集团各林业局森林生态系统固碳量

2020 年内蒙古森工集团各林业局森林生态系统释氧物质量介于 22.82 万～323.16 万吨，根河林业局年释氧量最高。除吉拉林和杜博威林业局外，汗马林业局最低，年释氧量为 23.31 万吨。年释氧量超过 100 万吨的林业局有 5 个，依次是根河、金河、乌尔旗汉、库都尔和莫尔道嘎，占集团年释氧量的 28.83%；年释氧量 50 万～100 万吨的林业局有阿里河、阿尔山、大杨树、满归、乌玛、绰尔、阿龙山、毕拉河、甘河、图里河、吉文、北大河、奇乾、永安山、绰源、得耳布尔等 16 个，占集团年释氧量的 61.58%。

五、净化大气环境

森林在大气生态平衡中起着“除污吐新”的作用，植物通过叶片拦截、富集和吸收污染物质，提供负离子和萜烯类物质等，改善大气环境。空气负离子具有杀菌、降尘、清洁空气的功效，能够改善肺气管功能，增加肺部吸氧量，促进人体新陈代谢，激活肌体多种酶，改善睡眠质量，提高人体免疫力、抗病能力，对人体健康十分有益，被誉为“空气维生素与生长素”，其也是一种重要的无形旅游资源。2020 年内蒙古森工集团森林生态系统提供负离子量如图 3-15。2020 年内蒙古森工集团森林生态系统提供负离子量为 7.84×10^{25} 个，其中根河、金河、乌尔旗汉三个林业局位列前三，年提供负离子量分别为 0.55×10^{25} 个、0.46×10^{25} 个和 0.45×10^{25} 个，3 个林业局年提供负离子量分别占集团提供负离子总量的 7.02%、5.87% 和 5.74%。

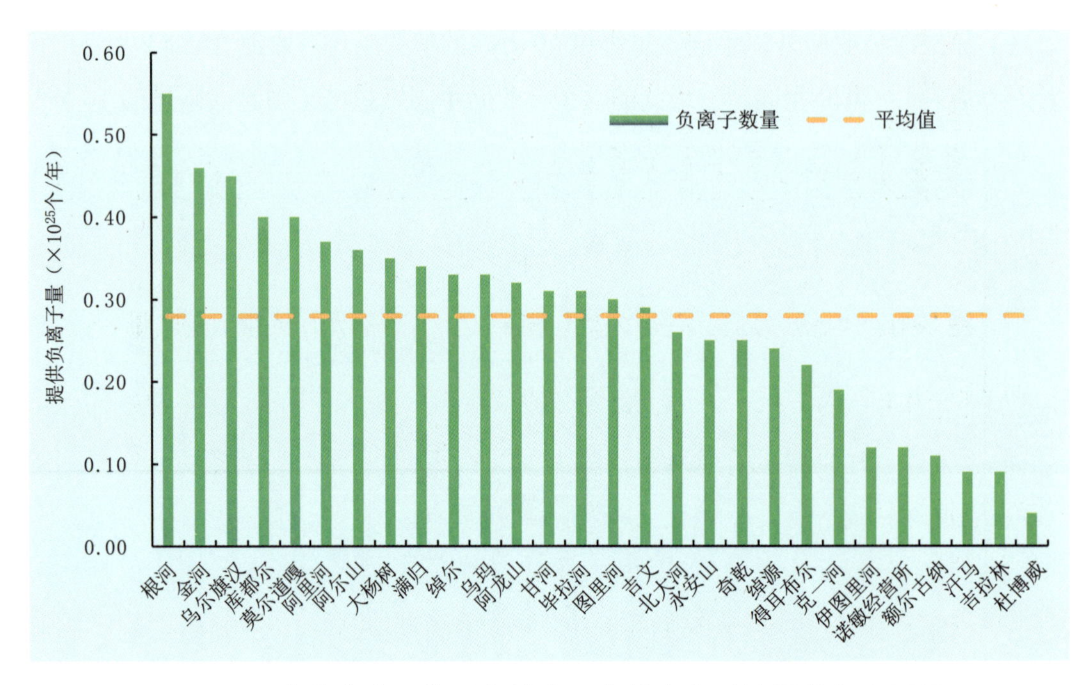

图 3-15　内蒙古森工集团各林业局森林生态系统提供负离子量

二氧化硫是大气的主要污染物之一，对人体健康以及动植物生长具有严重危害，同时硫元素是树木体内氨基酸的组成成分，是林木所需营养元素之一；氮氧化物是大气污染的重要组成部分，还是酸雨的重要来源；氟化物会造成累积性污染，对地面植物的生长以及牲畜有一定的危害。森林可以吸附污染物并在体内转化分解，森林生态系统吸收的主要污染物有二氧化硫、氮氧化物和氟化物。2020 年，内蒙古森工集团森林生态系统吸收气体污染物量为 151796.53 万千克 / 年（图 3-16）。吸收气体污染物量前三的林业局为根河、金河和乌尔旗汉，分别吸收气体污染物 10659.36 万千克 / 年、8904.27 万千克 / 年和 8660.66 万千克 / 年，根河林业局是集团唯一吸收气体污染物超过 10 万吨的林业局。2020 年内蒙古自治区废气中二氧化硫、氮氧化物排放量分别为 27.39 万吨和 47.56 万吨（中国统计年鉴，2021）。内蒙古森工集团森林生态系统吸收的二氧化硫量是全区废气中二氧化硫排放量的 5 倍多，吸收的氮氧化物量是全区废气中氮氧化物排放量的 10%。森林生态系统吸收气体污染物的功能对净化大气环境，推动经济、社会、生态协调发展具有重要作用。

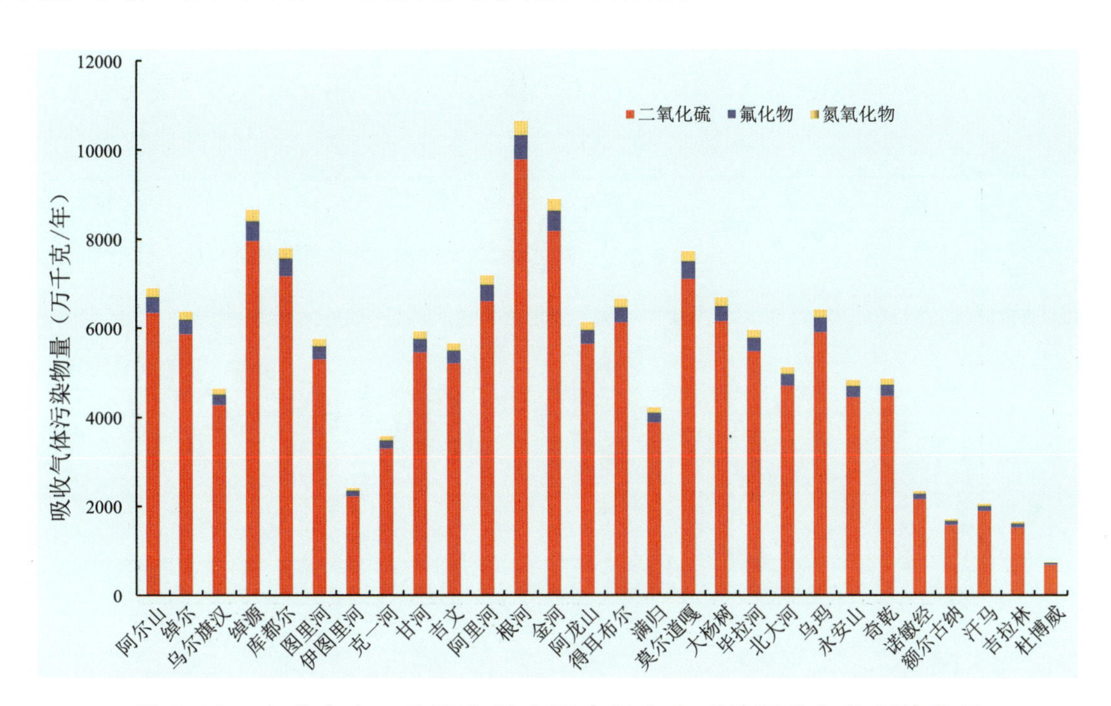

图 3-16　内蒙古森工集团各林业局森林生态系统吸收气体污染物量

森林的滞尘作用表现为：一方面，森林茂密的林冠结构，可以起到降低风速的作用，随着风速的降低，空气中携带的大量颗粒物会加速沉降；另一方面，植物的蒸腾作用，使树冠周围和森林表面保持较大湿度，使空气颗粒物容易降落吸附。树体蒙尘之后，经过降水的淋洗滴落作用，使得植物又恢复了滞尘能力（牛香，2017）。

2020 年内蒙古森工集团各林业局森林生态系统滞纳大气颗粒物量如图 3-17。评估结果显示，2020 年内蒙古森工集团各林业局森林生态系统年滞纳 TSP 量介于 12.67 亿～ 179.43 亿千克，其中滞纳 TSP 最高的 3 个林业局为根河、金河、乌尔旗汉，其年滞纳 TSP 量分别为 10.66 万吨、8.90 万吨和 8.66 万吨，3 个林业局滞纳 TSP 量占集团森林总滞纳 TSP 量的 18.59%；除杜博威和吉拉林林业局外，滞纳 TSP 量最低的 3 个林业局为汗马、额尔古纳和诺敏经营所，占集团森林总滞纳 TSP 量的 4.04%。

2020 年内蒙古森工集团各林业局森林滞纳 PM_{10} 量介于 19.56 万～277.04 万千克，其中滞纳 PM_{10} 最高的 3 个林业局为根河、金河、乌尔旗汉，其年滞纳 PM_{10} 量分别为 277.04 万千克、231.42 万千克和 225.09 万千克；滞纳 PM_{10} 量最低的 3 个林业局为汗马、吉拉林、杜博威，年滞纳 PM_{10} 量分别为 44.74 万千克、43.14 万千克和 19.56 万千克，占内蒙古森工集团森林总滞纳 PM_{10} 量不足 3%。2020 年内蒙古森工集团森林年滞纳 $PM_{2.5}$ 量介于 5.13 万～72.72 万千克，其中滞纳 $PM_{2.5}$ 最高的 3 个林业局为根河、金河、乌尔旗汉，其年滞纳 $PM_{2.5}$ 量分别为 72.72 万千克、60.75 万千克和 59.09 万千克；滞纳 $PM_{2.5}$ 量最低的 3 个林业局为汗马、吉拉林和杜博威，结果如图 3-17。

总体分析可知，内蒙古森工集团森林生态系统滞尘功能较强，充分发挥了森林生态系统滞尘、调控区域空气颗粒物量、净化大气环境的作用。

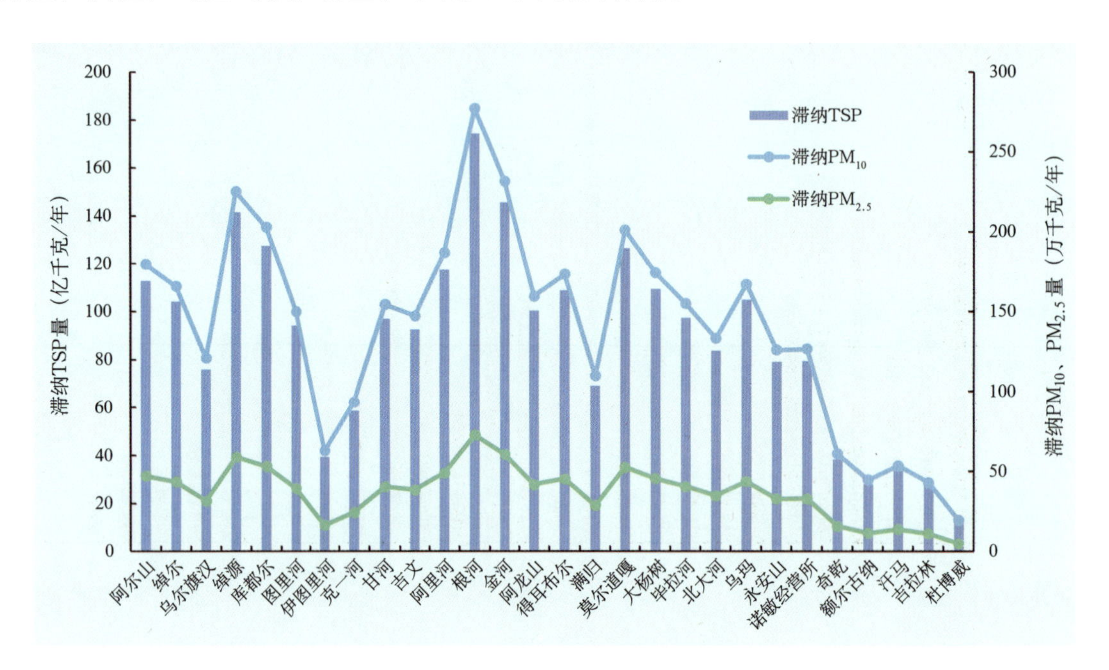

图 3-17 内蒙古森工集团各林业局森林生态系统滞纳 TSP、PM_{10} 和 $PM_{2.5}$ 量

第四章

内蒙古森工集团森林生态系统服务功能价值量评估

生态系统服务用于描述生态系统对经济和其他人类活动所受惠益的贡献，例如所开采的自然资源、碳固存和休闲机会等（潘勇军，2013）。SEEA生态系统试验账户针对不同生态系统服务货币价值评估提供了一些建议的定价方法，主要包括以下几种：①单位资源租金定价法（pricing using the unit resource rent）；②替代成本方法（replacement cost methods）；③生态系统服务付费和交易机制（payments for ecosystem services and trading schemes）。在森林生态系统服务功能价值量评估中，主要采用等效替代原则，用替代品的价格进行等效替代，核算某项评估指标的价值量（潘勇军，2013）。在具体选取替代品的价格时遵守权重当量平衡原则，考虑计算所得的各评估指标价值量在总价值量中所占的权重，使其保证相对平衡。依据国家标准《森林生态系统服务功能评估规范》（GB/T 38582—2020），采用分布式测算方法，从保育土壤、林木养分固持、涵养水源、固碳释氧、净化大气环境、生物多样性保护、林木产品供给和森林康养等方面对内蒙古森工集团2020年森林生态系统服务功能价值量进行评估。本次评估中，将森林康养价值和林木产品供给价值以集团整体进行计算，未按照各林业局和优势树种（组）单独计算。

等效替代：在保证某项生态系统服务效果相同的前提下，将深奥的、复杂的、不易测算的自然过程和社会效果用等效的、简单的、易于测算的自然过程和社会效果来代替的评估方法。

权重当量平衡法：定量评价某一物理问题和物理过程采用各分量在总量中所占权重而使其归一化量值相对平衡并具备可比性的测算方法。

第一节 森林生态系统服务功能价值量评估

物质量评价能够比较客观地反映生态系统服务功能的可持续性，而价值量评价更多地反映生态系统服务功能的总体稀缺性。根据国家标准《森林生态系统服务功能评估规范》(GB/T 38582—2020) 的评估指标体系和计算方法，得出内蒙古森工集团2020年森林生态系统服务功能总价值量为6288.01亿元/年。其中，涵养水源价值量最大，占总价值量的30.53%；净化大气环境价值量居第二位，占总价值量的25.13%；生物多样性保护价值量排第三，占总价值量的20.36%；固碳释氧价值量占总价值量的4.82%；森林康养价值量占总价值量的3.93%；林木产品供给价值量最小，仅占森林生态系统服务功能总价值量的0.08%（图4-1）。

表4-1 内蒙古森工集团森林生态系统服务功能价值量（亿元/年）

<table>
<tr><th>服务类别</th><th>功能类别</th><th colspan="2">指标类别</th><th>价值量</th></tr>
<tr><td rowspan="8">支持服务</td><td rowspan="5">保育土壤</td><td colspan="2">固土</td><td>183.46</td></tr>
<tr><td colspan="2">减少氮流失</td><td>143.55</td></tr>
<tr><td colspan="2">减少磷流失</td><td>41.40</td></tr>
<tr><td colspan="2">减少钾流失</td><td>249.24</td></tr>
<tr><td colspan="2">减少有机质流失</td><td>103.06</td></tr>
<tr><td rowspan="3">林木养分固持</td><td colspan="2">氮固持</td><td>184.69</td></tr>
<tr><td colspan="2">磷固持</td><td>28.38</td></tr>
<tr><td colspan="2">钾固持</td><td>18.61</td></tr>
<tr><td rowspan="10">调节服务</td><td>涵养水源</td><td colspan="2">调节水量/净化水质</td><td>1919.74</td></tr>
<tr><td rowspan="2">固碳释氧</td><td colspan="2">固碳</td><td>4.84</td></tr>
<tr><td colspan="2">释氧</td><td>298.06</td></tr>
<tr><td rowspan="7">净化大气环境</td><td colspan="2">提供负离子</td><td>6.97</td></tr>
<tr><td rowspan="3">吸收气体污染物</td><td>吸收二氧化硫</td><td>35.27</td></tr>
<tr><td>吸收氟化物</td><td>2.12</td></tr>
<tr><td>吸收氮氧化物</td><td>1.19</td></tr>
<tr><td rowspan="3">滞尘</td><td>滞纳TSP</td><td>1532.84</td></tr>
<tr><td>滞纳PM_{10}</td><td>1.61</td></tr>
<tr><td>滞纳$PM_{2.5}$</td><td>0.42</td></tr>
<tr><td rowspan="2">供给服务</td><td>生物多样性保护</td><td colspan="2">物种保育</td><td>1280.47</td></tr>
<tr><td>林木产品供给</td><td colspan="2">林木产品供给</td><td>5.07</td></tr>
<tr><td>文化服务</td><td>森林康养</td><td colspan="2">森林康养</td><td>247.02</td></tr>
<tr><td colspan="4">总计</td><td>6288.01</td></tr>
</table>

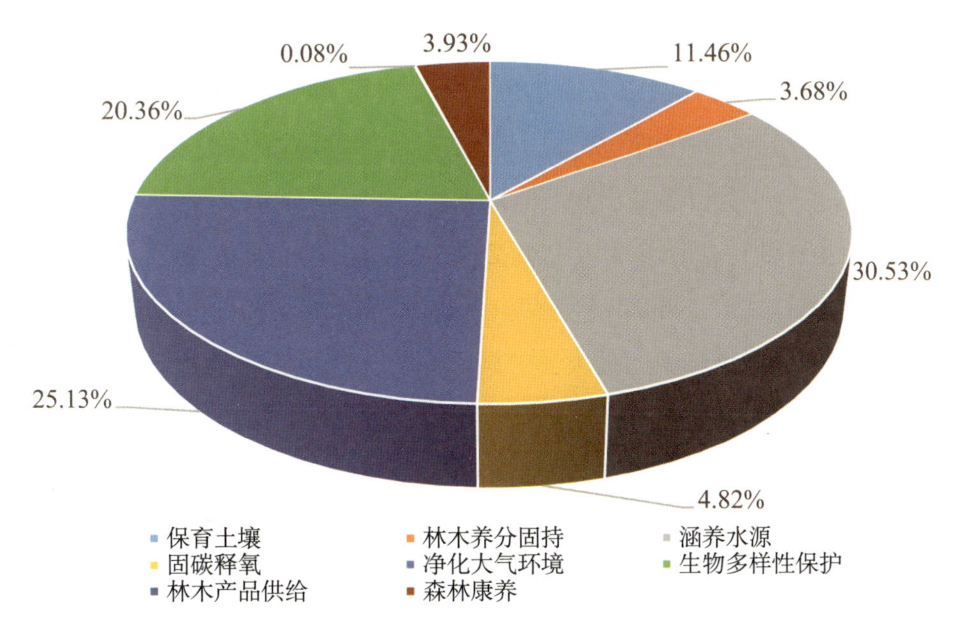

图 4-1 内蒙古森工集团森林生态系统服务功能价值量比例

森林生态系统凭借茂密的林冠、庞大的根系和枯枝落叶层截留降雨、保育土壤，内蒙古森工集团森林生态系统对于涵养水源、调节径流、防止水土流失、抑制土地荒漠化、改善区域小气候和抵御旱灾、洪灾、风灾、泥石流等自然灾害方面具有重要作用，同时也是维护国土生态安全以及防灾减灾的主要措施和手段。2020 年内蒙古森工集团森林生态系统每年提供的涵养水源、保育土壤总价值量为 2640.44 亿元，是同年内蒙古自治区洪涝、干旱和风沙等自然灾害直接经济损失的 20 多倍（中国统计年鉴，2021）。

2020 年，内蒙古森工集团森林生态系统林木养分固持功能价值量为 231.68 亿元，在各项功能价值量中排倒数第二位。虽然林木养分固持价值量较低，但是其在保障区域水系、土壤的安全和健康中发挥着重要作用。森林生态系统可以使土壤中部分营养元素暂时地保存在植物体内，之后通过生命循环进入土壤，这样可以暂时降低因为水土流失而带来的养分元素损失；而一旦土壤养分元素损失就会带来土壤贫瘠化，若想保持土壤原有的肥力水平，就需要向土壤中通过人为的方式输入养分，而这又会带来一系列的问题和灾难。林木养分固持功能可以很好地固持土壤中的营养元素，维持土壤肥力和活性，对林地健康具有重要的作用。

2020 年，内蒙古森工集团森林生态系统生物多样性功能价值量为 1280.47 亿元，排在所有功能的第三位。生物多样性保护是指森林生态系统为生物物种提供生存与繁衍的场所，从而起到保育作用的功能，其价值是森林生态系统在物种保育中作用的量化（IUCN，2006）。森林生态系统尤其是天然林生态系统结构复杂，其中孕育着多种多样的动植物资源以及珍贵的基因资源，对区域及全球生态安全具有重要的意义。生物多样性保护日益受到国际社会的高度重视，将其视为生态安全和粮食安全的重要保障，提高到人类赖以生存的条件和社会经济可持续发展基础的战略高度来认识。内蒙古森工集团是全国天然林资源较丰富的区域，具有保存相对完好的典型森林生态系统，是我国北方天然的生态屏障，对中国乃至全球生物多样性保护具有重要的意义。内蒙古森工集团不仅动植物资源丰富，而且还保存了一大批珍贵、稀有及濒危的动植物物种资源；同时，在大兴安岭建立的森林公园和自然保护区为内蒙古森工集团的生物多样性保护提供了坚实的基础。

2020年，内蒙古森工集团森林生态系统提供的固碳释氧和净化大气环境价值量为1883.32亿元，是内蒙古自治区2020年工业污染治理投资的140多倍（国家统计局，2021）。评估结果再次证明了森林是陆地上最大的“碳储库”和最经济的“吸碳器”，突显了森林生态系统在固碳和治污减霾中投资少、代价低、综合效益大，更具经济可行性和现实操作性的特点，森林的碳汇功能和治污减霾功能对减少温室效应和净化大气环境有着不可替代的作用。随着社会经济的发展，内蒙古自治区能源消费量不断增加，煤炭一直以来在能源消费结构中占主要地位，工业节能减排减霾空间有限，应最大限度地充分发挥森林碳汇作用、提升森林治污减霾能力，为工业排碳拓宽容量空间，这对保障经济的可持续增长尤为重要。

内蒙古森工集团森林旅游资源丰富、独特，发展潜力巨大，是一种可持续发展的旅游资源。2020年内蒙古森工集团森林康养价值为247.02亿元，占内蒙古自治区2020年国内旅游总收入(2404.06亿元)的10.28%(内蒙古统计局,2021)。随着人们可自由支配收入的增加、生活水平的提高和可自由支配时间的增多，走进森林、回归自然的户外游憩正逐步成为我国进入小康社会后人们扩大精神文化消费的热点，这种需求将会越来越大，越来越迫切，森林旅游产业有着十分巨大的市场潜力和广阔的发展前景。

森林可以为人类提供木材产品与非木材产品，以保障人类的基本生活需要。根据中国林业信息网（www.lknet.ac.cn）的统计数据与国家标准《森林生态系统服务功能评估规范》（GB/T 38582—2020）中的计算方法，2020年内蒙古森工集团林木产品供给价值量为5.07亿元，仅占集团森林生态系统服务功能总价值量的0.08%。林木产品供给功能和森林康养功能可以看作是森林生态系统提供的直接价值，而保育土壤、林木养分固持、涵养水源、固碳释氧、净化大气环境、森林防护和生物多样性等功能是森林生态系统提供的间接价值，可以看出森林生态系统提供的间接价值远远高于直接价值。

森林作为一种重要的可再生自然资源，为经济社会可持续发展作出的贡献越来越受到社会的重视。在现代林业发展过程中，人们已将森林生态效益的相关内容纳入到林业资产核算当中，将生态文明建设融入经济建设、政治建设、文化建设、社会建设各方面和全过程。把资源消耗、环境损害、生态效益纳入经济社会发展评价体系开展森林资源核算，以森林资源数据和生态服务监测数据为基础，生动地诠释森林产品和服务对国家和地区经济发展的贡献，对科学量化森林资源资产的经济、生态、社会和文化价值，有效调动全社会造林、营林、护林的积极性，引导人类合理开发利用森林资源，积极参与保护生态环境，共同建设资源节约型和环境友好型社会具有重要意义。

第二节　优势树种（组）生态系统服务功能价值量评估

内蒙古森工集团不同优势树种（组）各项生态系统服务功能的价值量评估结果见表 4-2。从图 4-2 至图 4-7 可以看出，2020 年内蒙古森工集团不同优势树种（组）生态系统服务功能价值量评估结果差异较明显。其中，落叶松生态系统服务功能价值量最高，为 3821.41 亿元 / 年；其次是白桦 1526.02 亿元 / 年；2 个优势树种（组）分别占集团森林生态系统服务功能总价值量的 63.31% 和 25.28%，二者合计占集团森林生态系统服务功能总价值超过 85%，而其他 10 个优势树种（组）生态系统服务功能总价值之和占集团森林生态系统服务功能总价值的比例小于 15%。数据充分说明落叶松和白桦 2 个优势树种（组）在内蒙古森工集团森林资源中具有的重要地位，为集团森林生态系统服务功能的发挥作出巨大贡献。不同优势树种（组）生态系统服务功能价值量评估结果见表 4-2。

表 4-2　内蒙古森工集团不同优势树种（组）服务功能价值量评估结果

亿元 / 年

优势树种（组）	支持服务		调节服务			供给服务		文化服务	合计
	保育土壤	林木养分固持	涵养水源	固碳释氧	净化大气环境	生物多样性保护	林木产品供给	森林康养	
落叶松	447.03	145.94	1184.42	196.79	1027.58	819.65			3821.41
樟子松	10.04	3.18	26.75	4.31	20.03	17.59			81.90
柞树	30.90	8.67	87.27	8.62	39.71	40.83			216.00
黑桦	9.05	2.88	24.21	3.60	19.24	15.57			74.54
白桦	185.20	58.99	495.53	73.69	393.82	318.79			1526.02
岳桦	0.10	0.03	0.26	0.04	0.21	0.16			0.79
云杉	0.09	0.03	0.23	0.04	0.18	0.17			0.74
其他	2.11	0.67	5.63	0.82	4.48	3.49			17.20
杨树	0.54	0.17	1.43	0.29	1.13	0.99			4.55
柳树	1.99	0.57	5.33	0.70	3.59	2.96			15.14
山杨	21.76	6.91	58.04	8.88	46.12	37.70			179.41
灌木林	11.90	3.65	30.65	5.12	24.32	22.58			98.21
总计	720.71	231.68	1919.74	302.91	1580.42	1280.47	5.07	247.02	6288.01

注：林木产品供给和森林康养服务功能价值量未分配到各优势树种（组）。

一、保育土壤

保育土壤功能价值量最高的 2 个优势树种（组）为落叶松、白桦，分别为 447.03 亿元 / 年和 185.20 亿元 / 年，分别占集团森林生态系统保育土壤总价值量的 62.03% 和 25.70%，2 个优势树种（组）合计占集团森林生态系统保育土壤总价值的 87.73%；柳树、杨树、岳桦、云杉等优势树种（组）保育土壤价值量占集团森林生态系统保育土壤总价值的比例均不足 1%，如图 4-2。落叶松、白桦是内蒙古森工集团的主要森林类型，且多为天然林，人为干扰少，枯枝落叶层较厚，有良好的减少滴溅侵蚀的作用，在防止水土流失、保障生产生活安全方面起到了显著的作用。

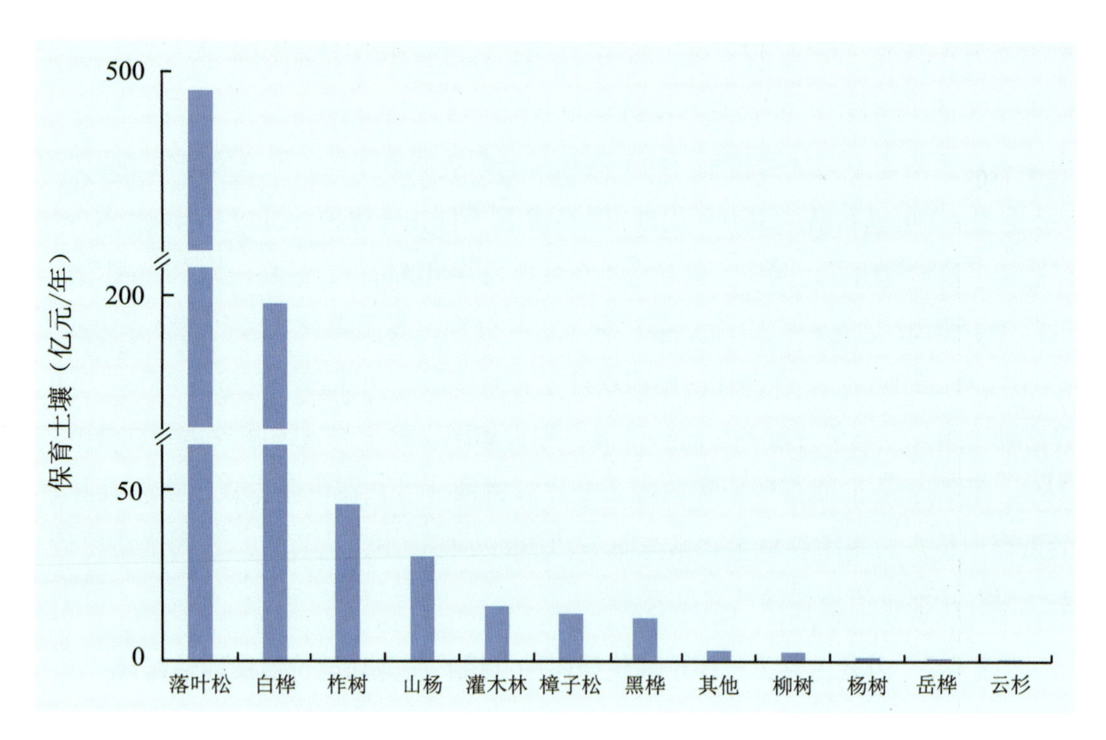

图 4-2　内蒙古森工集团不同优势树种（组）保育土壤价值量分布

二、林木养分固持

林木养分固持功能价值量最高的优势树种（组）为落叶松和白桦，分别为 145.94 亿元 / 年和 58.99 亿元 / 年，分别占集团森林生态系统林木养分固持总价值量的 62.99% 和 25.46%，2 个优势树种（组）占集团森林生态系统林木养分固持价值量为 88.45%；柞树、山杨、灌木林、樟子松、黑桦的林木养分固持价值量较低，占集团森林生态系统林木养分固持总价值量的比例均不足 10%；柳树、杨树、岳桦、云杉和其他优势树种（组）林木养分固持价值量占集团森林生态系统林木养分固持价值量的比例均不足 1%，如图 4-3。森林生态系统通过林木养分固持功能，将土壤中的部分营养物质临时存储于林木体内，落叶松、白桦是内蒙古森工集团主要分布的优势树种（组），以天然林为主，林分的净生产力较高，生态系统结构较为完整，土壤中氮、磷、钾含量较高，优势树种（组）在该区域通过植被的吸收、存留和归还 3 个生理生态学过程来维持养分的平衡，在一定程度上降低了土壤肥力衰退的风险，保障了生态系统的养分循环模式，维持森林生态系统的健康发展。

三、涵养水源

水资源供给结构性矛盾突出，部分地区水资源过度开发，经济社会用水大量挤占河湖生态水量，水生态空间被侵占，流域区域生态保护和修复用水保障、水质改善等面临严峻挑战（自然资源部，2020）。内蒙古森工集团 2020 年森林生态系统涵养水源功能价值量最高的优势树种（组）为落叶松和白桦，分别为 1184.42 亿元 / 年 495.53 亿元 / 年，占集团森林生态系统涵养水源总价值量的 87.51%；云杉、岳桦、杨树、柳树等优势树种（组）涵养水源

价值量分别为 0.23 亿元 / 年、0.26 亿元 / 年、1.43 亿元 / 年和 5.33 亿元 / 年，在集团森林生态系统涵养水源总价值量中的占比均不足 1%（图 4-4）。

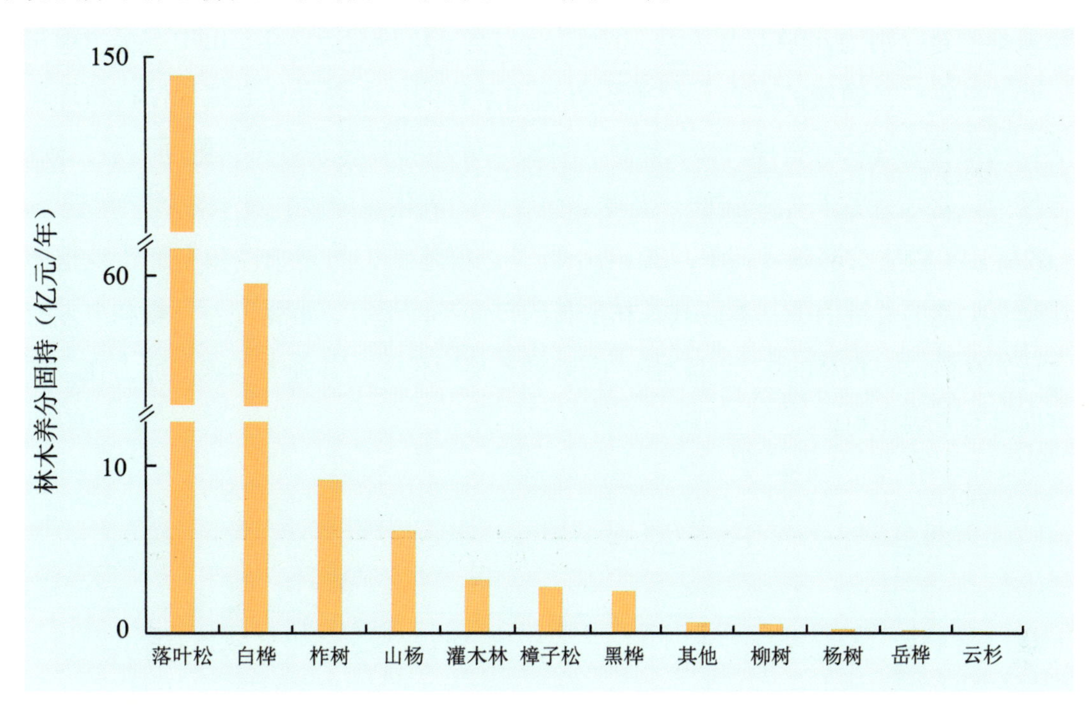

图 4-3　内蒙古森工集团不同优势树种（组）林木养分固持价值量分布

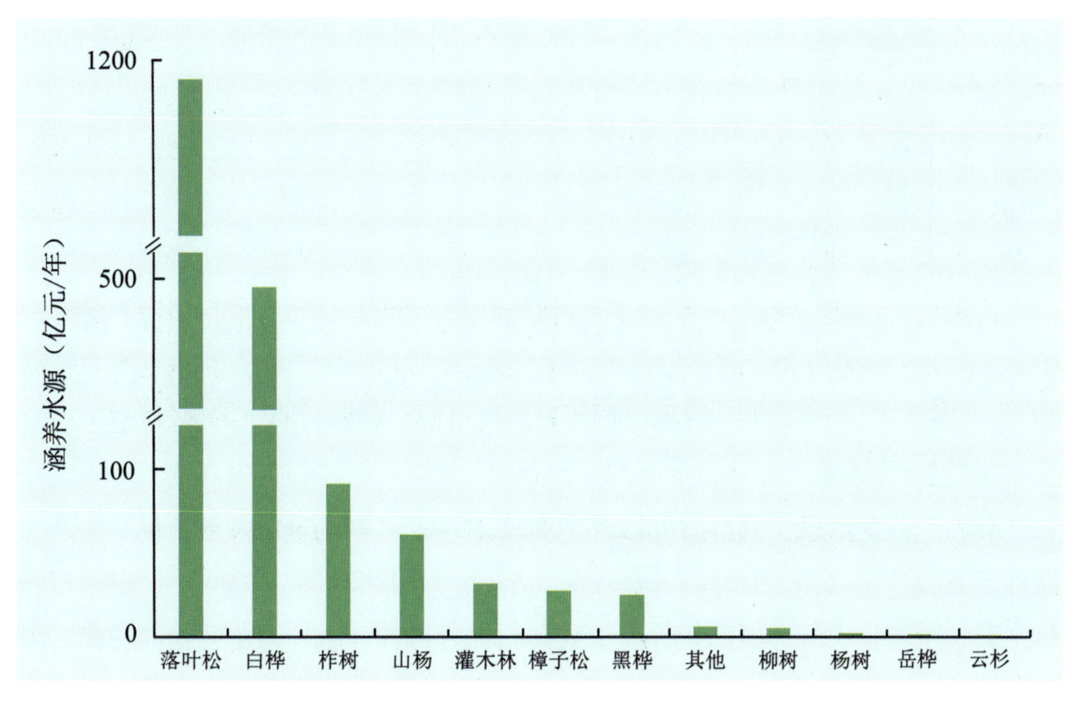

图 4-4　内蒙古森工集团不同优势树种（组）涵养水源价值量分布

四、固碳释氧

2020 年，内蒙古森工集团森林生态系统固碳释氧功能价值量最高的 2 个优势树种（组）是落叶松和白桦，分别为 196.79 亿元 / 年和 73.69 亿元 / 年，分别占集团森林生态系统年固碳释氧价值量的 64.97% 和 24.33%；在集团森林生态系统固碳释氧总价值量中的占比不足 1% 的优势树种（组）有 5 个，分别是岳桦、云杉、杨树、柳树和其他优势树种（组），其固碳释氧价值量分别为 0.04 亿元 / 年、0.04 亿元 / 年、0.29 亿元 / 年、0.70 亿元 / 年和 0.82 亿元 / 年（图 4-5）。植物的光合作用受多方面因素影响，主要可分为植物性状和环境因素两大类，其中植物性状有物种差异、株龄、叶龄、叶位和叶绿素含量、胞间二氧化碳浓度、气孔导度等，环境因素有光照强度、温度、湿度、二氧化碳浓度、臭氧浓度、风速、NH_3、NO_x、酸雨、矿物质营养等（何华，2010）；此外，群落结构的复杂性和完整性也是影响植物固碳释氧功能的关键因子。本区域森林生长的气候条件适宜，群落完整，森林多发育到中龄林、近熟林阶段，森林的生产力较强，固碳释氧功能较强，其强大的碳汇能力在缓解气候变化方面具有重大作用。

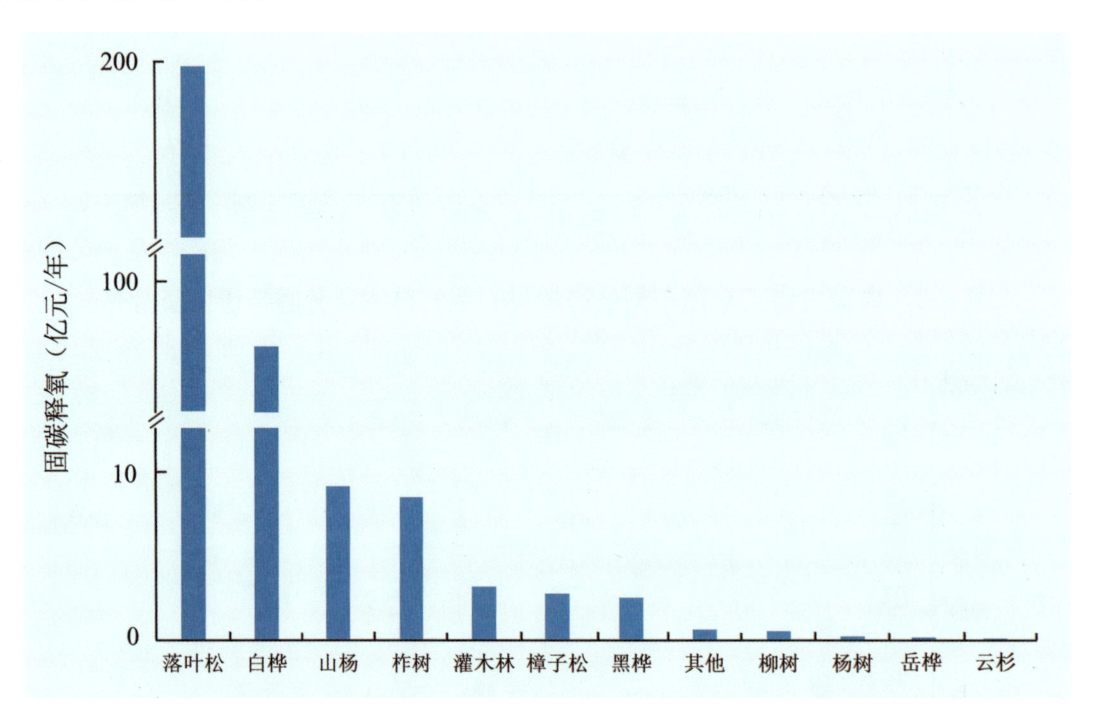

图 4-5　内蒙古森工集团不同优势树种（组）固碳释氧价值量分布

五、净化大气环境

森林有助于减少污染、调节温度以及平衡碳排放，森林在净化大气环境、提升空气质量中发挥了重要作用（UK National Ecosystem Assessment，2011）。2020 年，内蒙古森工集团森林生态系统净化大气环境功能价值量最高的优势树种（组）为落叶松和白桦，分别为 1027.58 亿元 / 年和 393.82 亿元 / 年，二者占集团森林生态系统净化大气环境总价值量的 89.94%；云杉、岳桦、杨树、柳树等优势树种（组）净化大气价值量分别为 0.18 亿元 / 年、0.21 亿元 / 年、1.13 亿元 / 年和 3.59 亿元 / 年，占集团森林生态系统净化大气环境总价值量的比例均不足 1%（图 4-6）。森林清除空气污染的功能受到生物物理学和多种社会因子空间异质性的影响（Tikhonow et al.，2004；Nowak et al.，2013），而影响空气负离子浓度的因素有植

被类型、群落结构、气象因素（气温、相对湿度、风向风速、太阳辐射强度、气压）、区域环境（空气混浊度、大气颗粒物、建筑材料、建筑高度、水体）和人为活动等多方面因素影响（潘剑彬等，2011；朱春阳等，2012）。在已有的研究中发现针叶树其滞纳颗粒物能力强于阔叶树种（张维康，2015），一方面，林木可以吸收空气中的污染物，经过一系列的转化过程，将吸收的污染物降解后排出或者储存；另一方面，林木的林冠层能够加速颗粒物的沉降将其吸附滞纳在叶片表面，进而起到净化大气环境的作用，极大地降低对生态环境的污染（Zhang et al.，2015）。

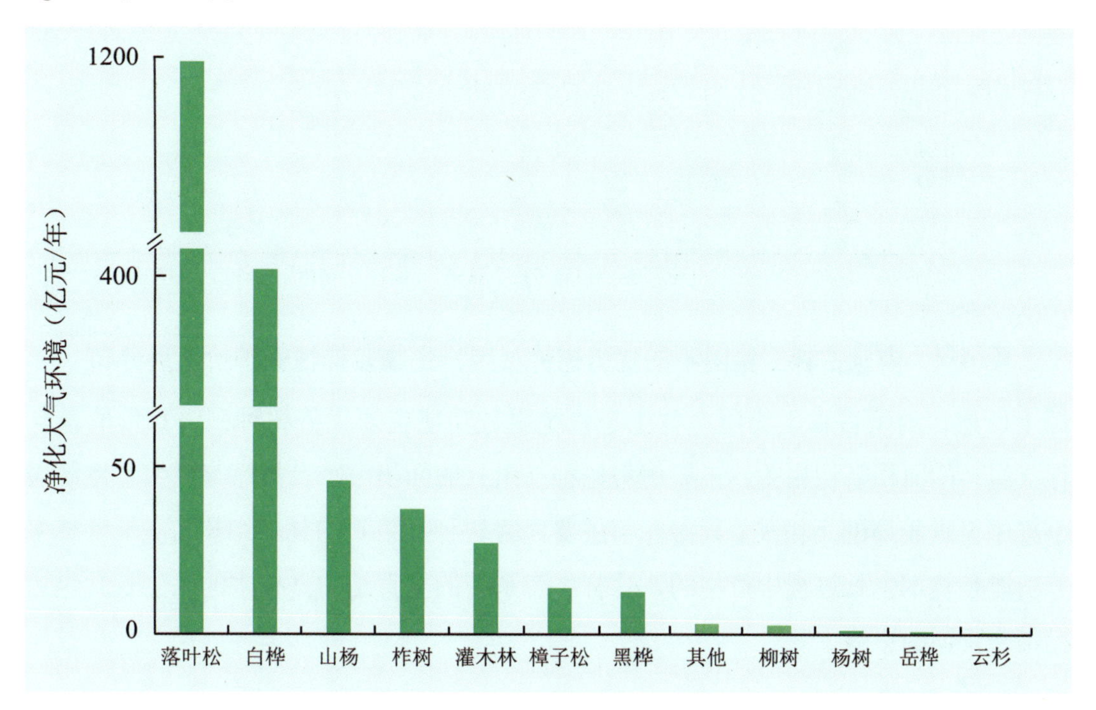

图 4-6 内蒙古森工集团不同优势树种（组）净化大气环境价值量分布

六、生物多样性保护

生物多样性保护除了作为关键的支持服务之外，也可以被视为一种供应服务，因为资源投入到森林管理中以产生特定类型的多样性和物种组合。这些组合本身可以作为具有价值的商品和服务。提供生物多样性的成本和这项规定给人民带来的利益都可以货币化（UK National Ecosystem Assessment，2011）。2020 年，内蒙古森工集团森林生态系统生物多样性保护功能价值量最高的 2 个优势树种（组）是落叶松和白桦，价值量分别为 819.65 亿元 / 年和 318.79 亿元 / 年，共占集团森林生态系统生物多样性保护功能总价值量的 88.91%；价值量最低的 3 个优势树种（组）是岳桦、云杉、杨树，其生物多样性保护价值量分别为 0.16 亿元 / 年、0.17 亿元 / 年、0.99 亿元 / 年，如图 4-7。落叶松、白桦作为区域主要优势树种(组)，天然林面积较大，层次复杂，结构相对稳定，动植物资源丰富，物种多样性较高。内蒙古森工集团建立了多个为保护区域生物多样性的保护自然保护区，这些工作对区域物种多样性的保护具有重要意义。

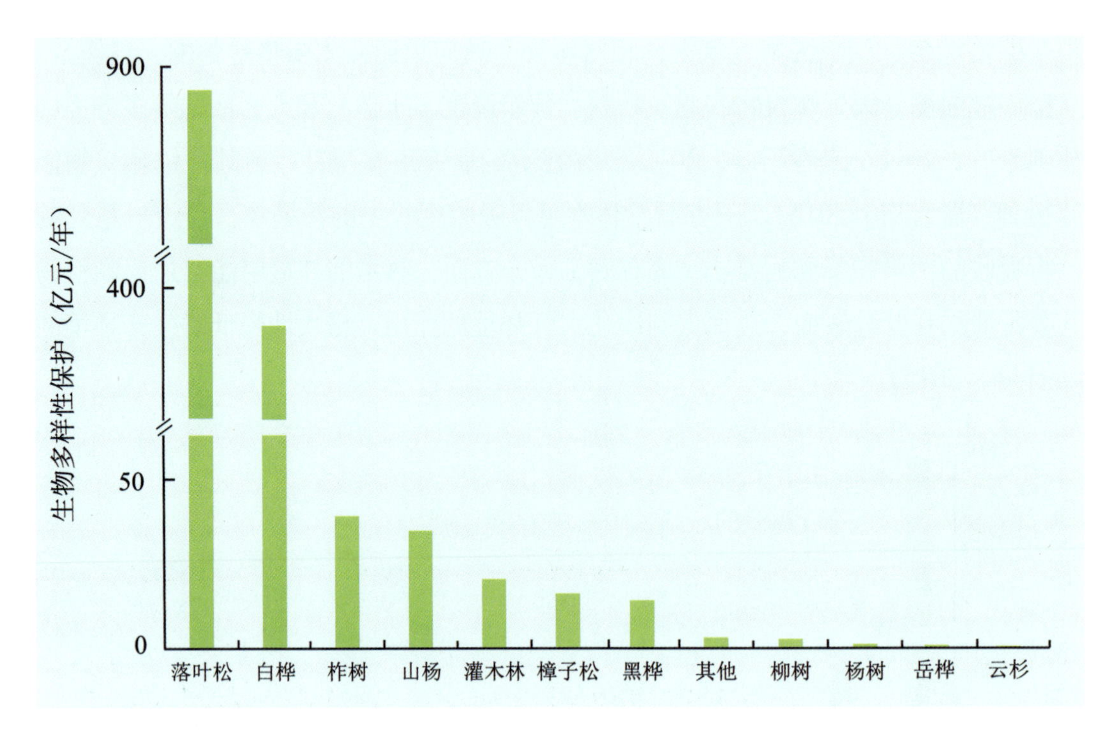

图 4-7　内蒙古森工集团不同优势树种（组）生物多样性保护价值量分布

综上所述，内蒙古森工集团森林生态系统服务功能主要优势树种（组）价值量与各优势树种（组）的面积密切相关，主要优势树种（组）的面积大小及排序与其生态系统服务功能大小排序呈现较高的正相关；其次，与主要优势树种（组）的林龄结构有关；森林生态系统服务功能是林木生长过程中产生的，森林生态系统的垂直结构（林木的高生长）也会对生态产品带来正面的影响。

第三节　森林生态系统服务功能价值量空间分布

基于内蒙古森工集团森林资源数据，本研究根据森林生态系统服务功能评估公式，并采用分布式测算方法，运用相关模型、软件等，对内蒙古森工集团 2020 年各林业局森林生态系统的服务功能价值量进行测算，结果见表 4-3。

一、涵养水源功能的“绿色水库”

森林的绿色水库功能主要是指森林具有的蓄水、调节径流、缓洪补枯和净化水质等功能。内蒙古自治区是一个严重缺水地区，2020 年全区水资源总量 503.93 亿立方米，其中地表水资源总量为 354.19 亿立方米、地下水资源量为 243.94 亿立方米（2020 年内蒙古自治区水资源公报，2021），水资源总量仅占全国水资源总量（31605.2 亿立方米）的 1.6%（中国水资源公报 2020，2021），水资源供给与需求矛盾突出，已成为制约该区经济社会可持续发

表 4-3 内蒙古森工集团各林业局森林生态系统服务功能价值量评估结果

亿元 / 年

林业局	支持服务		调节服务			供给服务		文化服务	合计
	保育土壤	林木养分固持	涵养水源	固碳释氧	净化大气环境	生物多样性保护	林木产品供给	森林康养	
阿尔山	32.80	10.55	87.38	13.79	71.93	58.28	—	—	274.73
绰尔	30.29	9.74	80.67	12.73	66.41	53.81	—	—	253.64
绰源	22.08	7.10	58.81	9.28	48.42	39.23	—	—	184.91
乌尔旗汉	41.12	13.22	109.53	17.28	90.17	73.06	—	—	344.38
库都尔	37.05	11.91	98.69	15.57	81.24	65.82	—	—	310.28
图里河	27.38	8.80	72.93	11.51	60.04	48.64	—	—	229.29
伊图里河	11.49	3.69	30.59	4.83	25.19	20.41	—	—	96.19
克一河	17.05	5.48	45.41	7.17	37.38	30.29	—	—	142.78
甘河	28.19	9.06	75.08	11.85	61.81	50.08	—	—	236.07
吉文	26.91	8.65	71.68	11.31	59.01	47.81	—	—	225.37
阿里河	34.16	10.98	90.99	14.36	74.90	60.69	—	—	286.07
根河	50.61	16.27	134.81	21.27	110.98	89.92	—	—	423.85
金河	42.28	13.59	112.61	17.77	92.71	75.11	—	—	354.06
阿龙山	29.16	9.37	77.67	12.26	63.94	51.81	—	—	244.22

（续）

林业局	支持服务		调节服务			供给服务		文化服务	合计
	保育土壤	林木养分固持	涵养水源	固碳释氧	净化大气环境	生物多样性保护	林木产品供给	森林康养	
满归	31.66	10.18	84.33	13.31	69.42	56.24	—	—	265.13
得耳布尔	20.06	6.45	53.44	8.43	44.00	35.65	—	—	168.03
莫尔道嘎	36.73	11.81	97.85	15.44	80.55	65.26	—	—	307.65
大杨树	31.81	10.22	84.72	13.37	69.75	56.51	—	—	266.38
毕拉河	28.31	9.10	75.41	11.90	62.08	50.30	—	—	237.11
北大河	24.33	7.82	64.81	10.23	53.35	43.23	—	—	203.76
乌玛	30.52	9.81	81.30	12.83	66.93	54.23	—	—	255.62
永安山	23.02	7.40	61.31	9.67	50.47	40.89	—	—	192.76
奇乾	23.15	7.44	61.65	9.73	50.75	41.12	—	—	193.84
诺敏经营所	11.15	3.58	29.69	4.68	24.44	19.80	—	—	93.35
汗马	8.17	2.63	21.77	3.43	17.92	14.52	—	—	68.45
额尔古纳	9.80	3.15	26.11	4.12	21.50	17.42	—	—	82.10
吉拉林	7.88	2.53	20.99	3.31	17.28	14.00	—	—	66.00
杜博威	3.57	1.15	9.52	1.50	7.84	6.35	—	—	29.93
合计	720.71	231.68	1919.74	302.90	1580.42	1280.47	5.07	247.02	—

展的主要瓶颈（赵清等，2018）。2020 年内蒙古森工集团各林业局森林生态系统涵养水源功能价值量介于 9.52 亿～134.81 亿元 / 年之间，其中最高的 3 个林业局分别为根河（134.81 亿元 / 年）、金河（112.61 亿元 / 年）和乌尔旗汉（109.53 亿元 / 年），也是内蒙古森工集团 2020 年涵养水源功能价值超过 100 亿元的林业局；涵养水源功能价值量最低的三个林业局分别为汗马、吉拉林、杜博威，其涵养水源价值分别为 21.77 亿元 / 年、20.99 亿元 / 年和 9.52 亿元 / 年（图 4-8）。森林能够涵养水源，是一座天然的绿色水库。

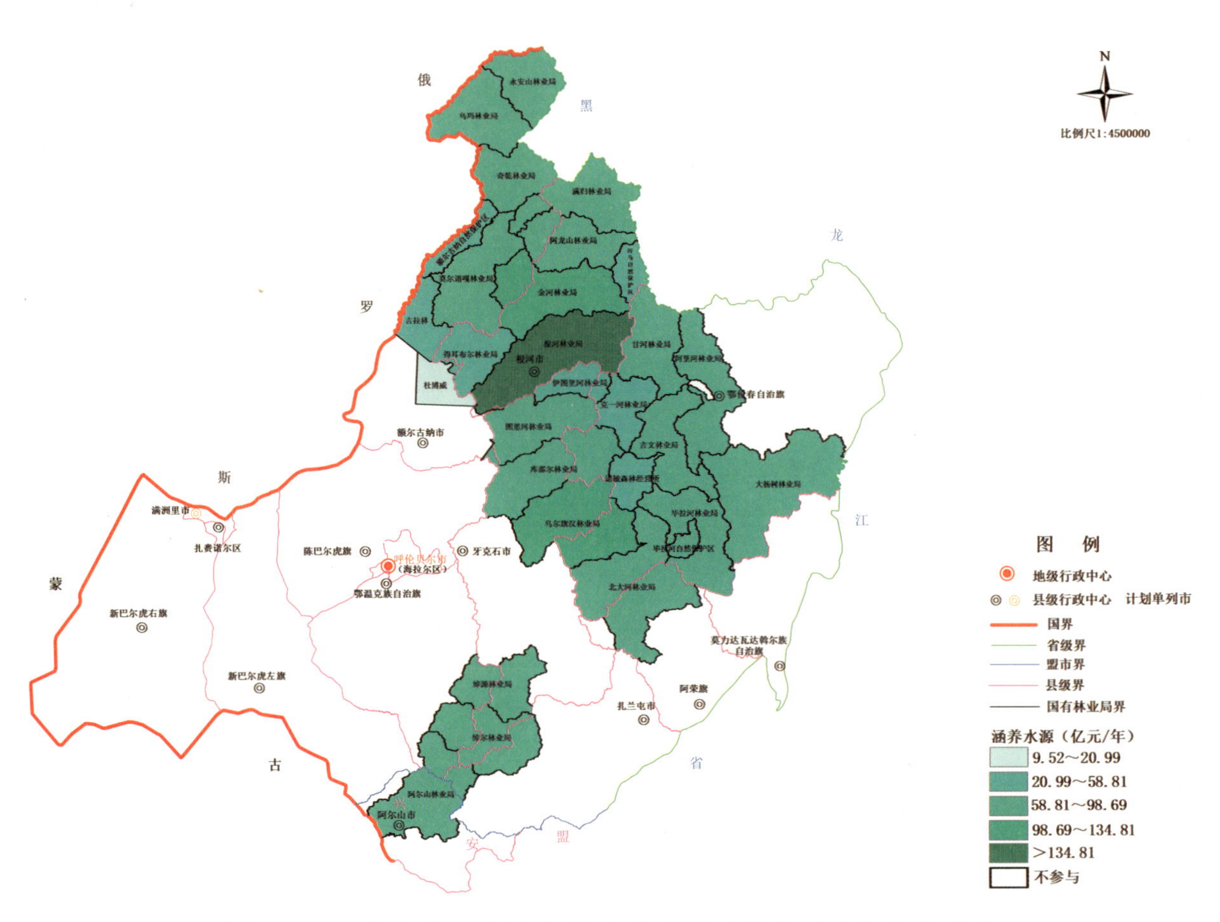

图 4-8　内蒙古森工集团森林生态系统“绿色水库”空间分布

二、固碳释氧功能的“绿色碳库”

森林是陆地上面积最大、结构最复杂的生态系统。森林植物的光合作用对于固定二氧化碳，缓解全球气候变化具有重要作用。2020 年内蒙古森工集团森林生态系统固碳释氧功能价值量最高的 3 个林业局分别是根河、金河、乌尔旗汉，固碳释氧价值量分别为 21.27 亿元 / 年、17.77 亿元 / 年和 17.28 亿元 / 年；固碳价值量排最后的 3 个林业局分别是汗马、吉拉林和杜博威，价值量分别为 3.43 亿元 / 年、3.31 亿元 / 年和 1.50 亿元 / 年，其中固碳释氧价值量最低的杜博威林业局仅是固碳释氧功能价值量最高的根河林业局的二十分之一（图 4-9）。森林生态系统已经成为促进经济社会绿色增长的有效载体，加快发展森林建设，一方面可以增加碳汇，抵消、中和经济社会发展产生的碳排放，扩大资源环境容量，提升经济发展空间；另一方面可以壮大以森林资源为依托的绿色产业，改变传统的产业结构和发展模式，促进经济发展转型升级和绿色增长，使经济社会发展与自然相协调（中国林业发展报告，2015）。内蒙古森工集团停止商业性采伐后，森林生态系统受人为干扰较小，森林质量逐渐提高，森林生态系统绿色碳库功能将得到进一步提高。

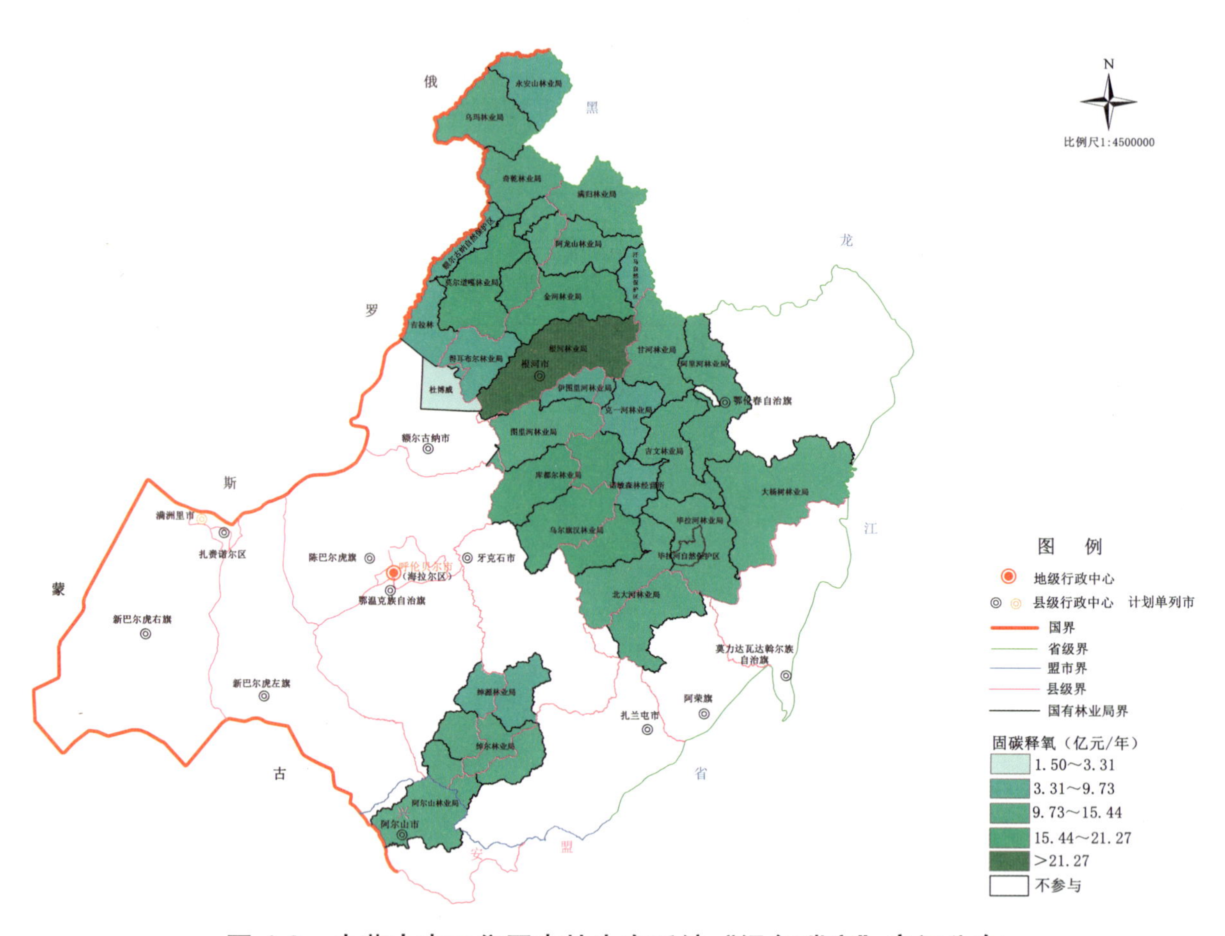

图 4-9　内蒙古森工集团森林生态系统“绿色碳库”空间分布

三、净化大气环境功能的“绿色氧吧库”

森林生态系统不仅具有强大的治污减霾功能，而且可以提供大量的负离子供人类享受，是天然的净化环境氧吧库。评估结果表明，2020 年内蒙古森工集团净化大气环境功能总价值量 1580.42 亿元 / 年，其中排名靠前的 3 个林业局分别为根河、金河、乌尔旗汉，净化大气环境价值量分别为 110.98 亿元 / 年、92.71 亿元 / 年和 90.17 亿元 / 年；最低的 3 个林业局是汗马、吉拉林和杜博威，其中杜博威林业局净化大气环境功能价值量不到 10 亿元 / 年（图 4-10）。2013 年，《内蒙古自治区贯彻〈大气污染防治行动计划〉实施意见》经自治区政府常务会通过，目标是通过淘汰分散燃煤锅炉，有效治理煤烟污染；深化工业污染治理，减少污染物排放；加强扬尘污染控制，深化面源污染管理。相比于出台的相关环境污染治理措施和行动计划，内蒙古森工集团森林生态系统作为天然的“滞尘库”，在环境污染防治方面扮演着不可替代的角色。

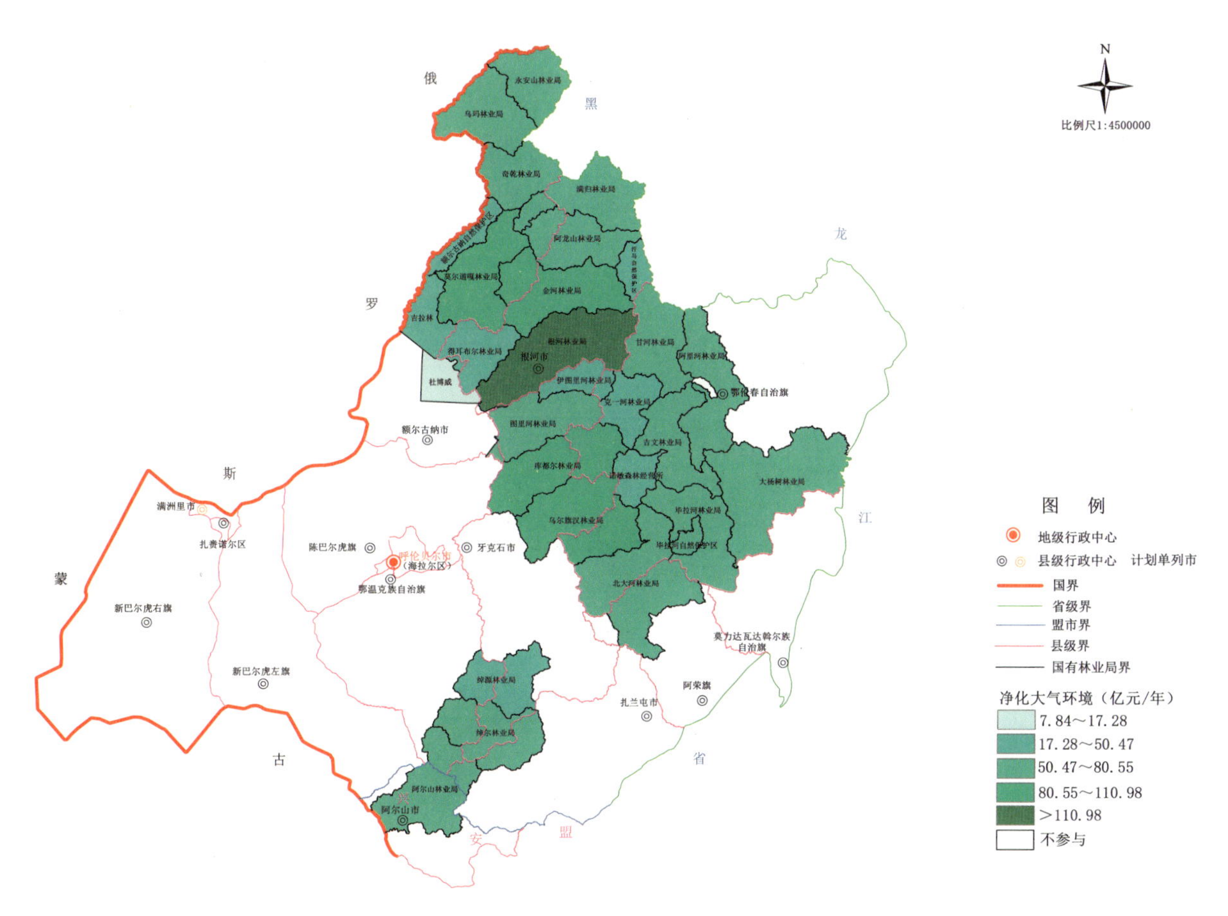

图 4-10 内蒙古森工集团森林生态系统“绿色氧吧库”空间分布

四、生物多样性功能的“绿色基因库”

森林生物多样性是生态环境的重要组成部分，在人类的生存、经济社会的可持续发展和维持陆地生态平衡中占有重要的地位，是人类共同的财富。森林能够为许多物种提供赖以生存的栖息地，如猛禽、鸣禽、植物和真菌及无脊椎动物等（UK National Ecosystem Assessment，2011），随着社会的不断进步，森林对野生生物和生物多样性的保护价值得到越来越多的认可。我国是生物多样性最丰富的国家之一，党的十八大以来，我国实施了多项重大生态修复工程，加强生物多样性保护和科学合理利用，提高生态文明水平和可持续发展能力，生态产品生产能力不断增强。近年来深入实施《中国生物多样性保护战略与行动计划》和《联合国生物多样性十年中国行动方案》，生物多样性保护工作取得积极进展。内蒙古森工集团森林生态系统具有丰富多样的动植物资源，而森林本身就是一个生物多样性极高的载体，为各物种提供了丰富的食物来源、安全栖息地，维持了物种的多样性。2020 年内蒙古森工集团森林生态系统生物多样性功能价值量最高的 3 个林业局为根河 89.92 亿元 / 年、金河 75.11 亿元 / 年、乌尔旗汉 73.06 亿元 / 年（图 4-11）。

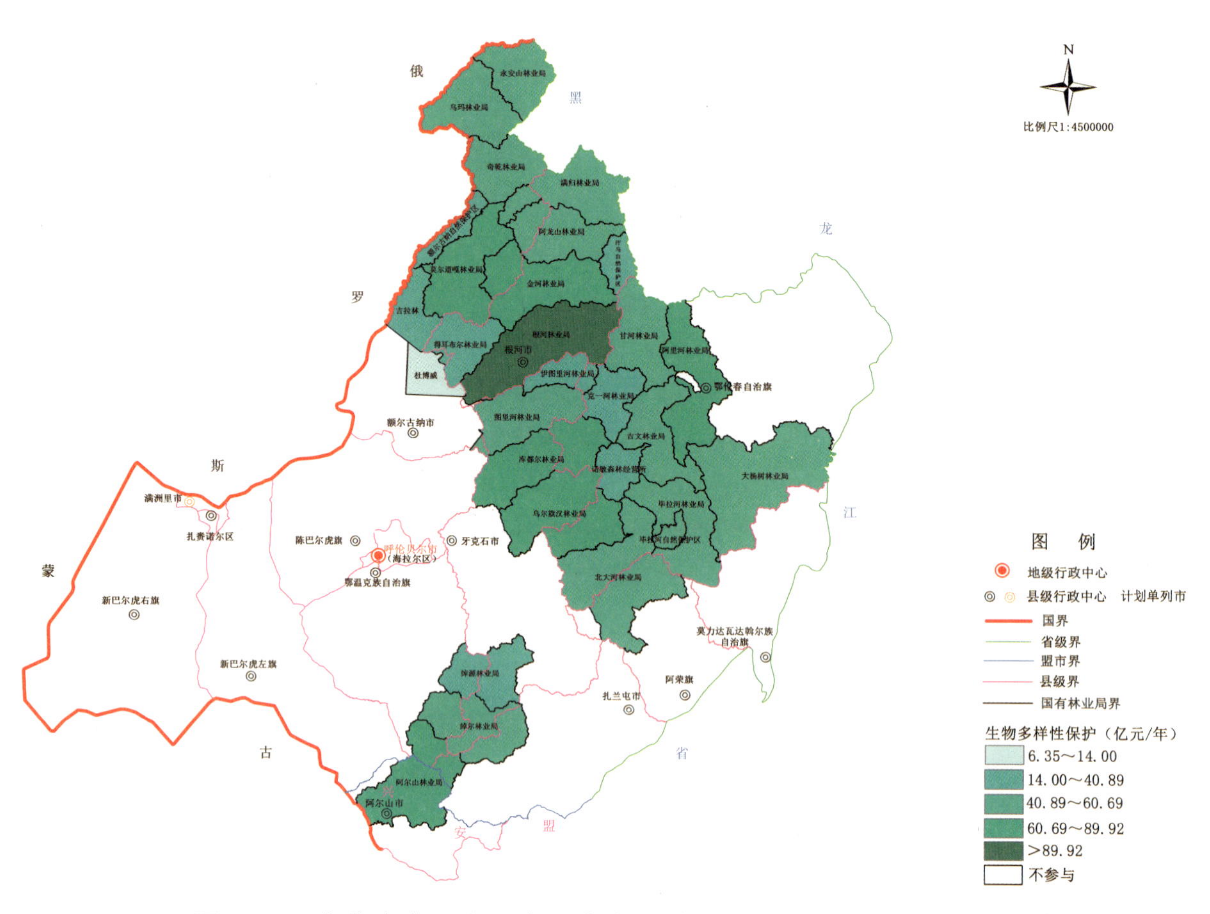

图 4-11 内蒙古森工集团森林生态系统“绿色基因库”空间分布

五、保育土壤

土壤资源是环境中的一个基本组成部分，它们提供支持生物资源生产和循环所需的物质基础，是农业和森林系统的营养素和水的来源，为多种多样的生物提供生境，在碳固存方面发挥着至关重要的作用，对环境变化起到复杂的缓冲作用（潘勇军，2013）。2020 年内蒙古森工集团森林生态系统保育土壤功能价值量最高的 3 个林业局是根河、金河和乌尔旗汉，价值量分别为 50.61 亿元 / 年、42.28 亿元 / 年和 41.12 亿元 / 年，其分别占集团森林生态系统保育土壤总价值量的 18.59%；杜博威、吉拉林和汗马 3 个林业局保育土壤价值量最低，合计仅占集团保育土壤总价值量的 4.04%。水土保持是生态文明建设中的重要内容，森林生态系统保育土壤价值量也将越来越高，必将在未来内蒙古森工集团管理局水土保持规划中起到积极作用。

六、林木养分固持

林木使土壤中的部分养分元素积累在植物体内，既可以维持植物的正常生长，又可以减缓水体下游的富营养化。2020 年内蒙古森工集团森林生态系统林木养分固持价值量占集团林木养分固持总价值量超过 5% 的林业局有 5 个，分别是根河、金河、乌尔旗汉、库都尔

和莫尔道嘎，其中根河林业局最高，其林木养分固持功能价值量为 16.27 亿元 / 年，占集团森林生态系统林木养分固持总价值量的 7.02%；林木养分固持功能价值量最低的 3 个林业局分别是杜博威、吉拉林和汗马，林木养分固持价值量分别是 2.63 亿元 / 年、2.53 亿元 / 年和 1.15 亿元 / 年，3 个林业局的林木养分固持价值量占集团林木固持养分价值量比例低于 3%。长期施用化肥不仅对当地的土壤有害，而且还会危及水体。充分发挥林木的养分固持功能，可以在减少化肥使用的情况下仍然保持土壤的肥力，因此林木养分固持是森林生态系统一项十分重要的功能（Gilley，2000）。

第五章
内蒙古森工集团森林全口径碳中和

2020 年 9 月，习近平主席在第七十五届联合国大会一般性辩论上宣布，“中国将提高国家自主贡献力度，采取更加有力的政策和措施，二氧化碳排放力争于 2030 年前达到峰值，努力争取 2060 年前实现碳中和”。2021 年 11 月，在格拉斯哥气候大会前，我国正式将其纳入新的国家自主贡献方案并提交联合国。碳达峰是指我国碳排放量将于 2030 年前达到峰值，并进入平稳期，其间虽有波动，但总体保持下降趋势；碳中和是指通过采取除碳等措施，使碳清除量与排放量达到平衡，即中和状态；碳达峰与碳中和简称“双碳”。目前，实现“双碳”目标已纳入《中共中央关于制定国民经济和社会发展第十四个五年规划和二〇三五年远景目标的建议》。森林生态系统作为陆地生态系统最大的碳储库，在全球碳循环过程中起着非常重要的作用，“双碳”背景下林业的地位和作用更加凸显。2021 年，国家林业和草原局新闻发布会介绍，我国森林资源中幼龄林面积占森林面积的 60.94%。中幼龄林处于高生长阶段，伴随森林质量不断提升，其具有较高的固碳速率和较大的碳汇增长潜力，这对我国碳达峰、碳中和具有重要作用。

碳达峰（peak carbon dioxide emissions）：指某个地区或行业年度二氧化碳排放达到峰值且不再增长，随后逐渐回落。根据世界资源研究所的介绍，碳达峰是一个过程，即碳排放首先进入平台期并可以在一定范围内波动，之后进入平稳下降阶段。

碳中和（carbon neutrality）：指国家、企业、产品、活动或个人在一定时间内直接或间接产生的二氧化碳或温室气体排放总量，通过植树造林、节能减排等形式，以抵消自身产生的二氧化碳或温室气体排放量，实现正负抵消，达到相对“零排放”。

2020 年，国际知名学术期刊《自然》发表的多国科学家最新研究成果显示，2010—2016 年我国陆地生态系统年均吸收约 11.1 亿吨碳，吸收了同时期人为碳排放量的 45%。该数据表明，此前中国陆地生态系统碳汇能力被严重低估。我国森林生态系统碳汇能力之所以

被低估，主要原因是碳汇方法学存在缺陷，即推算森林碳汇量采用的材积源生物量法是通过森林蓄积量增量进行计算的，而一些森林碳汇资源并未被统计其中（王兵，2021），导致我国森林碳汇能力被低估。

第一节 全口径碳中和理论基础

在了解陆地生态系统特别是森林对实现碳中和的作用之前，需要明确两个概念，即森林碳汇与林业碳汇，二者的差别在于森林碳汇的自然性和林业碳汇的人类参与性，由于人类的各类营林活动的影响作用，增加的部分碳汇是可以进行交易的。中国森林生态系统碳汇能力之所以被低估，主要原因是通过森林蓄积量增量来推算森林碳汇量的碳汇方法学存在缺陷，同时森林土壤作为全球陆地生态系统重要的碳储库未参与森林碳汇的计量。

森林碳汇（forest carbon sink）：是森林植被通过光合作用固定二氧化碳，将大气中的二氧化碳捕获、封存、固定在木质生物量中，从而减少空气中二氧化碳浓度。

林业碳汇（forestry carbon sequestration）：通过造林、再造林或者提升森林经营技术增加的可以进行交易的森林碳汇。

一、“森林全口径碳汇”的提出

基于目前森林碳汇评估中存在的问题，结合中国森林资源核算项目一期、二期、三期研究成果，中国林业科学研究院王兵研究员提出了森林碳汇资源和森林全口径碳汇新理念。

森林植被全口径碳汇＝森林资源碳汇（乔木林碳汇＋竹林碳汇＋特灌林碳汇）＋疏林地碳汇＋未成林造林地碳汇＋非特灌林灌木林碳汇＋苗圃地碳汇＋荒山灌丛碳汇＋城区和乡村绿化散生林木碳汇，其中含森林生态系统土壤年碳汇增量。

森林全口径碳汇能更全面地评估我国的森林碳汇资源，将能够提供碳汇功能的森林资源，包括乔木林、竹林、特灌林、疏林地、未成林造林地、非特灌林灌木林、苗圃地、荒山灌丛、城区和乡村绿化散生林木等森林碳汇纳入森林生态系统碳汇中，避免我国森林生态系统碳汇能力被低估，同时彰显出我国林业在“碳中和”中的重要地位。

在2021年1月9日召开的中国森林资源核算研究项目专家咨询论证会上，中国科学院院士蒋有绪、中国工程院院士尹伟伦肯定了这一理念，对森林生态系统服务价值核算的理论方法和技术体系给予高度评价。尹伟伦表示，生态价值评估方法和理论，推动了生态文明时代森林资源管理多功能利用的基础理论工作和评价指标体系的发展。蒋有绪表示，固碳功能的评估很好地证明了中国森林生态系统在碳减排方面的重要作用，希望在“碳中和”任务中担当重要角色。

二、“森林全口径碳汇”的内涵

1. 特灌林和竹林的碳汇

森林蓄积量没有统计特灌林和竹林，只体现了乔木林的蓄积量，而仅通过乔木林的蓄积量增量来推算森林碳汇量，忽略了特灌林和竹林的碳汇功能。我国有林地面积近 40 年增长了 10292.31 万公顷，增长幅度为 89.28%。有林地面积的增长主要来源于造林。竹林是森林资源中固碳能力最强的植物，在固碳机制上，属于碳四(C_4)植物，而乔木林属于碳三(C_3)植物。目前我国森林资源报告中还没有灌木林蓄积量的统计数据，但我国特灌林面积广袤，具有显著的碳中和能力。近 40 年来，我国竹林面积处于持续的增长趋势，增长量为 309.81 万公顷，增长幅度为 93.49%；灌木林地（特灌林＋非特灌林灌木林）面积亦处于不断增长的过程中，近 40 年其面积增长了 5 倍。

竹林是世界公认的生长最快的植物之一，具有爆发式可再生生长特性，蕴含着巨大的碳汇潜力，是林业应对气候变化不可或缺的重要战略资源。研究表明，毛竹年固碳量为 5.09 吨 / 公顷，是杉木林的 1.46 倍，是热带雨林的 1.33 倍，同时每年还有大量的竹林碳转移到竹材产品碳库中长期保存。灌木是森林和灌丛生态系统的重要组成部分，地上枝条再生能力强，地下根系庞大，具有耐寒、耐热、耐贫瘠、易繁殖、生长快的生物学特性。尤其是在干旱、半干旱地区，生长灌木林的区域是重要的生态系统碳库，对减少大气中二氧化碳含量具有重要作用。

2. 疏林地、未成林造林地、非特灌林灌木林、苗圃地、荒山灌丛、城区和乡村绿化散生林木碳汇

疏林地、未成林造林地、非特灌林灌木林、苗圃地、荒山灌丛、城区和乡村绿化散生林木也没在森林蓄积量的统计范围之内，它们的碳汇能力也被忽略了。第九次全国森林资源清查结果显示，我国疏林地面积为 342.18 万公顷、未成林造林地面积为 699.14 万公顷、非特灌林灌木林面积为 1869.66 万公顷、苗圃地面积为 71.98 万公顷、城区和乡村绿化散生林木株数为 109.19 亿株（因散生林木具有较高的固碳速率，相当于 2000 万公顷森林资源的碳中和能力）。疏林地是指附着有乔木树种、郁闭度在 0.1 ～ 0.19 的林地，可以有效增加森林资源，扩大森林面积，改善生态环境。其郁闭度过低的特点，恰恰说明活立木种间和种内竞争比较微弱，而其生长速度较快的事实，又体现了其较强的碳汇能力。未成林造林地是指人工造林后，苗木分布均匀，尚未郁闭但有成林希望或补植后有成林希望的林地，是提升森林覆盖率的重要潜力资源之一，其处于造林的初始阶段，也是林木生长的高峰期，碳汇能力较强。苗圃地是繁殖和培育苗木的基地，由于其种植密度较大，碳密度必然较高。有研究表明，苗圃地碳密度明显高于未成林造林地和四旁树，其固碳能力不容忽视。城区和乡村绿化散生林木几乎不存在生长限制因子，生长速度更接近于生产力的极限，也意味着其固碳能力十分强大。

3. 森林土壤碳汇

森林土壤碳库是全球土壤碳库的重要组成部分，也是森林生态系统中最大的碳库。森林土壤碳含量占全球土壤碳含量的73%，森林土壤碳含量是森林生物量的2～3倍，它们的碳汇能力同样被忽略了。土壤中的碳最初来源于植物通过光合作用固定的二氧化碳，在形成有机质后通过根系分泌物、死根系或者枯枝落叶的形式进入土壤层，并在土壤中动物、微生物和酶的作用下，转变为土壤有机质存储在土壤中，形成土壤碳汇。但是，森林土壤年碳汇量大部分集中在表层土壤（0～20厘米），不同深度的森林土壤在年固碳量上存在差别，表层土壤（0～20厘米）年碳汇量约比深层土壤（20～40厘米）高出30%，深层土壤中的碳属于持久性封存的碳，在短时间内保持稳定的状态，且有研究表明成熟森林土壤可发挥持续的碳汇功能，土壤表层20厘米有机碳浓度呈上升趋势。

三、森林全口径碳汇在“碳中和”中所发挥的作用

在中国森林资源核算第三期研究结果中，中国森林全口径碳汇每年达4.34亿吨碳当量，即乔木林植被层碳汇（2.81亿吨/年）+森林土壤碳汇（0.51亿吨/年）+其他森林植被（非乔木林1.02亿吨/年）=中国森林植被全口径碳汇（4.34亿吨碳当量/年）。根据我国历次森林资源清查数据，核算近40年来我国森林全口径碳汇能力的变化情况表明，我国森林碳汇已经从第二次森林资源清查期间的1.75亿吨/年提升到第九次森林资源清查期间的4.34亿吨/年，森林碳汇增长了2.59亿吨/年，增长幅度为148.00%。

2020年3月15日，习近平总书记主持召开的中央财经委员会第九次会议强调，2030年前实现碳达峰，2060年前实现碳中和，是党中央经过深思熟虑作出的重大战略决策，事关中华民族永续发展和构建人类命运共同体。如果按照中国森林植被全口径碳汇4.34亿吨碳当量计算，我国森林植被年吸收二氧化碳量为15.91亿吨/年，可以起到显著的碳中和作用，对于生态文明建设整体布局具有重大的推进作用。

目前，我国人工林面积达7954.29万公顷，是世界上人工林面积最大的国家，其面积约占天然林的57.36%，但单位面积蓄积生长量为天然林的1.52倍，我国人工林在森林碳汇方面起到了非常重要的作用。另外，我国森林资源中幼龄林面积占森林面积的60.94%，中幼龄林处于高生长阶段，具有较高的固碳速率和较大的碳汇增长潜力。因此，在实现碳达峰目标与碳中和愿景的过程中，除了大力推动经济结构、能源结构、产业结构转型升级，还应进一步加强以完善陆地生态系统结构与功能为主线的生态系统修复和保护措施，加强森林碳汇资源的综合监测工作，掌握森林碳汇资源的分布、结构及其种类，提升森林碳汇资源的生态系统状况、功能效益及其演变规律长期监测工作，进而增强以森林生态系统为主体的森林全口径碳汇功能，提升林业在碳达峰目标与碳中和过程中的参与度，打造具有中国特色的碳中和之路。

第二节　全口径碳汇评估方法

目前，森林生态系统碳汇的测算研究主要有生物量换算、森林生态系统碳通量测算和遥感测算三种主要途径。其中，基于生物量换算途径的森林碳储量测算方法主要有样地实测法（Brown and Lugo，1982；王兵等，2010）、材积源生物量法（Fang et al.，1998；Segura and Kanninen，2005；林卓，2016）；基于森林生态系统碳通量途径的测算方法是净生态系统碳交换法（王兴昌等，2008；姚玉刚等，2011；陈文婧等，2013）；基于遥感测算途径的测算方法是遥感判读法（田晓敏等，2021）。其中，样地实测法由于直接、明确、技术简单，省去了不必要的系统误差和人为误差，可以实现森林碳汇的精确测算（Whittaker et al.，1975）。

样地实测法（measurement of sample plot）：样地实测法是在固定样地上用收获法连续调查森林的碳储量，通过不同时间间隔的碳储量的变化，测算森林生态系统的碳汇功能的一种碳汇测算方法。

一、理论基础

森林生态系统碳汇可通过生物量进行估算。由于植物通过光合作用可以吸收并贮存二氧化碳，植物每生产 1 克生物量（干物质）需吸收固定 1.63 克二氧化碳，可用生物量（干物质）重量来推算植物从大气中固定和贮存二氧化碳量（Hazarika et al.，2005；Zeng et al.，2008），即：

$$M_C=1.63\times 12/44C_B\approx 0.445C_B \tag{5-1}$$

式中：M_C——固碳量（吨碳 / 公顷）；

C_B——生物量（吨 / 公顷）。

森林生态系统碳库是由植被碳库和土壤碳库组成的。近年来，研究者对植被碳储量进行了大量研究（Fang et al.，2007），但土壤碳储量的研究相对薄弱。由于在树木生长过程中，树木通过光合作用吸收固定的绝大部分碳由根系和枯枝落叶转化成土壤有机质，蕴藏在土壤中。当林地的属性不发生变化时，林地土壤固碳能力通常不会发生较大的变动。因此，土壤是一个巨大的碳库，准确估算森林土壤碳汇作用变得尤为重要。土壤碳库的样地实测也是通过一段时间间隔内森林土壤碳储量的变化来测算森林生态系统的碳汇功能。

Kolari 等（2004）通过样地实测法计算不同时期植被碳储量和土壤碳储量，获得整个森林生态系统的碳汇。2010 年，“中国森林生态服务功能评估”项目组利用样地实测法，收集了大量长期野外观测数据，通过测算不同时期森林生态系统植被碳储量和土壤碳储量，基于

分布式测算方法获得了全国森林生态系统的固碳量及其空间格局、动态变化情况（张永利等，2010；“中国森林生态服务功能评估”项目组，2010）。2013—2015年退耕还林生态效益监测国家报告基于森林生态连续清查体系，应用样地实测法对退耕还林重点省份、黄河和长江中下游区域以及风沙区森林生态系统固碳量及其空间格局、动态变化情况进行研究（国家林业局，2013，2014，2015）；“中国森林资源核算研究”（2015）项目组利用样地实测法，获得了第八次全国森林清查后全国森林生态系统的固碳量。

二、测算方法

为精确测量森林生态系统的碳汇功能，样地实测法需要将植被生物量、凋落物量和土壤碳储量变化量进行实测，累加后得到整个森林生态系统的固碳量。森林生态系统固碳量分为植被固碳和土壤固碳两部分。其中，植被固碳包括地上和地下生物量的变化量，土壤固碳包括凋落物量、根系等死有机物和土壤碳储量的变化量。

（一）植被层固碳量

采用收获法测定乔木层的树干、枝叶和根系生物量，以及灌木层、草本层和层间植物生物量，计算得森林植被层净初级生产力，具体方法参照国家标准《森林生态系统长期定位观测方法》（GB/T 33027—2016）。通过得到的评估林分植被年净初级生产力（NPP）获得评估林分植被层固碳量。

1. 植被层生物量

单位面积乔木层生物量的计算公式如下：

$$W=\frac{G}{\sum_{i=1}^{n} g_i}\sum_{i=1}^{n} W_i \tag{5-2}$$

式中：W——单位面积乔木生物量（千克）；

G——胸高断面积（平方米）；

g_i——标准木胸高断面积（平方米）；

W_i——标准木生物量（千克）。

标准木生物量计算公式如下：

$$W_i=W_R+W_S+W_B+W_L \tag{5-3}$$

式中：W_i——标准木生物量（千克）；

W_R——根系生物量（千克）；

W_S——树干生物量（千克）；

W_B——树枝生物量（千克）；

W_L——树叶和花、果的生物量（千克）。

2. 植被层年净初级生产力

根据植被生物量的动态数据，可用增重积累法对植被年净初级生产力（NPP）进行测算，计算公式：

$$NPP=\frac{W_a-W_{a-n}}{n} \tag{5-4}$$

式中：NPP——植被年净初级生产力［千克/（公顷·年）］；

W_a——第 a 年测定的单位面积生物量［包括乔木层、灌木层、草本层、层间植物生物量和凋落物量，千克/（公顷·年）］；

W_{a-n}——第 $a-n$ 年测定的单位面积生物量［包括乔木层、灌木层、草本层、层间植物生物量和凋落物量，千克/（公顷·年）］

n——间隔年数。

3. 植被层固碳量

公式如下：

$$G_{植被固碳}=1.63R_{碳}\cdot A\cdot B_{年}\cdot F \tag{5-5}$$

式中：$G_{植被固碳}$——评估林分年固碳量（吨/年）；

$B_{年}$——实测林分净生产力［吨/（公顷·年）］；

$R_{碳}$——二氧化碳中碳的含量，为 27.27%；

A——林分面积（公顷）；

F——森林生态系统服务修正系数。

（二）土壤层固碳量

森林生态系统土壤固碳量的计算采用两次评估期间土壤有机碳储量的差值计算得到。依据土壤类型和植被类型的空间分布设置土壤采样点并通过剖面法采集土壤样品，样品带回实验室后通过 $FeSO_4$ 滴定的方法测定土壤中有机碳含量，具体采样方法和试验方法参照《森林生态系统长期定位观测方法》（GB/T 33027—2016）和《森林土壤分析方法》（LY/T 1210—1275）。公式如下：

1. 土壤有机碳含量

公式如下：

$$SOC=\frac{\frac{c\times 5}{V_0}\times(V_0-V)\times 10^{-3}\times 3.0\times 1.1}{m\cdot k}\times 1000 \tag{5-6}$$

式中：SOC——土壤有机碳含量（克/千克）

c——0.8000 摩尔/升（$1/6K_2Cr_2O_7$）标准溶液的浓度；

5——重铬酸钾标准溶液加入的体积（毫升）；

V_0——空白滴定消耗的硫酸亚铁体积（毫升）；

V——样品滴定消耗的硫酸亚铁体积（毫升）；

3.0——1/4 碳原子的摩尔质量（克 / 摩尔）；

10^{-3}——将毫升换算成升；

1.1——氧化校正系数；

m——风干土样质量（克）；

k——烘干土换算系数。

2. 土壤有机碳密度

公式如下：

$$SOCD_k=C_k \cdot D_k \cdot E_k \cdot (1-G_k)/100 \tag{5-7}$$

式中：$SOCD_k$——第 k 层土壤有机碳密度（千克 / 平方米）；

k——土壤层次；

C_k——第 k 层土壤有机碳含量（克 / 千克）；

D_k——第 k 层土壤密度（克 / 立方厘米）；

E_k——第 k 层土层厚度（厘米）；

G_k——第 k 层土层中直径大于 2 毫米石砾所占体积百分比（%）。

3. 土壤有机碳储量

公式如下：

$$TSOC=\sum_{i=1}^{k} SOCD_i \cdot S_i \tag{5-8}$$

式中：$TSOC$——土壤有机碳储量（千克）；

$SOCD_i$——第 i 样方土壤有机碳密度（千克 / 平方米）；

i——土壤碳储量计算样方。

4. 土壤层固碳量

公式如下：

$$G_{土壤固碳}=\frac{TSOC_a-TSOC_{a-n}}{n} \tag{5-9}$$

式中：$G_{土壤固碳}$——评估林分对应的土壤年固碳量（吨 / 年）；

$TSOC_a$——第 a 年评估林分土壤有机碳储量（吨）；

$TSOC_{a-n}$——第 $a-n$ 年评估林分土壤有机碳储量（吨）；

n——间隔年数。

（三）森林全口径固碳量

分别计算森林资源碳汇（乔木林碳汇+竹林碳汇+特灌林碳汇）、疏林地碳汇、未成林造林地碳汇、非特灌林灌木林碳汇、苗圃地碳汇、荒山灌丛碳汇、城区和乡村绿化散生林木碳汇，最后汇总为森林植被全口径碳汇。

年固碳量公式如下：

$$G_{碳}=G_{植被固碳}+G_{土壤固碳} \tag{5-10}$$

式中：$G_{碳}$——评估林分生态系统年固碳量（吨/年）；

$G_{植被固碳}$——评估林分年固碳量（吨/年）；

$G_{土壤固碳}$——评估林分对应的土壤年固碳量（吨/年）。

公式计算得出森林的潜在年固碳量，再从其中减去由于森林年采伐造成的生物量移出从而损失的碳量，即为森林的实际年固碳量。

第三节　内蒙古森工集团森林全口径碳中和评估

一、内蒙古森工集团森林全口径碳中和评估

森林固碳释氧机制是通过自身的光合作用过程吸收二氧化碳，制造有机物，积累在树干、根部和枝叶等部位，并释放出氧气，从而抑制大气中二氧化碳浓度的上升，体现出绿色减排的作用（Niu et al.，2012）。依据中国林业科学研究院首席科学家王兵研究员提出的“森林全口径碳汇”评估方法，对内蒙古森工集团2020年森林生态系统“碳汇”功能进行了评估，结果显示：2020年内蒙古森工集团森林生态系统吸收大气二氧化碳量为3367.89万吨（图5-1）。

二、内蒙古森工集团森林全口径碳中和空间分布

从空间分布看，内蒙古森工集团各林业局森林生态系统每年吸收大气二氧化碳量介于16.70万～236.50万吨，其中根河林业局森林生态系统年吸收二氧化碳量最高，杜博威林业局森林生态系统年吸收二氧化碳量最低；森林生态系统年吸收二氧化碳量超过200万吨/年的林业局有1个，吸收二氧化碳量100万～200万吨/年的林业局有19个，低于100万吨/年的林业局有8个；年吸收二氧化碳量超过100万吨的林业局占集团全部林业局数量的71.4%，年吸收二氧化碳量占集团森林生态系统总碳汇量的87.63%。

三、内蒙古森工集团优势树种（组）全口径碳中和评估

依据“森林全口径碳汇”评估方法，对内蒙古森工集团优势树种（组）全口径碳功能进行

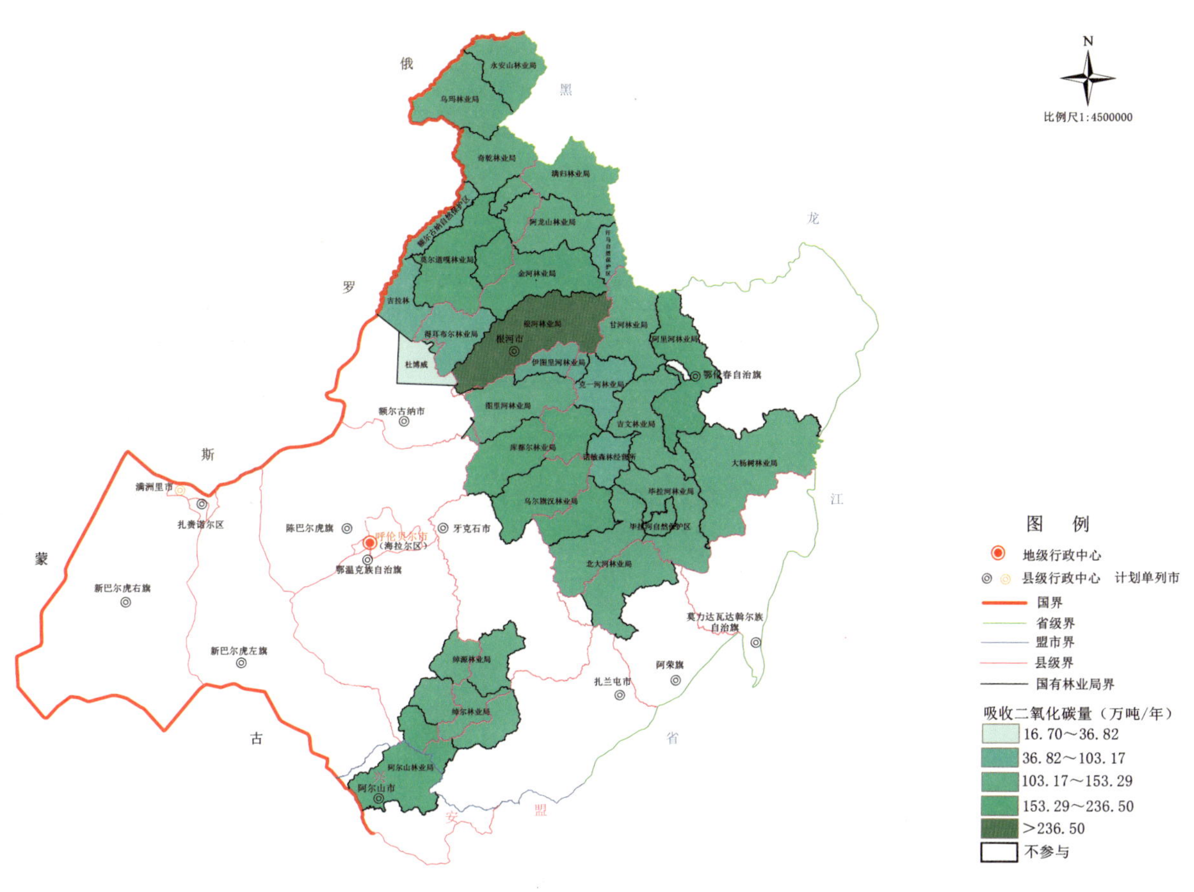

图 5-1　内蒙古森工集团森林生态系统碳汇物质量分布

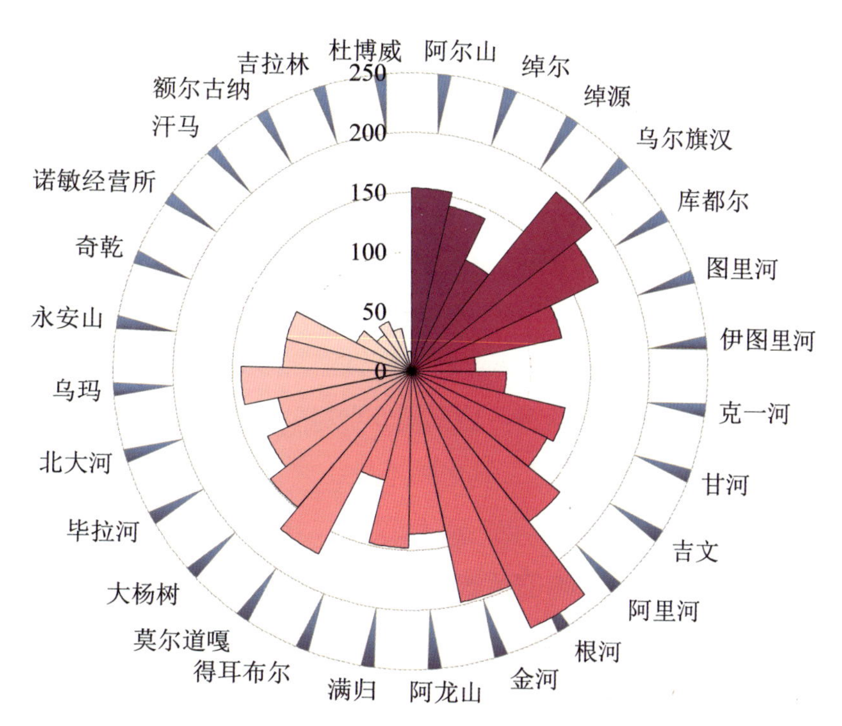

图 5-2　内蒙古森工集团各林业局森林全口径碳汇（万吨）

了评估，如图 5-3。从优势树种(组)看，内蒙古森工集团各优势树种(组)2020 年碳汇量介于 0.41 万～ 2188.06 万吨 / 年之间，其中落叶松和白桦全口径碳汇量排前两位，每年吸收大气二氧化碳量分别为 2188.06 万吨和 818.55 万吨，两个优势树种年吸收大气二氧化碳量占集团全口径碳汇量的 89.27%。研究结果凸显了落叶松和白桦在内蒙古森工集团森林碳汇中的作用。

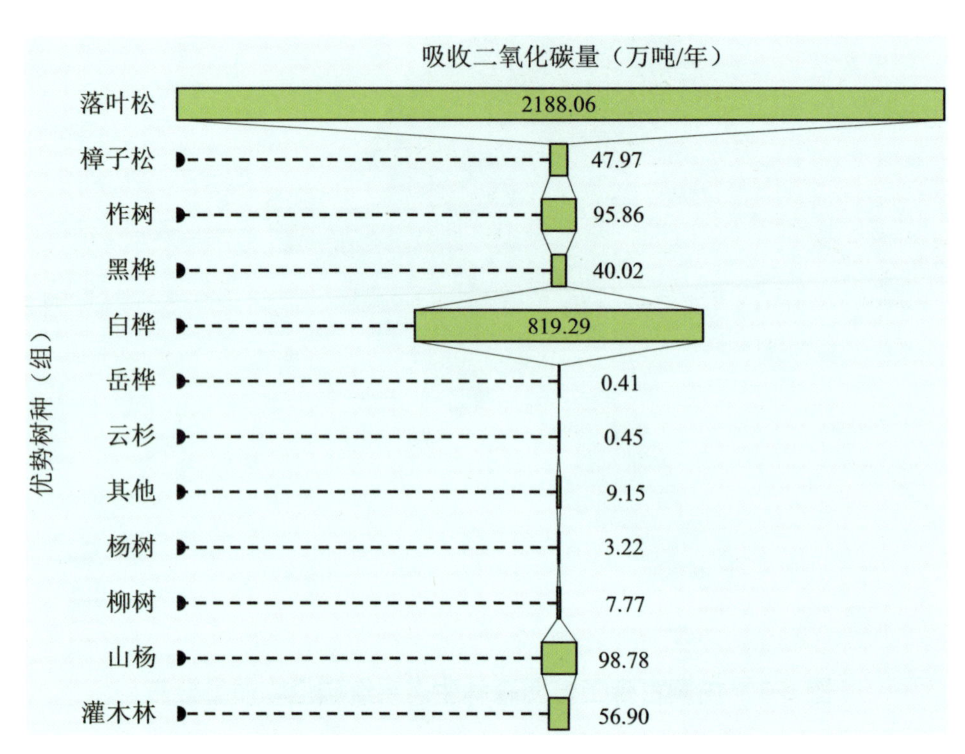

图 5-3　内蒙古森工集团优势树种（组）全口径碳

第四节　内蒙古森工集团碳中和价值实现路径

林业碳汇交易是碳排放权交易中一种重要补充机制，是开展生态补偿的市场化渠道，是推进“绿水青山”转化为“金山银山”生态价值实现的重要途径。国家发展改革委气候司发布的《温室气体自愿减排交易管理暂行办法》，建立了国家温室气体自愿减排交易机制。该机制支持将我国境内的可再生资源、林业碳汇等温室气体减排效果明显、生态效益突出的项目开发为温室气体减排项目，并获得一定的资金收益。截至 2021 年 4 月，温室气体自愿减排交易项目累计成交量约 2.91 亿吨二氧化碳当量，成交额约 24.35 亿元。2020 年 12 月，生态环境部发布了《碳排放权交易管理办法（试行)》，规定“重点排放单位每年可以使用国家核证自愿减排量抵销碳排放配额的清缴，抵销比例不得超过应清缴碳排放配额的 5%”。新政策明确规定了国家核证自愿碳减排量（CCER）可以抵消 5% 的指标配额，为林业碳汇进入碳市场提供了重要支撑。目前，我国的林业碳汇项目可参与国际性（CDM）、独立性（VCS、GS）、区域性（CCER、CGCF、FFCER、PHCER、BCER）等林业碳汇抵消机制碳交易，

不同的抵消机制对于碳汇项目类别、土地合格性要求、可交易范围都有所不同。内蒙古森工集团可以根据自身实际，参与其中的一个或多个林业碳汇抵消机制的碳交易当中。

一、国家核证自愿碳减排价值实现

2021 年，生态环境部新发布的《碳排放权交易管理办法》要求，重点排放单位每年可以使用国家核证自愿减排量抵销碳排放配额的清缴，抵销比例不得超过应清缴碳排放配额的 5%。企业在量化其碳足迹、实施减排行为之后，还应通过抵消剩余温室气体排放来达到碳中和。2021 年纳入全国碳市场的覆盖排放量约为 40 亿吨，按照 CCER 可抵消配额比例 5% 测算，CCER 的年需求约为 2 亿吨。根据中国自愿减排交易信息平台的数据，截止到 2021 年 2 月，林业碳汇 CCER 项目累计公示 96 个，12 个项目完成项目备案，1 个项目完成减排量备案，备案减排量 5258 吨二氧化碳。

国家核证自愿减排量（chinese certified emission reduction，CCER）：指对我国境内可再生能源、林业碳汇、甲烷利用等项目的温室气体减排效果进行量化核证，并在国家温室气体自愿减排交易注册登记系统中登记的温室气体减排量，简称 CCER。

目前 CCER 林业类项目主要是碳汇造林和森林经营，即采用碳汇造林项目方法学（AR-CM-001）和森林经营项目方法学（AR-CM-003）开展的林业碳汇 CCER 项目。内蒙古森工集团国家核证自愿碳减排量（CCER）起步较早。2016 年集团所属根河林业局 18 万亩 200 多万吨国家核证自愿碳减排量（CCER）碳汇造林项目获得国家发展和改革委员会立项。但是，由于林业碳汇 CCER 项目方法学要求，其对碳汇造林或森林经营的时间、土壤类型、森林起源等有明确的要求，如碳汇造林必须是 2005 年 2 月 16 日以后实施的以增加森林碳汇为主要目的的少量次生林或无林地造林，或 2005 年 2 月 16 日之后实施森林经营的人工中幼龄林，土壤必须是矿质土壤，不是湿地、有机土，扰动面积不超过地表面积的 10%，且 20 年内不重复扰动；不涉及全面清林和炼山，不涉及农业活动转移；CCER 林业类项目必须是人工林，且以获取经济收益为主要目的的经济林和苗圃林也很难被认定为碳汇造林。CCER 林业类项目严苛的实施条件不能充分发挥内蒙古森工集团森林碳中和的功能，限制了内蒙古森工集团林业类碳汇项目的开发。

二、国际核证碳减排价值实现

国际核证碳减排标准（verified carbon standard，VCS）是目前国际上最大的自愿碳减排市场综合性质量保证体系。该体系是 2005 年由气候组织、国际排放贸易协会、世界经济论坛和世界可持续发展工商理事会联合发起设立的一个全球性自愿减排项目标准，目的是为自愿碳减排交易项目提供一个全球性的质量保证标准。经过十几年的发展，VCS 项目已经发展成为世界上使用最广泛的碳减排项目之一。国际核证碳减排标准（VCS）中的林业碳汇项目主要分为三类，分别是造林、再造林和植被恢复（ARR）项目、森林经营管理（IFM）项目、森林伐转保减排（REDD）项目。所有 VCS 项目在注册 VCS 计划前都必须完成严格的开发和评估过程，国内应用最广泛的方法学是“改进森林管理方法学（VM0010）”。该方法学是指将用材林转变为保护林减少温室气体排放的项目，包括保护目前采伐或因退化正计划采伐的森林，保护当前没有采伐但计划要采伐的森林，具体措施包括通过减少木材采伐，生物质碳储量得到保护的同时，通过被保护林木的自然生长增加生物质碳储量并且将继续增加；为增强森林保护能力目的采伐个别林木措施，如清除病死木等。

国际核证碳减排标准：为项目级的自愿碳减排而设计的一个全球性的基线标准，为自愿性碳市场提供了一个标准化的级别，并且建立了可靠的自愿碳减排信用额度，供自愿碳市场的参与者进行交易。

森工集团经营保护着中国面积最大、保存最好的内蒙古大兴安岭重点国有林区，完备的生态系统、丰富的森林资源为森工集团落实国家“双碳”战略提供了广阔空间和巨大潜力。2021 年，内蒙古森工集团 26 万吨碳汇（VCS）减排量在内蒙古自治区产权交易中心挂牌竞价，并以总价 299 万元（人民币，下同）成交，该项目是根据国际核证碳减排标准开发的一个国际林业碳汇项目，是中国最大国有重点林区第一个成功注册的林业碳汇项目，为广大林区开展碳汇交易提供了“中国经验”。截至 2021 年 12 月，内蒙古森工集团累计实现碳汇交易总额 2110 万元。

三、“林业碳票”价值实现

林业碳汇是目前社会认可的具有可量化技术标准和规范的交易体系，但由于林业碳汇交易制度设计复杂，存在技术门槛高、开发成本大、收益周期长等突出问题，现行林业碳汇价格不能弥补森林经营的实际投入，短期内难以为林业发展提供稳定的资金支持，同时现行的碳汇项目方法学不能真实反映森林固碳释氧的巨大功能。2021 年，福建三明市在中共中央办公厅、国务院办公厅印发《关于建立健全生态产品价值实现机制的意见》后，创新推出“林业碳票”。截至 2021 年 8 月，福建三明市已实施林业碳汇项目 12 个，面积 118 万亩，其中成功交易 4 个项目，交易金额 1912 万元。

林业碳票：依据林业碳票管理办法，经第三方机构监测核算、有关部门审定备案并签发的碳减排量而制发的具有收益权的凭证，赋予交易、质押、兑现、抵消等权能的实物载体。

“林业碳票”制度的建立，从制度层面保障了碳减排量项目的开发和交易，从方法学层面扩展了林业碳汇生态产品的价值实现渠道，通过允许和鼓励林权、林木权属清晰的各类型的主体参与碳汇项目开发，引导机关、企事业单位、社会团体、公民等相关主体通过购买林业碳票或营造碳汇林，抵消碳排放量，推动“碳中和”行动。“林业碳票”为内蒙古森工集团森林碳中和路径的实现提供了一种新的途径，一方面可扩宽内蒙古森工集团碳汇项目的交易主体，将权属清晰的林地、林木全部纳入“碳票”，将生态公益林、天然林、重点区位商品林等不能开发的林业碳汇项目全部纳入林业碳汇交易，增加碳汇交易资源基础；另一方面，采用新的“碳减排量计量方法”，可将森林年净固碳量作为碳中和目标来衡量森林碳汇能力，使增量碳汇进入碳汇交易，拓展生态产品的价值实现渠道。“林业碳票”能够更加准确地反映林业在实现碳中和愿景中的重要作用，更好地构建森林生态产品价值补偿机制，调动林业经营主体造林育林的积极性，对于增加森林面积、提升森林质量、促进森林健康、增强森林生态系统碳汇增量，促进碳中和实现具有重大意义。

四、“单株碳汇”精准扶贫价值实现

森林碳汇项目兼具应对气候变化和扶贫双重功能，森林碳汇扶贫是以欠发达地区的宜林地等资源开发为基础，以市场机制为主导，以贫困人口受益和发展机会创造为宗旨，以森林碳汇项目开发为载体，以贫困人口参与为主要特征，以机制构建为核心，在促进森林碳汇产业发展的过程中实现减贫脱贫的一种新兴扶贫模式（曾维忠，2016）。

“单株碳汇”精准扶贫：是按照严格的科学计算方法，把群众拥有的符合条件的林地资源，以每一棵树吸收的二氧化碳作为产品，通过单株碳汇精准扶贫平台，面向全社会销售。

“单株碳汇”精准扶贫就是把每一户建档立卡的贫困户种植的每一棵树，编上身份证号，按照科学的方法测算出碳汇量，拍好照片，上传到单株碳汇精准扶贫平台，然后面向整个社会、整个世界致力于低碳发展的个人、企事业单位和社会团体进行销售；社会各界对贫困户碳汇的购买资金，将全额进入贫困农民的个人账户，碳汇购买者在实现社会责任的同时，也可起到精准帮助贫困户脱贫的作用。“单株碳汇”精准扶贫是践行“绿水青山就是金山银山”理念的实现途径之一，内蒙古森工集团可以利用自身的资源优势，将森林碳汇按照“单株碳汇”的模式进行计量发售，为内蒙古森工集团精准扶贫和森林资源的保护提供资金支持。

五、降碳产品价值实现

2021 年 9 月，河北省为加快建立健全河北省生态产品价值实现机制，实现降碳产品价值有效转化，遏制高耗能、高排放行业盲目发展，助力经济社会发展全面绿色转型，印发了《关于建立降碳产品价值实现机制的实施方案（试行）》（简称：方案）。该《方案》建立了以政府主导、市场运作的“谁开发谁受益、谁超排谁付费”的降碳产品价值实现政策体系，调动全社会开发降碳项目积极性，激发“两高”企业节能减污降碳内生动力，充分发挥市场在资源配置中的决定性作用，推动降碳产品生态价值有效转化。河北省降碳产品价值实现为区域森林碳中和价值实现路径提供有益的探索。

内蒙古自治区是国家重要的能源和原材料基地，长期以来形成了以能源重化工业为主的产业结构，经济发展过度依赖高耗能、资源型产业。全区规模以上工业企业中，高耗能企业占比近50%，能源原材料工业占规模以上工业增加值比重达86.5%，六大高耗能行业占规模以上工业能耗比重达87.7%，单位GDP能耗是全国平均水平的3倍。2021年10月，内蒙古自治区人民政府印发《内蒙古自治区“十四五”林业和草原保护发展规划》，将发展林业碳汇作为现代林草产业体系建设重点之一，2021年12月，办公厅印发《内蒙古自治区人民政府办公厅关于科学绿化的实施意见》，进一步探索适应内蒙古自治区实际的林草碳汇开发和交易模式。内蒙古森工集团应以此为契机，大力推进林业质量提升，深入实施国家和自治区林业重点工程，科学选择造林树种，抓好中幼龄林抚育、退化林修复、疏林封育及补植补造、灌木林经营提升等工作；以降碳产品方法学为指导，加快林业降碳产品开发、申报、登记等工作，加强降碳项目储备，为降碳产品的开发和价值实现奠定坚实的基础。

第六章 内蒙古森工集团湿地生态系统服务功能评估

湿地是分布于陆地生态系统和水域生态系统之间，具有独特水文、土壤与生物特征，兼具水陆生态作用过程的生态系统，是地球生命支持系统的重要组成单元之一。湿地所提供的粮食、鱼类、木材、纤维、燃料、水、药材等产品，以及净化水源、改善水质、减少洪水和暴风雨破坏、提供重要的鱼类和野生动物栖息地、维持整个地球生命支持系统的稳定等服务功能是人类社会发展的基本保证。近年来，随着工农业的迅猛发展和城市化进程的不断加快，湿地利用与保护之间的矛盾日益突出。如何科学地评价湿地生态系统服务功能及其价值，已成为湿地生态学与生态经济学急需研究的问题之一。本研究对内蒙古森工集团湿地生态系统进行服务功能的评估，有利于为内蒙古森工集团及其相关部门保护和利用湿地资源政策的制定提供生态经济理论支持。

第一节　湿地生态服务功能评估指标体系

生态系统核算的目的是通过对生态系统本身以及它为社会、经济和人类活动所提供服务的调查来评估生态环境，但如何进行生态服务的核算，仍然存在很多有待研究的问题。为此，SEEA2012 特别编制了《SEEA 试验性生态系统核算》（潘勇军，2013），作为附属于正文的补充文献，试图对生态系统及其服务的核算提供初步的方法论支持。此文献可视为衡量经济与环境之间关系统计标准的尝试，核算框架主要包含揭示生态系统及生态系统服务，直观地测量出生态系统内部、不同生态系统之间以及生态系统与环境、经济和社会之间的相互关系。因此，SEEA 能够同时将许多难以量化估价的生态系统服务功能纳入到核算体系当中，如净化水质、净化大气环境、景观游憩和文化价值等。湿地生态系统所提供的服务和发挥的效益具有明显的外部性，然而由于种种原因，其效益的发挥没有得到合理的补偿，因而使得湿地资源难以得到持续的保护和有效的管理，对湿地生态系统服务功能进行评估可以为进一步探索建立相应的湿地资源开发利用补偿机制打下基础，同时警示人类在直接享用、挖掘湿地生态系统服务功能时，还应充分考虑到湿地巨大的环境调节功能和湿地环境的承受能力，以求得湿地生态系统结构的动态稳定和诸项服务功能的正常发挥，确保湿地资源的可持续利用。

一、湿地生态系统服务功能评估指标

由于湿地生态系统各类服务功能的重要性各不相同，不同的服务功能其价值也不同，需建立一套湿地价值综合评价指标体系，对湿地生态系统服务功能进行科学、全面地评估，使湿地开发、补偿有价可依。只有采取经济激励与行政控制相结合的管理手段，形成整套的湿地生态系统服务功能制度体系，才能有效保护湿地资源、保持其生态系统的完整性和资源的可持续性。结合内蒙古森工集团湿地生态系统实际情况，在满足代表性、全面性、简明性、可操作性以及实用性等原则的基础上，结合《湿地价值评估研究》（崔丽娟，2000）以

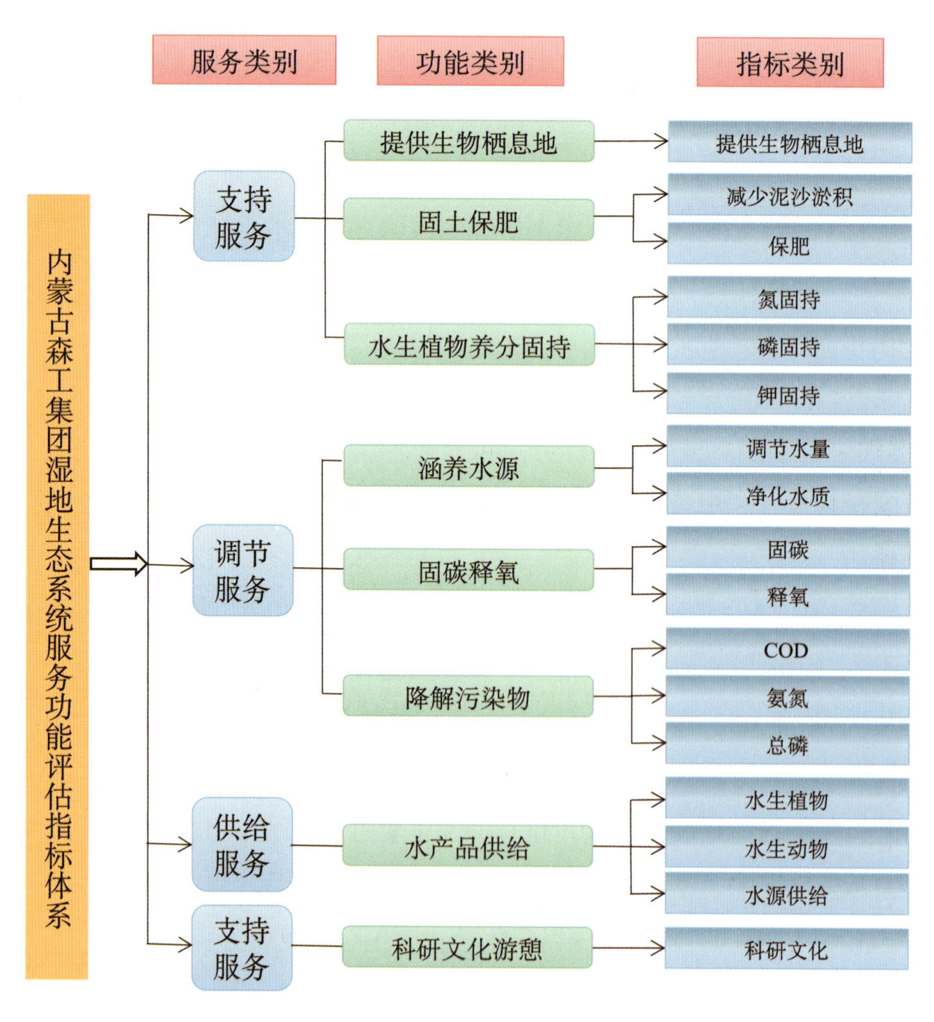

图 6-1　内蒙古森工集团湿地生态系统服务功能评估指标体系

及国内外众多学者（宋庆丰等，2015；张华等，2008；Constanza et al.，1997）和联合国千年生态系统评估等的研究方法，按照供给服务、调节服务、支持服务和文化服务框架，构建了内蒙古森工集团湿地生态系统服务功能监测评估指标体系。本次评估的监测评估指标体系主要包括提供生物栖息地、固土保肥、水生植物养分固持、涵养水源、固碳释氧、降解污染物、水产品供给、科研文化游憩 8 项功能 17 项指标。湿地生态系统各项服务功能的评估，利用市场价值法、碳税法、工业制氧成本法、影子工程法、污染防治成本法和专家评估法等生态经济价值评估方法，逐项评估内蒙古森工集团湿地生态系统服务功能价值量。

二、数据来源与集成

内蒙古森工集团湿地生态系统服务功能评估主要是测算其生态效益价值量。数据来源包括两部分：①内蒙古森工集团提供的湿地资源数据；②社会公共数据来源于我国权威机构所公布的社会公共数据，包括《中国水利年鉴》、《中华人民共和国水利部水利建筑工程预算定额》、中国农业信息网（http://www.agri.cn/）、中华人民共和国国家卫生健康委员会网站(http://www.nhc.gov.cn/)、中华人民共和国国家发展和改革委员会 2003 年第 31 号令《排污费征收标准及计算方法》、中华人民共和国环境保护税法中《环境保护税税目税额表》等。

第二节　湿地生态系统服务功能价值评估方法

湿地生态系统服务价值评估是量化湿地生态系统的功能对人类所造成的影响，基于湿地生态系统服务的供需、可预测的产出和不同的管理方式将生态系统提供的服务转换为“货币价值”。湿地生态系统服务价值评估方法可分为经济学方法、物质量法和能值分析法。本研究采用与国家林草生态综合监测评价相一致的方法对内蒙古森工集团湿地生态系统服务功能价值进行评估。

一、提供生物栖息地

湿地是复合生态系统，大面积的芦苇沼泽、滩涂和河流、湖泊为野生动植物的生存提供了良好的栖息地。湿地景观的高度异质性为众多野生动植物栖息、繁衍提供了基地，因而在保护生物多样性方面有极其重要的价值。

生物栖息地功能的估算计算公式：

$$U_{生}=S_{生}\cdot A_i \tag{6-1}$$

式中：$U_{生}$——湿地生态系统生物栖息地价值（元/年）；

$S_{生}$——单位面积湿地的避难所价值[元/(公顷·年)];

A_i——湿地面积(公顷)。

二、固土保肥

不同类型土壤下的有植被和无植被的土壤侵蚀量大不相同。根据中国土壤侵蚀的研究成果，无植被土壤中等程度的侵蚀深度为15～35毫米/年。对于湿地减少土壤侵蚀的总量估算，采用草地的中等侵蚀深度平均值来代替。湿地减少土壤养分流失的养分是指易溶解在水中或容易在外力作用下与土壤分离的氮、磷、钾等养分，本评估采用的是湿地固定土壤中所含有的氮、磷、钾等养分的量，再折算成化肥价格来计算。

1. 减少泥沙淤积

(1)物质量计算公式:

$$G_{土}=(X_2-X_1)\cdot A \tag{6-2}$$

式中：$G_{土}$——湿地年减少泥沙淤积量(吨/年);

A——湿地当年入库地表径流量(立方米);

X_1——湿地入水口的泥沙淤积量[吨/(公顷·年)];

X_2——湿地出水口的泥沙淤积量[吨/(公顷·年)]。

(2)价值量计算公式:

$$U_{土}=G_{土}\cdot V_{土} \tag{6-3}$$

式中：$U_{土}$——湿地年减少泥沙淤积价值(元/年);

$G_{土}$——湿地年减少泥沙淤积量(吨/年);

$V_{土}$——挖取和运输单位体积土方所需费用(元/立方米)。

2. 保肥

(1)物质量计算公式:

$$G_{保肥}=(X_2-X_1)\cdot A_i\cdot(N+P+K+C) \tag{6-4}$$

式中：$G_{保肥}$——湿地年减少养分流失量(吨/年);

X_1——湿地入水口的泥沙淤积量[吨/(公顷·年)];

X_2——湿地出水口的泥沙淤积量[吨/(公顷·年)];

A_i——湿地面积(公顷);

C——泥沙淤积中平均有机质含量(%);

N——泥沙淤积中平均氮含量(%);

P——泥沙淤积中平均磷含量（%）；

K——泥沙淤积中平均钾含量（%）。

（2）价值量计算公式：

$$U_{保肥}=(X_2-X_1)\cdot A_i\cdot\left(\frac{N}{D_{氮}}V_{氮}+\frac{P}{D_{磷}}V_{磷}+\frac{K}{D_{钾}}V_{钾}+CV_{有机质}\right) \tag{6-5}$$

式中：$U_{保肥}$——年保肥价值（元/年）；

X_1——湿地入水口的泥沙淤积量[吨/（公顷·年）]；

X_2——湿地出水口的泥沙淤积量[吨/（公顷·年）]；

A_i——湿地面积（公顷）；

C——泥沙淤积中平均有机质含量（%）；

N——泥沙淤积中平均氮含量（%）；

P——泥沙淤积中平均磷含量（%）；

K——泥沙淤积中平均钾含量（%）；

$D_{氮}$——磷酸二铵化肥含氮量（%）；

$D_{磷}$——磷酸二铵化肥含磷量（%）；

$D_{钾}$——氯化铵化肥含钾量（%）；

$V_{氮}$和$V_{磷}$——磷酸二铵化肥价格（元/吨）；

$V_{钾}$——氯化钾化肥价格（元/吨）；

$V_{有机质}$——有机质化肥价格（元/吨）。

三、水生植物养分固持

湿地生态系统中，养分主要储存在土壤中，土壤是其最大的养分库。地质大循环中，生态系统中的养分不断向下淋溶损失，而生物小循环则从地质循环中保存累积一系列的生物所必需的营养元素，随着生物的生长和生物量的不断累积，土壤母质中大量营养元素被释放出来，成为有效成分，供生物生长。因此，生物是形成土壤和土壤肥力的主导因素。当植物的一个生命周期完成时，大量的养分在植物体变黄、凋落之前被转移到植物体的其他部位，还有一些则通过枯枝落叶等凋落物而返回土壤中。

1. 氮固持

（1）物质量公式：

$$G_{氮}=A_i\cdot N \tag{6-6}$$

式中：$G_{氮}$——湿地生态系统氮固持量（千克/年）；

A_i——湿地面积（公顷）；

N——单位面积湿地固氮量（千克/公顷）。

（2）价值量公式：

$$U_{氮}=G_{氮}\cdot V_{氮}/1000 \tag{6-7}$$

式中：$U_{氮}$——湿地生态系统氮固持价值（元/年）；

$G_{氮}$——湿地生态系统氮固持量（千克/年）；

$V_{氮}$——氮肥的价格（元/吨）。

2. 磷固持

（1）物质量公式：

$$G_{磷}=A_i\cdot P \tag{6-8}$$

式中：$G_{磷}$——湿地生态系统磷固持量（千克/年）；

A_i——湿地面积（公顷）；

P——单位面积湿地固磷量（千克/公顷）。

（2）价值量公式：

$$U_{磷}=G_{磷}\cdot V_{磷}/1000 \tag{6-9}$$

式中：$U_{磷}$——湿地生态系统磷固持价值（元/年）；

$G_{磷}$——湿地生态系统磷固持量（千克/年）；

$V_{磷}$——磷肥的价格（元/吨）。

3. 钾固持

（1）物质量公式：

$$G_{钾}=A_i\cdot K \tag{6-10}$$

式中：$G_{钾}$——湿地生态系统钾固持量（千克/年）；

A_i——湿地面积（公顷）；

K——单位面积湿地固钾量（千克/公顷）。

（2）价值量公式：

$$U_{钾}=G_{钾}\cdot V_{钾}/1000 \tag{6-11}$$

式中：$U_{钾}$——湿地生态系统钾固持价值（元/年）；

$G_{钾}$——湿地生态系统钾固持量（千克/年）；

$V_{钾}$——钾肥的价格（元/吨）。

四、涵养水源

湿地生态系统具有强大的蓄水和补水功能（崔丽娟，2004），即在洪水期可以蓄积大量的洪水，以缓解洪峰造成的损失，同时储备大量的水资源在干旱季节提供生产、生活用水。另外，湿地生态系统还具有净化水质的作用。由此，本研究将从提供水源和净化水质两方面对内蒙古森工集团湿地的涵养水源功能进行评估。

1. 调节水量

（1）调节水量物质量计算公式：

$$G_{调节水量}=\sum_{i=1}^{n}(H_i \cdot A_i) \tag{6-12}$$

式中：$G_{调节水量}$——湿地调节水量（立方米/年）；

A_i——湿地面积（平方米）；

H_i——湿地的洪水期平均淹没深度（米）。

（2）调节水量价值量计算公式：

$$U_{调节水量}=G_{调节水量} \cdot P_r \tag{6-13}$$

式中：$U_{调节水量}$——湿地调节水量价值（立方米/年）；

$G_{调节水量}$——湿地调节水量（立方米/年）；

P_r——水资源市场交易价格（元/立方米）。

2. 净化水质

（1）净化水质物质量计算公式：

$$G_{净化水质}=A_i \cdot (C_{入}-C_{出}) \cdot \rho \tag{6-14}$$

式中：$G_{净化水质}$——湿地净化水质的量（立方米/年）；

A_i——湿地面积（公顷）；

$C_{入}$——湿地入水口 COD 含量（千克/立方米）；

$C_{出}$——湿地出水口 COD 含量（千克/立方米）；

ρ——水的密度（千克/立方米）。

（2）净化水质价值量计算公式：

$$U_{净化水质}=G_{净化水质} \cdot P_w \tag{6-15}$$

式中：$U_{净化水质}$——湿地净化水质价值（元/年）；

$G_{净化水质}$——湿地净化水质的量（立方米/年）；

P_w——污水处理厂处理单位 COD 成本（元/立方米）。

五、固碳释氧

湿地对大气环境既有正面，也有负面影响。湿地对于大气调节的正效应主要是指通过大面积挺水植物芦苇以及其他水生植物的光合作用固定大气中的二氧化碳，向大气释放氧气。根据光合作用方程式，生态系统每生产 1.00 千克植物干物质，即能固定 1.63 千克的二氧化碳，并释放 1.19 千克的氧气。湿地内主要植被类型为水生或湿生植物，且分布广泛，主要以芦苇为主。芦苇作为适合河湖湿地和滩涂湿地生长的湿生植物，具有极高的生物量和土壤碳库储存，可以有效发挥碳汇功能。

1. 固碳功能

（1）固碳物质量计算公式：

$$G_{固碳}=(R_{碳_i}\cdot M_{CO_2}+R_{碳_j}\cdot M_{CH_4})\cdot A_i \tag{6-16}$$

式中：$G_{固碳}$——湿地生态系统固碳量（吨 / 年）；

$R_{碳_i}$——二氧化碳中碳的含量（0.27）；

M_{CO_2}——实测湿地净二氧化碳交换量，即 NEE（吨 / 公顷）；

$R_{碳_j}$——甲烷中碳的含量（0.75）；

M_{CH_4}——实测湿地甲烷通量（吨 / 公顷）；

A_i——湿地面积（公顷）。

（2）固碳价值量计算公式：

$$U_{固碳}=G_{固碳}\cdot C_{碳} \tag{6-17}$$

式中：$U_{固碳}$——湿地生态系统固碳价值（元 / 年）；

$G_{固碳}$——湿地生态系统固碳量（吨 / 年）；

$C_{碳}$——固碳价格（元 / 吨）。

2. 释氧功能

（1）释氧物质量计算公式：

$$G_{释氧}=1.2m_i\cdot A_i \tag{6-18}$$

式中：$G_{释氧}$——湿地生态系统释氧量（吨 / 年）；

m_i——湿地单位面积生物量（吨 / 公顷）；

A_i——湿地面积（公顷）。

（2）释氧价值量计算公式：

$$U_{释氧}=G_{释氧}\cdot C_{释氧} \tag{6-19}$$

式中：$U_{释氧}$——湿地生态系统释氧价值（元/年）；

$G_{释氧}$——湿地生态系统释氧量（吨/年）；

$C_{释氧}$——释氧价格（元/吨）。

六、降解污染物

湿地被誉为“地球之肾”，具有降解和去除环境污染的作用，尤其是对氮、磷等营养元素以及重金属元素的吸收、转化和滞留具有较高的效率，能有效降低其在水体中的浓度。湿地还可通过减缓水流，促进颗粒物沉降，从而将其上附着的有毒物质从水体中去除。进入湿地的污染物没有使水体整体功能退化，可以认为湿地起到净化的功能。

1. 物质量

计算公式如下：

$$G_{降}=Q_i \cdot (C_{入_i}-C_{出_i}) \tag{6-20}$$

式中：$G_{降}$——湿地生态系统降解污染物量（千克/年）；

Q_i——湿地中第 i 种污染物（COD、氨氮、总磷）的年排放总量（千克/年）；

$C_{入_i}$——湿地入水口第 i 种污染物的浓度（%）；

$C_{出_i}$——湿地出水口第 i 种污染物的浓度（%）。

2. 价值量

计算公式如下：

$$U_{降}=G_{降} \cdot C_{降} \tag{6-21}$$

式中：$U_{降}$——湿地生态系统降解污染物价值（元/年）；

$G_{降}$——湿地生态系统降解污染物量（千克/年）；

$C_{降}$——湿地中第 i 种污染物清理费用（元/千克）。

七、水产品供给

1. 水生植物

（1）物质量公式：

$$G_{水生植物}=\sum_{i=1}^{n} Q_i \cdot A_i \tag{6-22}$$

式中：$G_{水生植物}$——水生食用植物的产量（千克/年）；

Q_i——各类可食用水生植物的单位面积产量（千克/公顷）；

A_i——湿地面积（公顷）。

（2）价值量公式：

$$U_{水生}=G_{水生植物}\cdot P_{植物} \tag{6-23}$$

式中：$U_{水生}$——水生食用植物的价值（元/年）；

$G_{水生植物}$——水生食用植物的产量（千克/年）；

$P_{植物}$——各类食用植物的单价（元/千克）。

2. 水生动物

（1）物质量公式：

$$G_{水生动物}=\sum_{j=1}^{n}Q_j\cdot A_i \tag{6-24}$$

式中：$G_{水生动物}$——水生食用动物的产量（千克/年）；

Q_j——各类可食用水生动物的单位面积产量（千克/公顷）；

A_i——湿地面积（公顷）。

（2）价值量公式：

$$U_{水生动物}=G_{水生动物}\cdot P_{动物} \tag{6-25}$$

式中，$U_{水生动物}$——水生食用动物的价值（元/年）；

$G_{水生动物}$——水生食用动物的产量（千克/年）；

$P_{动物}$——各类食用动物的单价（元/千克）。

3. 水源供给

（1）物质量公式：

$$G_{水源供给}=Q_{淡水}\cdot A_i \tag{6-26}$$

式中：$G_{水源供给}$——湿地年水源供给量（立方米/年）；

$Q_{淡水}$——单位面积湿地平均淡水供应量［立方米/（公顷·年）］；

A_i——湿地面积（公顷）。

（2）价值量公式：

$$U_{水源供给}=G_{水源供给}\cdot P_{淡水} \tag{6-27}$$

式中，$U_{水源供给}$——湿地年水源供给价值（元/年）；

$G_{水源供给}$——湿地年水源供给量（立方米/年）；

$P_{淡水}$——水资源市场交易价格（元/立方米）。

八、科研文化游憩

湿地是生态学、生物学、地理学、水文学、气候学以及湿地研究和鸟类研究等诸多基础科学研究理想的实验场所。同时，湿地自然景色优美，大量鸟类和水生动植物栖息繁殖地，会吸引大量的游客前去观光旅游。

其计算公式：

$$U_{游憩}=P_{游}\cdot A_i \tag{6-28}$$

式中：$U_{游憩}$——湿地生态系统科研文化游憩价值（元/年）；

$P_{游}$——单位面积湿地科研文化游憩价值[（公顷·年）]；

A_i——湿地面积（公顷）。

九、内蒙古森工集团湿地生态服务总价值评估

内蒙古森工集团湿地生态服务总价值为上述各分项生态系统服务价值之和，计算公式如下：

$$U_I=\sum_{i=1}^{17}U_i \tag{6-29}$$

式中：U_I——内蒙古森工集团湿地生态系统服务年总价值（元/年）；

U_i——内蒙古森工集团湿地生态系统服务各分项年价值（元/年）。

第三节　湿地生态系统服务功能价值量评估

一、内蒙古森工集团湿地生态系统服务功能评估结果

内蒙古森工集团湿地生态系统各项服务功能价值量见表6-1。评估结果显示，2020年内蒙古森工集团湿地生态系统服务功能总价值为1532.97亿元/年，湿地生态系统各项服务功能价值量排序为涵养水源＞降解污染物＞提供生物栖息地＞保育土壤＞水产品供给＞科研文化游憩＞水生植物养分固持＞固碳释氧。

表6-1　内蒙古森工集团湿地生态系统服务功能价值量

服务类别	支持服务			调节服务			供给服务	文化服务	总计
功能类别	提供生物栖息地	固土保肥	水生植物养分固持	涵养水源	固碳释氧	降解污染物	水产品供给	科研文化游憩	
价值（亿元/年）	270.04	246.63	33.48	410.96	26.56	380.32	144.76	57.19	1569.94
比例（%）	17.20	15.71	2.13	26.18	1.69	24.23	9.22	3.64	100.00

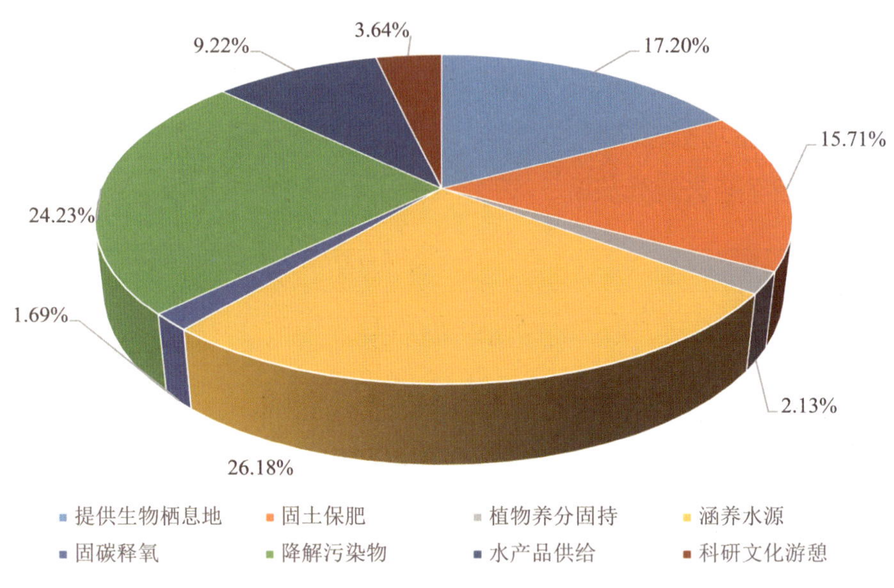

图 6-2　内蒙古森工集团湿地生态系统服务功能价值量分配

由图 6-2 分析得出，内蒙古森工集团湿地生态系统涵养水源功能所占比例最大，占湿地生态系统生态效益价值量的 26.18%，表明内蒙古森工集团湿地生态系统对于维持内蒙古森工集团用水安全起到非常重要的作用；内蒙古森工集团湿地生态系统在降解水污染方面的作用十分显著，降解污染功能价值量占比 24.23%，起到了天然“污水处理厂”的作用；再次是提供生物栖息地功能，占集团湿地生态系统服务功能价值量的 17.20%，内蒙古森工集团湿地中的滩涂和水域为动植物提供了良好的繁衍、栖息和迁徙的场所，为保护野生动植物提供了适宜的生存和繁衍生境。湿地是地球上具有多功能的独特生态系统，是自然界最富有生物多样性的生态景观，是人类最重要的生存环境之一；它不但蕴藏着丰富的自然资源，同时还是一个丰富的遗传基因库，具有巨大的环境调节功能，能够为人类社会的健康可持续发展提供良好的自然环境。

二、内蒙古森工集团各林业局湿地生态系统服务功能评估

内蒙古森工集团各林业局湿地生态系统服务功能价值量见表 6-2。2020 年内蒙古森工集团各林业局湿地生态系统服务功能价值量介于 6.25 亿元 / 年至 159.72 亿元 / 年之间，各林业局由于拥有的湿地资源数量不同，各林业局湿地生态系统服务功能价值量具有明显的差异。其中，湿地生态系统服务功能价值量超过 150 亿元 / 年的林业局有大杨树、乌尔旗汉 2 个，其次是库都尔林业局和根河林业局，湿地生态系统服务功能价值量分别是 129.44 亿元 / 年和 119.17 亿元 / 年。湿地生态系统服务功能价值量超过 100 亿元 / 年的 4 个林业局，占内蒙古森工集团湿地生态系统总价值量的 35.63%；湿地生态系统服务功能价值量介于 50 亿～ 100 亿元 / 年的林业局有 8 个，合计占内蒙古森工集团湿地生态系统总价值量的 37.56%；除吉

拉林和杜博威林业局外，湿地生态系统服务功能价值量最小的林业局是永安山，其湿地生态系统价值量仅占集团湿地生态系统总价值量的 0.40%。

表 6-2　内蒙古森工集团各林业局各项湿地生态系统服务功能价值量

亿元 / 年

统计单位	支持服务			调节服务			供给服务	文化服务	合计
	提供生物栖息地	固土保肥	水生植物养分固持	涵养水源	固碳释氧	降解污染物	水产品供给	科研文化游憩	
阿尔山	8.48	7.75	1.05	12.91	0.83	11.94	4.55	1.79	49.30
绰尔	5.48	5.01	0.68	8.35	0.54	7.72	2.94	1.16	31.89
绰源	5.49	5.01	0.68	8.36	0.54	7.73	2.94	1.16	31.92
乌尔旗汉	25.97	23.72	3.22	39.52	2.57	36.57	13.92	5.49	150.98
库都尔	22.26	20.33	2.76	33.88	2.21	31.35	11.93	4.71	129.44
图里河	14.86	13.58	1.84	22.62	1.47	20.94	7.97	3.14	86.42
伊图里河	5.39	4.92	0.67	8.20	0.53	7.59	2.89	1.14	31.33
克一河	5.15	4.71	0.64	7.84	0.51	7.26	2.76	1.09	29.95
甘河	8.56	7.82	1.06	13.03	0.84	12.06	4.59	1.81	49.78
吉文	7.86	7.18	0.97	11.96	0.77	11.07	4.21	1.66	45.70
阿里河	11.70	10.68	1.45	17.80	1.15	16.47	6.27	2.47	68.00
根河	20.50	18.72	2.54	31.19	2.02	28.87	10.99	4.34	119.17
金河	14.66	13.39	1.82	22.31	1.45	20.65	7.86	3.10	85.24
阿龙山	13.00	11.88	1.61	19.79	1.28	18.31	6.97	2.75	75.59
满归	10.75	9.82	1.33	16.36	1.06	15.14	5.76	2.27	62.49
得耳布尔	10.02	9.15	1.24	15.25	0.99	14.12	5.37	2.12	58.27
莫尔道嘎	6.56	5.99	0.81	9.99	0.64	9.24	3.52	1.39	38.14
大杨树	27.47	25.09	3.41	41.80	2.69	38.68	14.72	5.87	159.72
毕拉河	15.10	13.79	1.87	22.98	1.48	21.27	8.09	3.19	87.77
北大河	11.33	10.35	1.41	17.25	1.12	15.96	6.08	2.40	65.89
乌玛	2.18	2.00	0.27	3.33	0.20	3.08	1.17	0.46	12.69
永安山	1.08	0.98	0.13	1.64	0.10	1.52	0.58	0.23	6.25
奇乾	2.92	2.67	0.36	4.44	0.28	4.11	1.57	0.62	16.97
诺敏经营所	3.51	3.21	0.44	5.35	0.35	4.95	1.88	0.74	20.42
汗马	7.95	7.26	0.99	12.10	0.79	11.20	4.26	1.68	46.24
额尔古纳	1.79	1.63	0.22	2.72	0.16	2.52	0.96	0.38	10.38
合计	270.02	246.64	33.47	410.97	26.57	380.32	144.75	57.20	1569.94

三、湿地生态系统“四库”功能特征分析

1. 湿地生态系统涵养水源功能的“绿色水库”

湿地生态系统在全球水循环中的作用不容忽视，具有巨大的水文调节和水文循环功能，对维护全球生态系统动态平衡具有重要的意义，尤其在蓄水防旱、调蓄洪水方面发挥着重要的“绿色水库”功能。2020 年内蒙古森工集团各林业局湿地生态系统涵养水源价值为 1.64 亿～ 41.80 亿元 / 年。湿地生态系统涵养水源功能价值量最高的是大杨树林业局，该局地处大兴安岭山脉向嫩江平原过渡区域，境内有甘河、多布库尔河、欧肯河、奎勒河等多条嫩江支流经过，拥有由奎勒河、西日特其肯河及周边沼泽、滩地、林地等组成的内蒙古大杨树奎勒河国家湿地公园 1 处，湿地资源丰富，素有“林区小江南”之称。排在 2、3 位的分别是乌尔旗汉林业局和库都尔林业局，湿地生态系统涵养水源功能价值量分别为 39.52 亿元 / 年和 33.88 亿元 / 年，其生态功能区内有大雁河、库都尔河和北大河等河流经过。排名前 3 的林业局湿地生态系统涵养水源功能价值量为 115.20 亿元 / 年，占集团湿地生态系统涵养水源功能价值量的近三分之一（图 6-3）。湿地生态系统的保护能够给水资源的科学配置、合理利用提供基本的保障作用，为人类的生产生活提供重要的资源支撑。

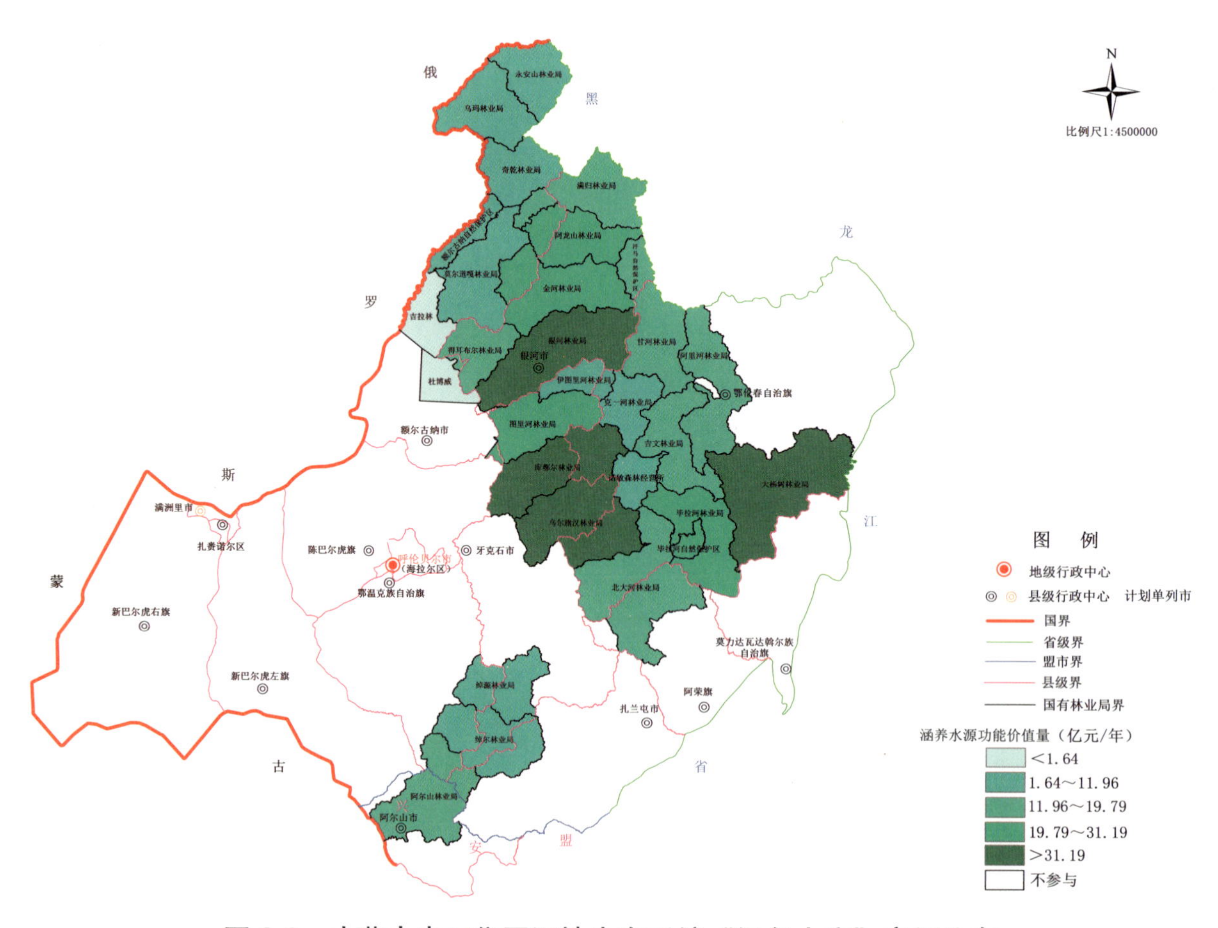

图 6-3 内蒙古森工集团湿地生态系统“绿色水库”空间分布

2. 湿地生态系统固碳释氧功能的“绿色碳库”

全球变化引起的一系列问题越来越受到国际社会的关注，湿地生态系统在缓解气候变化方面发挥着重要的“绿色碳库”功能。湿地生态系统自身丰富的植物资源在生长、代谢、死亡过程中，年复一年的积累着大量的有机碳资源，生长期释放大量氧气。2020 年内蒙古森工集团各林业局湿地生态系统固碳释氧价值量为 0.10 亿～2.69 亿元 / 年，不同林业局受湿地资源面积和质量的影响表现出较大差异，价值量最高的林业局是价值量最低林业局的近 27 倍；内蒙古森工集团湿地生态系统固碳释氧功能价值量排名前 3 林业局分别是大杨树、乌尔旗汉和库都尔（图 6-4），3 个林业局湿地生态系统固碳释氧功能价值量总和为 7.46 亿元。湿地生态系统在应对气候变化，调整能源结构，发展低碳经济方面起到至关重要的作用。

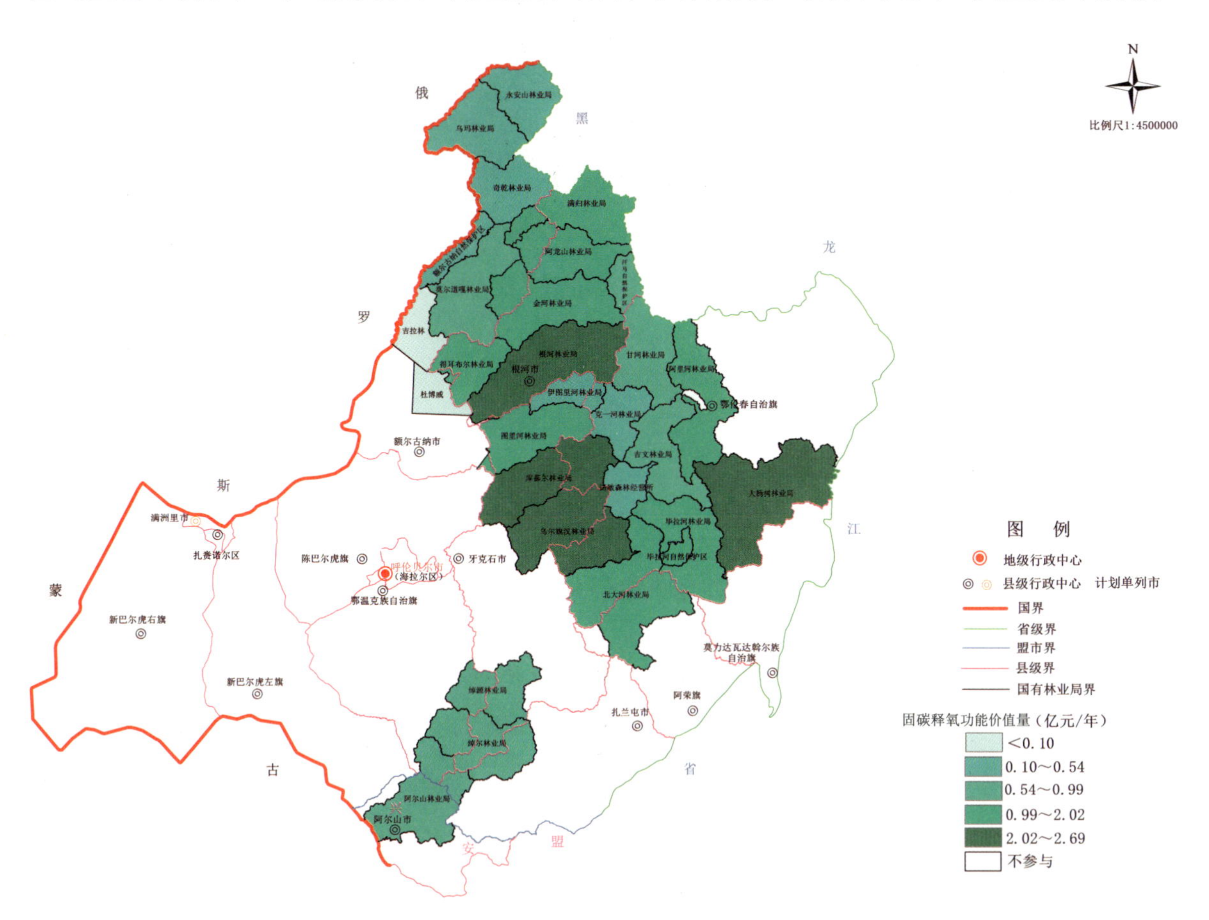

图 6-4 内蒙古森工集团湿地生态系统“绿色碳库”空间分布

3. 湿地生态系统降解污染功能的“绿色氧吧库”

湿地生态系统本身特有的物理化学性质使其具有强大的净化功能，尤其对于有机污染物、氮、磷、重金属等的吸收、转化等具有较高的效率，此外湿地还具有调节区域小气候的功能，使局部的空气温度和湿度更适合人类生存。2020 年内蒙古森工集团湿地生态系统降解污染价值最高的 3 个林业局为大杨树、乌尔旗汉和库都尔（图 6-5），3 个林业局湿地生态系统降解污染物功能价值量合计 106.60 亿元，占 2020 年集团湿地生态系统降解污染功能总价值量的 28.03%。湿地生态系统在维持人居环境，提升人类生活舒适度方面发挥着重要的作用。

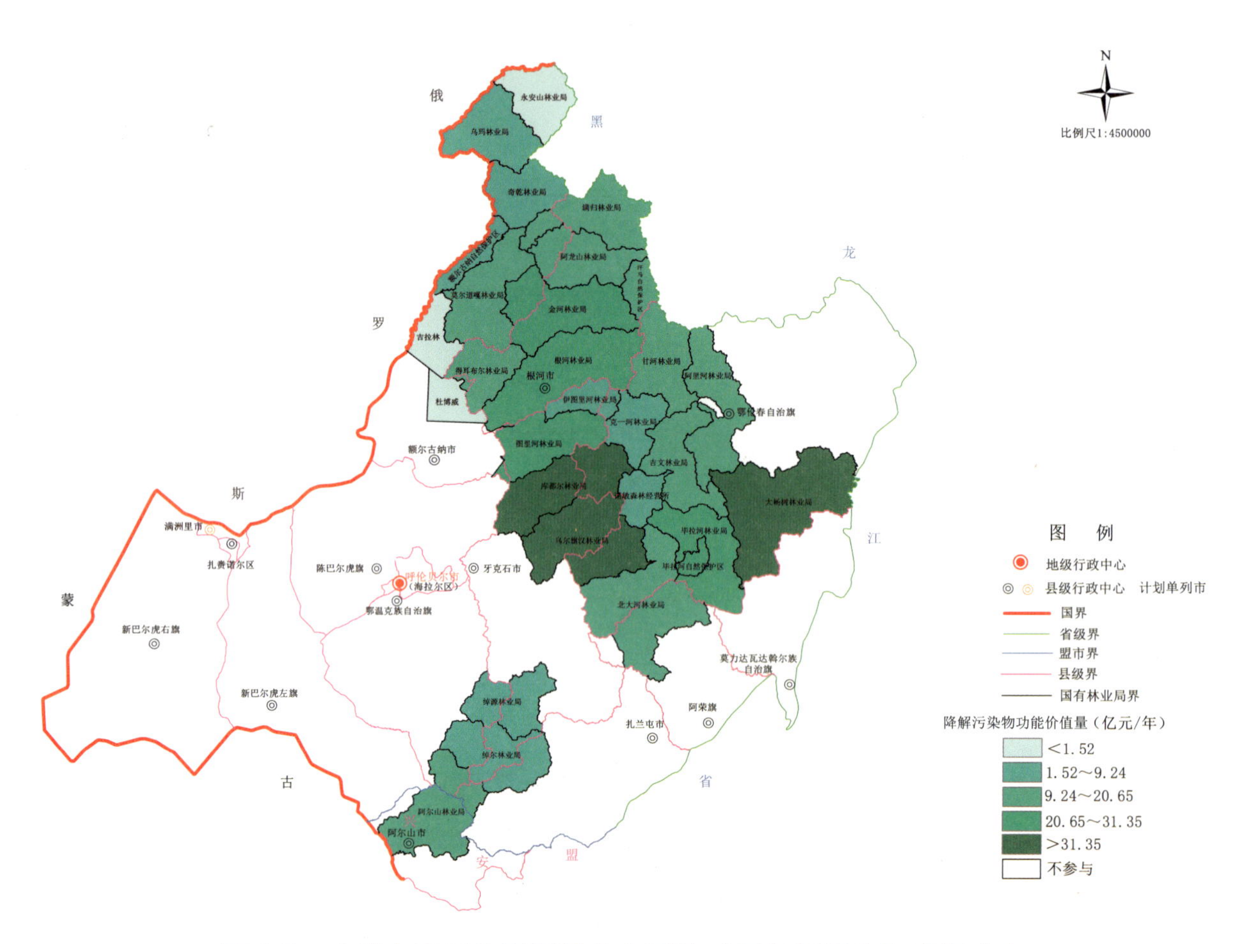

图 6-5　内蒙古森工集团湿地生态系统“绿色氧吧库”空间分布

4. 湿地生态系统提供生物栖息地功能的“绿色基因库”

湿地生态系统对于维护生物栖息地、维持生物多样性具有极为重要的作用。湿地是陆地与水域之间的过度区域，大面积的沼泽、河流和湖泊，为野生动植物的生存提供了良好的栖息地生态环境。2020 年内蒙古森工集团湿地生态系统提供生物栖息地功能价值量介于 1.08 亿～ 27.47 亿元 / 年，排在前 3 位的林业局分别是大杨树、乌尔旗汉和库都尔（图 6-6），3 个林业局提供生物栖息地价值量总和为 75.70 亿元。近年来内蒙古森工集团积极开展湿地保护工作，优化整合自然保护地，调整后各类自然保护地增加到 34 处，汗马、毕拉河自然保护区相继进入国际重要湿地名录，湿地保护面积达到 63 万公顷，湿地保护率由 16.97% 提高到 52.61%。

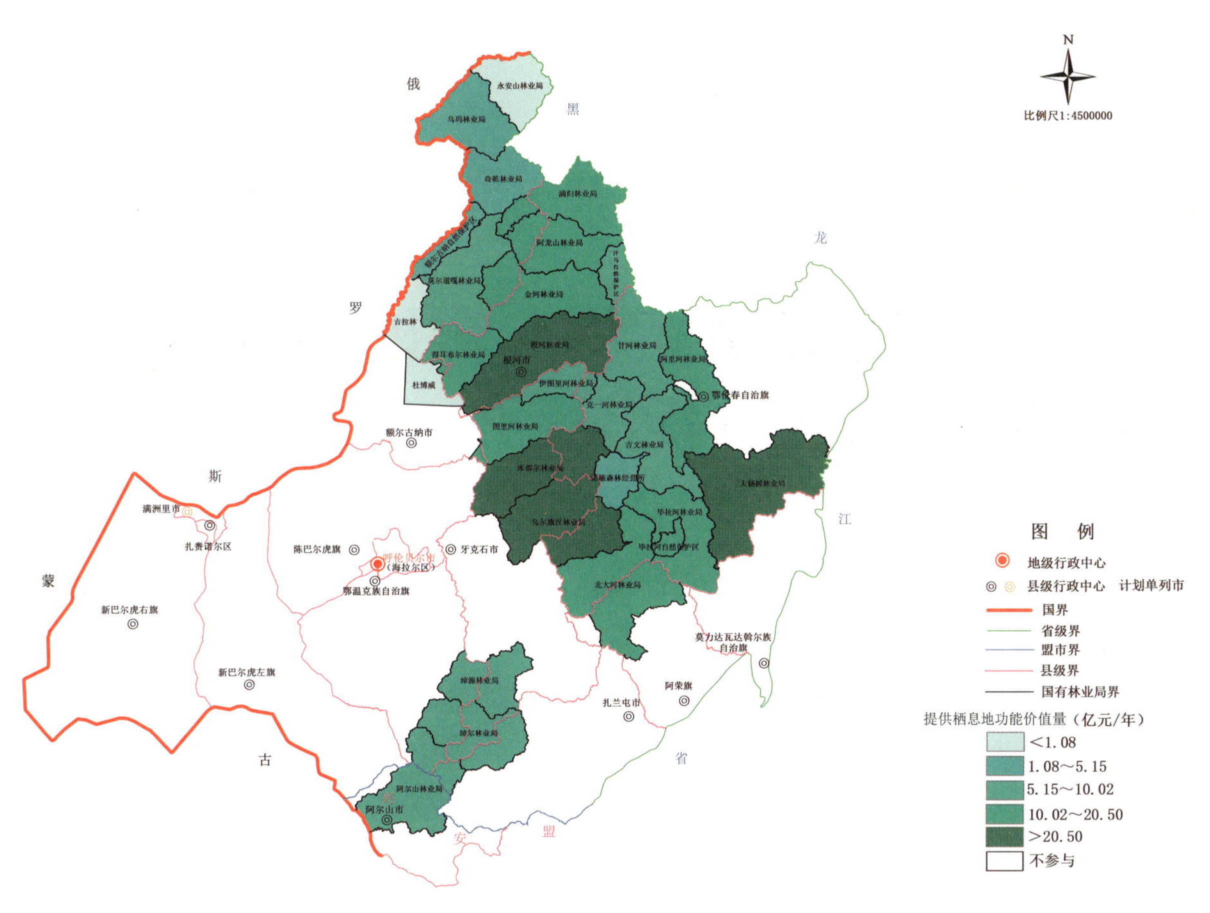

图 6-6　内蒙古森工集团湿地生态系统“绿色基因库”空间分布

第七章

内蒙古森工集团森林、湿地生态系统服务功能综合分析

内蒙古森工集团森林、湿地生态系统服务功能的评估结果表明，森林和湿地生态系统能够有效遏制土地沙化与贫瘠化的趋势，增加涵养水源、净化大气环境、提高生物多样性、改善水土流失的能力。由于受区域自然地理分异性、工程措施和社会经济等因素的影响，内蒙古森工集团生态系统效益显著。对空间格局及其特征进行深入分析，是深入研究森林与湿地生态效益空间差异及其形成机制的基础，是制定生态效益补偿政策，实现生态效益精准提升的重要依据，也为森林与湿地生态系统的发展和决策提供依据和保障。

第一节　森林与湿地生态系统服务功能价值量分析

一、内蒙古森工集团森林与湿地生态系统服务功能价值量特征

2020 年内蒙古森工集团森林与湿地生态系统服务功能总价值为 7857.95 亿元（表 7-1），相当于 2020 年内蒙古自治区 GDP（17359.82 亿元）的 45.26%、呼伦贝尔市 2020 年财政收入（1172.2 亿元）的 6.7 倍（内蒙古自治区统计局，2021）。按生态系统类型划分，森林生态系统服务功能价值占集团生态效益总价值量的 80.02%，湿地生态系统占集团生态效益总价值量的 19.98%；按生态系统服务类别划分，生态系统的支持服务、调节服务、供给服务和文化服务，分别占生态系统生态服务功能价值量的 19.12%、58.81%、18.20% 和 3.87%，内蒙古森工集团森林与湿地生态系统的调节服务价值最高（图 7-1）。随着科学技术的进步和商品经济的发展，人类一方面不断利用科学技术充分发挥生态环境中各物质要素的功能，另一方面则通过商品交换的方式，把生态环境中物质要素的使用价值转化为价值，从而实现经济效益。

表 7-1 内蒙古森工集团森林与湿地生态系统服务功能价值量

服务类别	森林（亿元/年）	湿地（亿元/年）	价值（亿元/年）	占比（%）
支持服务	952.39	550.15	1502.54	19.12
调节服务	3803.06	817.84	4620.90	58.81
供给服务	1285.54	144.76	1430.30	18.20
文化服务	247.02	57.19	304.21	3.87
总价值	6288.01	1569.94	7857.95	100.00

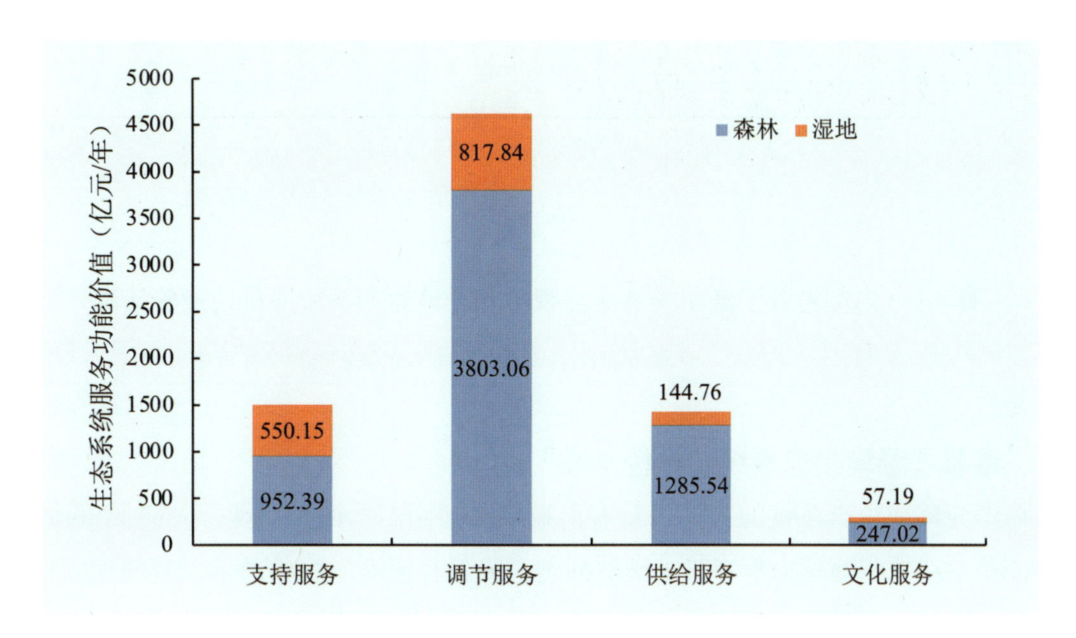

图 7-1 内蒙古森工集团森林与湿地生态效益价值量

受各林业局森林、湿地等资源禀赋差异，2020 年内蒙古森工集团各林业局生态系统服务功能价值量的排序较森林或湿地单一生态系统的服务功能价值量排序有所差别（图 7-2）。除森林生态系统服务功能价值林木产品供给和森林康养价值外，根河林业局生态系统服务功能价值量最高（543.02 亿元 / 年），是内蒙古森工集团唯一 1 个生态服务功能价值超 500 亿元 / 年的林业局；根河林业局地处内蒙古大兴安岭西坡中段，森林面积达 58.23 万公顷，森林覆盖率 92.10%，拥有沼泽、河流、湖泊等多种生态系统，森林与湿地交错分布，是我国保持原生状态最完好、最典型的寒温带森林和湿地生态系统之一。通过全面停止天然林商业性采伐、天然林资源保护工程的实施，以及通过创新改革、调整结构建立新的森林经营体制、开发新兴产业，根河林业局森林、湿地生态系统在维护当地的生物多样性、涵养水源、碳汇、保持水土等方面起到非常重要的作用。2020 年内蒙古森工集团生态系统服务功能价值量排在 2 ~ 4 位的分别是乌尔旗汉、库都尔和金河林业局，生态系统服务功能价值分别为 495.34 亿元 / 年、439.72 亿元 / 年、439.30 亿元 / 年；其中乌尔旗汉和库都尔林业局凭借丰富的湿地资源，生态系统服务功能的价值量得到明显提升，2 个林业局湿地生态系统服务功能价值占生态系统服务功能总价值的 30% 左右。

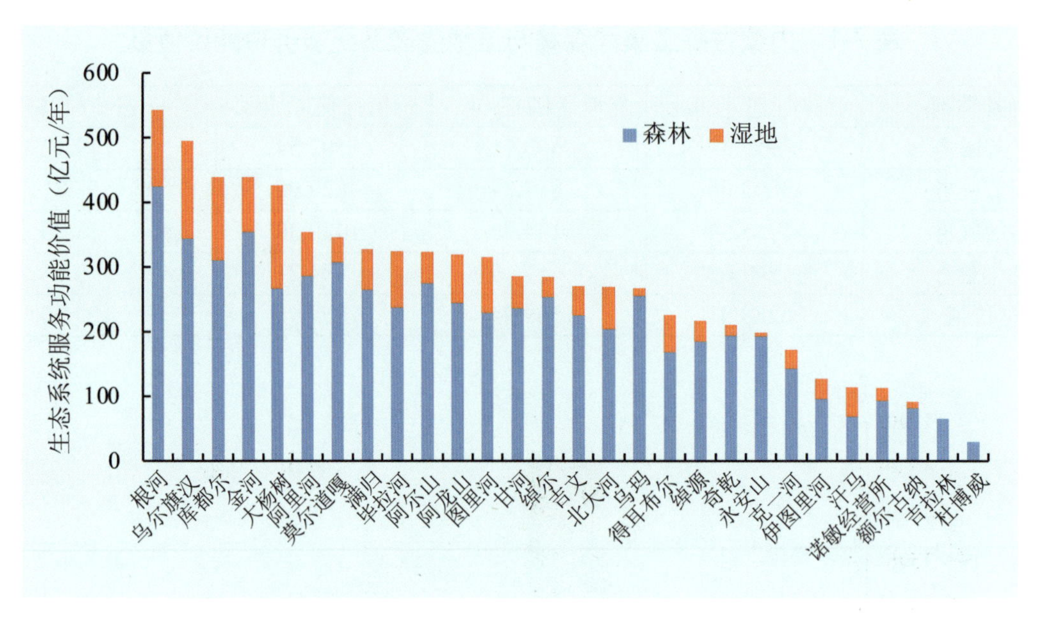

图 7-2　内蒙古森工集团各林业局森林和湿地生态系统服务功能价值量

注：各林业局森林生态系统服务功能价值不包含林木产品供给和森林康养价值。

二、森林与湿地生态系统“绿色水库”

森林作为陆地生态系统的主体，具有消减洪峰、涵养水源等功能，人们形象地称之为“绿色水库”；森林能够减少雨滴对土壤的冲击，降低径流对土壤的冲蚀，有效地固持土壤，具有良好的保持水土效果。森林生态系统涵养水源的功能能够延缓径流的产生，延长径流汇集的时间，起到调节降水汇集和消减洪峰的作用，降低地质灾害发生的可能（Niu et al., 2004）。

“十三五”期间，内蒙古自治区水利厅确定重大水利投资 22 项，总投资 1484 亿元，其中纳入国家确定的重大水利工程 12 项，规划总投资约为 546 亿元，自治区重大水利项目 10 项，总投资约 938 亿元。2020 年内蒙古森工集团森林和湿地生态系统涵养水源总价值量为 2338.51 亿元（图 7-3），是内蒙古自治区“十三五”期间水利总投资的 1.58 倍。可见，内蒙古森工集团森林和湿地涵养水源功能对全区水资源总量贡献突出，充分发挥了森林和湿地生态系统“绿色水库”维护水资源安全的功能，同时也为内蒙古森工集团带来一定的经济效益。

森林生态系统植被能够增加地表覆盖度，增加林地表层的枯落物层厚度，这些物质分解后又返回到土壤，增加氮、磷、钾等的循环速率，加快营养元素的流转，使得土壤中营养元素得到补给；同时又改良土壤性质，改变土壤结构，增加土壤的毛管孔隙和非毛管孔隙度，能够蓄积更多的水源，促进森林植被快速生长，建立一个良好的生态环境体系。地下根系能够固持更多的土壤，牢牢地固定土壤颗粒，减少水土流失的发生；地上部分快速生长能够吸收更多二氧化碳，释放较多氧气，加速碳氧之间的循环，为人们提供更多氧气。森林快

速增长蒸散出更多的水分，增加空气湿度，改善大气环境，为人们提供体感适宜、健康稳定的空气环境。

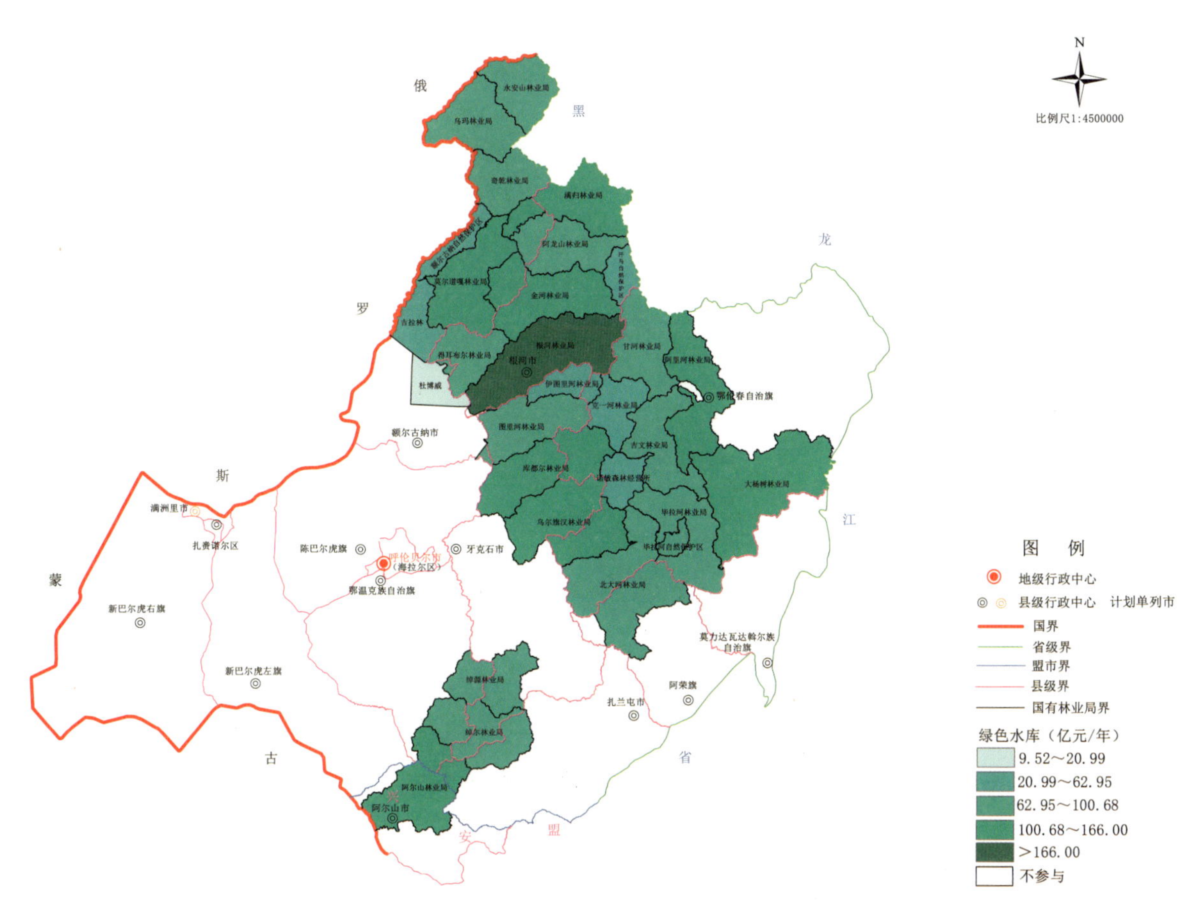

图 7-3 内蒙古森工集团森林与湿地生态系统“绿色水库”空间分布

三、森林与湿地生态系统“绿色碳库”

2020 年，习近平主席在第七十五届联合国大会一般性辩论上表示，中国将提高国家自主贡献力度，采取更加有力的政策和措施，二氧化碳的碳排放力争于 2030 年前达到峰值，努力争取到 2060 年前实现“碳中和”。实现碳达峰、碳中和是一场广泛而深刻的经济社会系统性变革，要把碳达峰、碳中和纳入生态文明建设整体布局。森林和湿地作为陆地生态系统的主体，在减缓全球二氧化碳浓度升高过程中所起的作用已经得到认同，在固碳增汇方面发挥的作用已成为共识。

2020 年内蒙古森工集团森林和湿地生态系统固碳释氧功能价值量为 329.47 亿元(图 7-4)，占内蒙古森工集团生态系统服务功能总价值的 4%，是呼伦贝尔市 2020 年 GDP 总量 1172.20 亿元的 28.11%（呼伦贝尔市统计局，2021）。就内蒙古自治区来讲，能源消费量不断增加，煤炭一直以来在能源消费结构中占主要地位，随着经济的高速增长，高能耗工业的发展和快速的城市化进程，使得对能源的需求大幅度增加。近 10 年来，东北地区碳排放与经济增长主要呈弱脱钩关系，其中节能效果显著，减排成效不明显，工业增长速度放缓。在经济发展的大背景下，二氧化碳排放量正在快速增加，而目前众多的减排技术（如源头控制、过程控制、末端控制等）并不具备可观的经济可行性（吕肖婷，2017）。每减排 1 吨碳，工业减排成本约 100 美元，核能、风能等技术减排成本 70 ~ 100 美元，而采取造林、再造林的生物固碳方式的减排成本仅为 5 ~ 15 美元，与工业减排相比，森林和湿地生态系统固碳投资少、代价低，更具经济可行性和现实操作性。因此，通过森林和湿地吸收、固定二氧化碳是实现减排的有效途径。

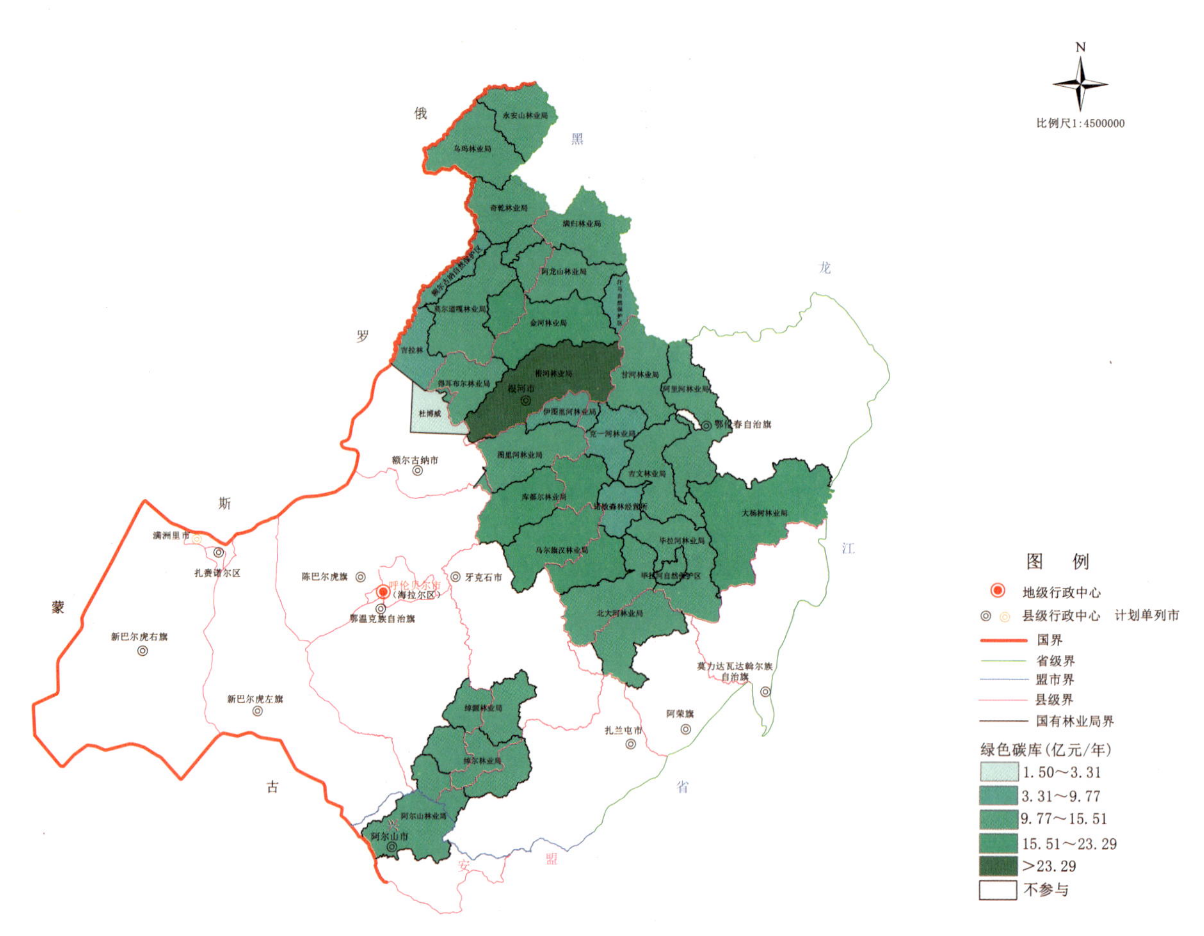

图 7-4　内蒙古森工集团森林与湿地生态系统“绿色碳库”空间分布

内蒙古森工集团自全面停止天然林商业性采伐以来，生态脆弱区森林植被逐步恢复，森林碳汇功能得到进一步提升。近些年来，内蒙古森工集团积极发展林业碳汇产业，在绰尔、克一河等 6 个林业局先后启动林业碳汇项目试点工作，截至 2021 年年底累计销售国际核证碳减排标准（VCS）碳汇产品 115 万吨，总收入达 1616 万元，集团生态效益向经济效益的转化速度进一步加快。此外，内蒙古森工集团部分森林位于寒温带多年冻土区，大量的植物有机质被固定到多年冻土中，森林资源的保护有效的避免了冻土的快速融化，能够有效降低冻土融化造成的碳排放。因此，内蒙古森工集团森林资源面积和蓄积量的双增长，在增加碳汇应对全球气候变化、节能减排绿色发展等方面发挥着巨大作用。

四、森林与湿地生态系统“绿色氧吧库”

植被对降低空气中细颗粒物浓度和污染物的吸收作用极其显著（Chen et al.，2016），在距离 50 ～ 100 米的林区，颗粒物、二氧化硫和氮氧化物的浓度分别降低 9.1%、5.3% 和 2.6%（张维康，2016）。Nowak 等（2013）应用 BenMAP 程序模型对美国 10 个城市树木的 $PM_{2.5}$ 去除量模拟显示，树木每年可去除入肺颗粒物总量范围是 4.70 ～ 64.50 吨。雾霾的产生是多方面因素造成的，一方面受气象条件的影响，高低空配置的静稳天气条件，如风速较小，湿度较大，大气层结构稳定等不利于污染物扩散；另一方面决定于污染物排放量的增加，工业排放、机动车尾气污染，叠加冬季燃煤供暖期，以及大面积焚烧秸秆现象，导致污染物的排放量增多（牛香，2012）。

据世界卫生组织（WHO）统计，全球每年由于空气污染所导致的各类疾病死亡人数超过 300 万，约占当年全球死亡总数的 5%（范春阳，2014）。中国因空气颗粒物污染（主要是 PM_{10}）所遭受的健康方面的损失大约为 1065 亿美元（Hou et al.，2013）。呼伦贝尔是我国风沙危害较重的地区，境内的呼伦贝尔沙地年平均风速为 3.95 米 / 秒，年大风日数平均为 31.2 天，严重危害区域内居民的身体健康和工农业生产。内蒙古森工集团西麓毗邻呼伦贝尔沙地和呼伦贝尔大草原，阻止草原沙化、退化，减少水体流失、流沙面积增大等起到重要作用，是我国东北地区重要的生态屏障，内蒙古森工集团森林、湿地能够有效地起到吸收气体污染物、滞纳颗粒物、净化大气环境等作用。2020 年内蒙古森工集团森林和湿地生态系统净化大气环境功能总价值量为 1960.74 亿元（图 7-5），是呼伦贝尔市 2020 年 GDP 总量的近 1.67 倍（呼伦贝尔市统计局，2021）。内蒙古森工集团森林和湿地生态系统净化大气环境功能为当地居民和区域可持续发展创造巨大的生态福祉，促进地区生态文明建设。

五、森林与湿地生态系统“绿色基因库”

近年来，生物多样性保护日益受到国际社会的高度重视，已经将其视为生态安全和粮食安全的重要保障，提高到人类赖以生存的条件和经济社会可持续发展基础的战略高度来认识。2021 年 10 月，联合国《生物多样性公约》第十五次缔约方大会以“生态文明：共建地球生命共同体”为主题，强调人与自然是生命共同体，强调尊重自然、顺应自然和保护自然，努力达成公约提出的到 2050 年实现生物多样性可持续利用和惠益分享，实现“人与自然和谐共生”的美好愿景。

内蒙古森工集团地处欧亚大陆中高纬度地带，中国著名山脉——大兴安岭贯穿整个林区，是 400 毫米等降水线的天然分界线，该区域集中分布着泛北极植物区系植物种类，是生物多样性的宝贵基因库。2020 年，内蒙古森工集团森林生态系统生物多样性保护和湿地提供生物栖息地功能总价值为 1550.50 亿元（图 7-6）。内蒙古森工集团植物区系成分是以东西伯利亚植物为主，并混有紫椴、水曲柳及黄檗等东亚成分，还有少量蒙古植物区系成分，植

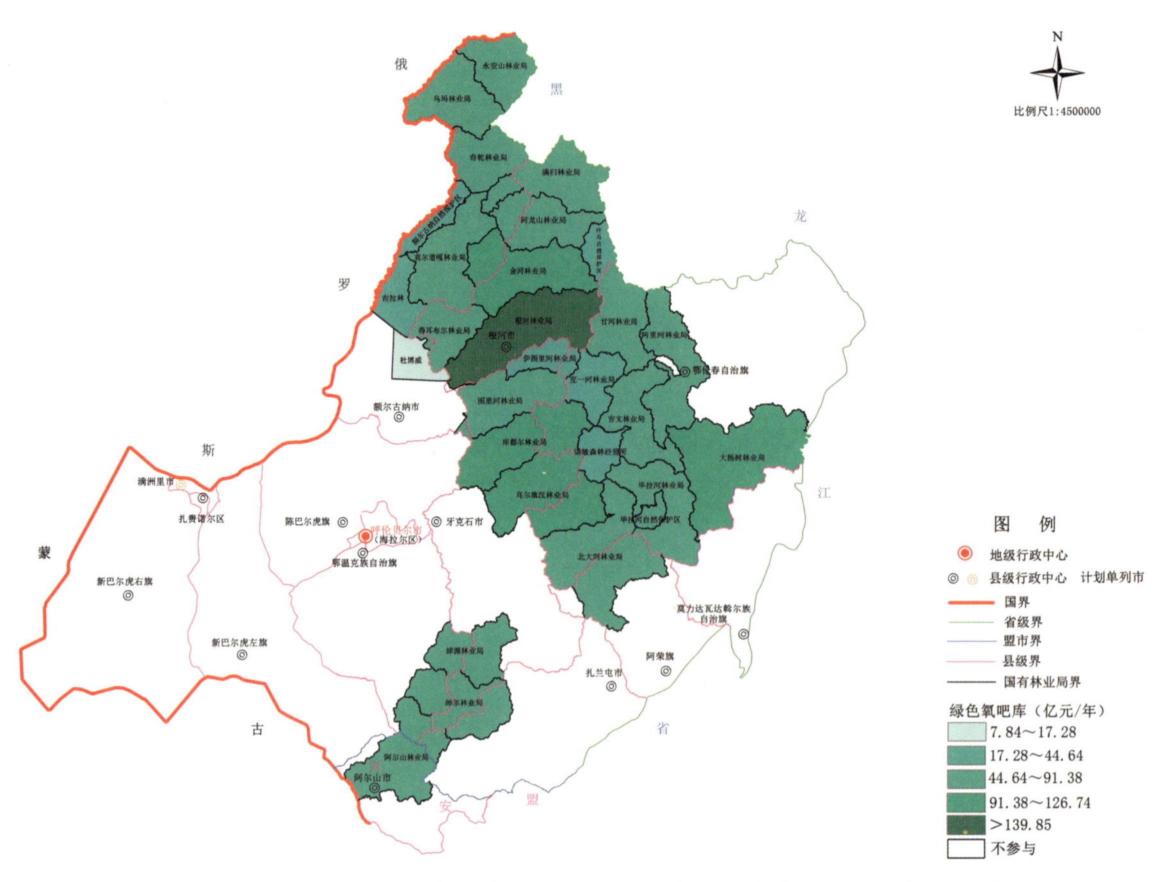

图 7-5　内蒙古森工集团森林与湿地生态系统“绿色氧吧库”空间分布

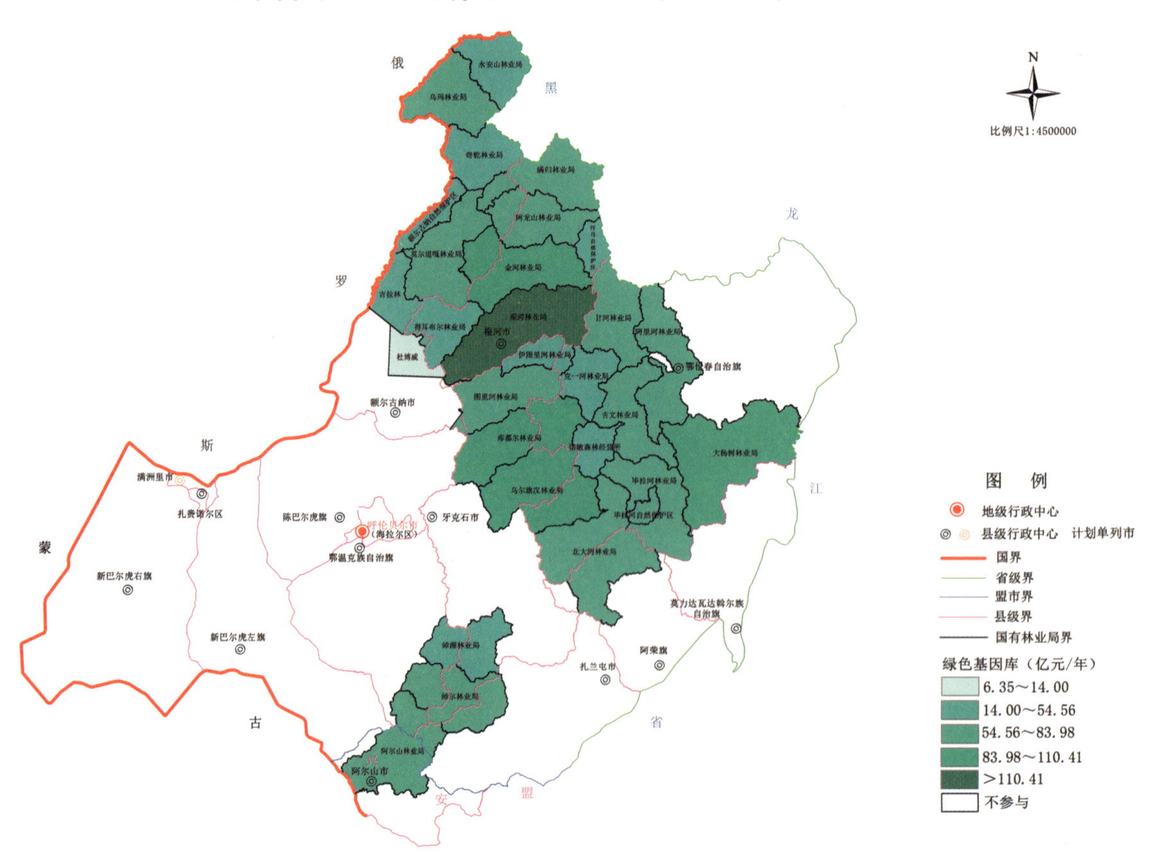

图 7-6　内蒙古森工集团森林与湿地生态系统“绿色基因库”空间分布

物区系较复杂，生物多样性丰富，形成以兴安落叶松为主，并伴有樟子松和白桦等植物群落。据内蒙古森工集团最新科研成果显示，大兴安岭迄今为止已知全部野生维管束植物共计129科580属1758种（不含种以下等级及栽培种），另有栽培植物4科49属123种。森林生态系统的保护能够维持生态系统的稳定性和丰富性，为动物、植物、微生物等提供生存与繁衍场所，增加动物、植物、微生物的种类，丰富了该区域的物种基因库，支持了人类社会经济活动。

第二节 生态产品价值化实现路径设计

生态产品指维系生态安全、保障生态调节功能、提供良好人居环境的自然要素。包括清新的空气、清洁的水源和宜人的气候等。主要体现在吸收二氧化碳、制造氧气、涵养水源、保持水土、净化水质、防风固沙、调节气候、净化空气、减少噪音、吸附粉尘、保护生物多样性、减轻自然灾害等。

生态产品价值实现的过程，是经济社会发展格局、城镇空间布局、产业结构调整和资源环境承载能力相适应的过程，有利于实现生产空间、生活空间和生态空间的合理布局。生态产品具有非竞争性和非排他性的特点，是一种与生态密切相关的、社会共享的公共产品。根据其公共性程度和受益范围的差异，进一步可将其细分为纯生态公共品和准生态公共品，前者指具有完全意义的非排他性和非竞争性的、对全国范围乃至全球生态系统都有共同影响的社会共同消费的产品，通常由政府提供，如公益林建设、退耕还林还草、荒漠化防治、自然保护区设置等生态恢复和环境治理项目；后者介于纯生态公共产品与生态私人产品之间，如污水处理、垃圾收集。推动生态产品全民共享，大力推进全民义务植树，创新公众参与生态保护和修复模式，适当开放自然资源丰富的重大工程区域，让公众深切感受生态保护和修复成就，提高重大工程建设成效的社会认可度，积极营造全社会爱生态、护生态的良好风气（自然资源部，2020）。习近平总书记在深入推动长江经济带发展座谈会上强调，要积极探索推广绿水青山转化为金山银山的路径，选择具备条件的地区开展生态产品价值实现机制试点，探索政府主导、企业和社会各界参与、市场化运作、可持续的生态产品价值实现路径。探索生态产品价值实现，是建设生态文明的应有之义，也是新时代必须实现的重大改革成果。

森林生态系统所提供的生态产品也较大，但目前针对森林生态产品价值实现的研究还较少。王兵等（2020）针对中国森林生态产品价值化实现路径也进行了设计，如图7-7所示。

将森林生态系统的四大服务（支持服务、调节服务、供给服务、文化服务）对应保育土壤、林木养分固持、涵养水源等九大功能类别，不同功能类别对应生态效益量化补偿、自然资源负债表等十大价值实现路径，不同功能对应不同价值实现路径有较强、中等和较弱 3 个级别。森林生态产品价值化实现路径可分为就地实现和迁地实现。就地实现为在生态系统服务产生区域内完成价值化实现，例如，固碳释氧、净化大气环境等生态功能价值化实现；迁地实现为在生态系统服务产生区域之外完成价值化实现，例如，大江大河上游森林生态系统涵养水源功能的价值化实现需要在中、下游予以体现。

为实现多样化的生态产品价值，需要建立多样化的生态产品价值实现途径。加快促进生态产品价值实现，需遵循“界定产权、科学计价、更好地实现与增加生态价值”的思路，有针对性地采取措施，更多运用经济手段最大程度地实现生态产品价值，促进环境保护与生态改善。从生态文明建设角度和内蒙古森工集团实际情况出发，主要从生态保护补偿、生态权益交易、生态产业开发、区域协同发展和生态资本收益 5 个生态产品价值实现的模式路径阐述实现生态产品价值。

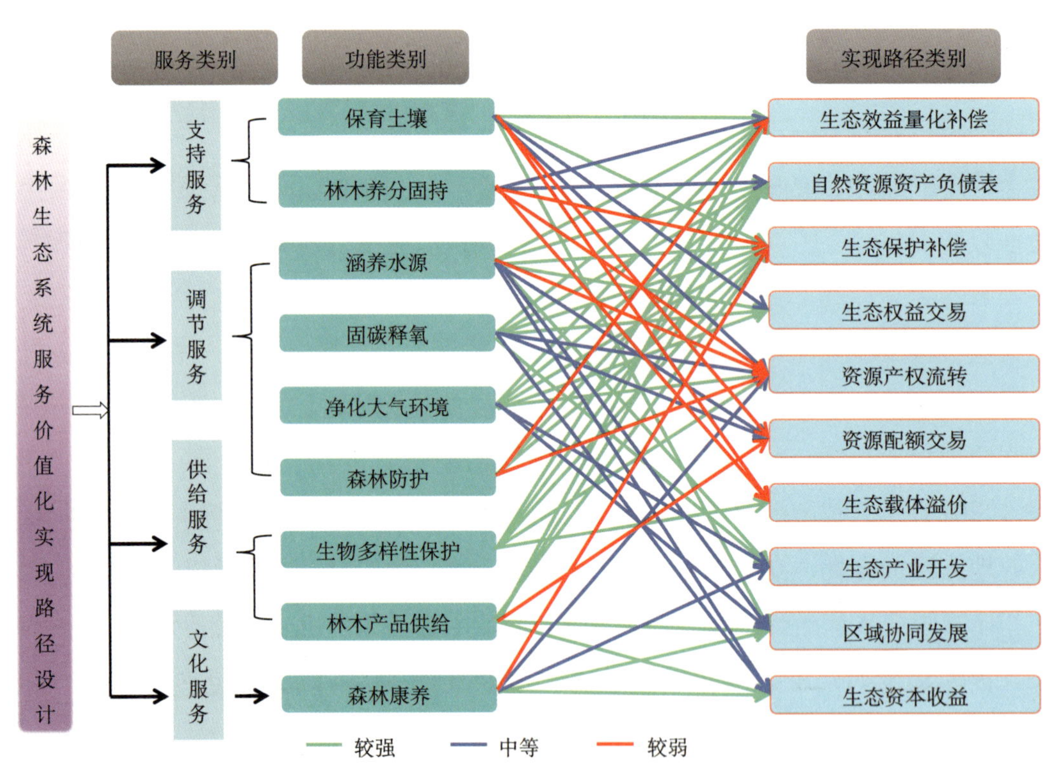

不同颜色代表了功能与服务转化率的高低和价值化实现路径可行性的大小

图 7-7　森林生态产品价值实现路径设计（王兵等，2020）

内蒙古森工集团森林和湿地生态系统服务功能评估以直观的货币形式呈现了森林和湿地生态系统为人们提供生态产品的服务价值，用详实的数据诠释了“绿水青山就是金山银山”理念。建立健全生态产品价值化实现机制，既是贯彻落实习近平生态文明思想、践行“两山

论”理念的重要举措，也是坚持生态优先、推动绿色发展、建设生态文明的必然要求，这将有利于把生态优势转化为经济优势，激发‘生态优先、绿色发展’的内在动力，实现产业生态化和生态产业化，追求产业和生态环境系统的良性互动。可通过生态保护补偿、生态权益交易、生态产业开发、区域协同发展和生态资本收益 5 个生态产品价值实现的模式路径阐述实现生态产品价值。

一、生态保护补偿实现途径

公共性生态产品生产者的权利通过使公共性生态产品的价值实现而实现，才能够保障与社会所需要的公共性生态产品的供给量。该路径应由政府主导，以市场为主体，多元参与，充分发挥财政与金融资本的协同效应。2016 年，国务院办公厅印发《关于健全生态保护补偿机制的意见》；2018 年 12 月，国家多部门联合发布《建立市场化、多元化生态保护补偿机制行动计划》，这都为生态补偿方式实现生态产品价值提供了参考。探索开展生态产品价值计量，推动横向生态补偿逐步由单一生态要素向多生态要素转变，丰富生态补偿方式，加快探索绿水青山就是金山银山的多种现实转化路径。内蒙古森工集团采用生态效益精准量化补偿实现其生态价值，通过不同林业局和保护区生态产品价值和经济发展情况，核算出不同林业局的生态效益补偿额度和补偿总量，补偿资金充分考虑当地发展情况，且生态补偿的资金是由中央、省级和地方三级财政共同承担，对于当地政府来说资金压力较小，可行性较高。

二、生态权益交易实现途径

生态权益交易是公共性生态产品在满足特定条件成为生态商品后直接通过市场化机制方式实现价值的唯一模式，主要包括碳排放权、取水权、排污权、用能权等产权交易体系（黎元生，2018）。内蒙古森工集团森林和湿地面积较大，净化水质量较大，境内河流众多，流域下游地区应为森林、草地和湿地生态系统发挥的净化水质功能而用到清洁的水而付费，因为这些流域水系水质若受到污染，将直接影响下游用水安全，正是森林和湿地生态系统净化水质的功能，保证了下游用水的安全；下游地区应为相关流域流经区域森林和湿地生态系统支付净化水质费用。按照环境污染税法，结合水污染当量值为每立方米 0.68 元，按此计算内蒙古森工集团森林 171.41 亿立方米的净化水质量，可得到 116.56 亿元的收益。

污染排放交易体现在森林生态系统的固碳功能、净化大气环境等功能方面；内蒙古森工集团森林年固碳总量为 917.68 万吨，若进行碳排放权交易，按照 2021 年中国碳交易配额市场价格 52.78 元 / 吨，可实现 17.78 亿元的价值收益；在水权交易方面，根据中国水权交易所 2019 年交易案例的平均交易价格为 0.60 元 / 立方米，按此计算可实现 102.85 亿元收益；排污权交易：以森林和草地生态系统吸收污染物为例，按照环境保护税法的征收额，内蒙古自治区的大气污染征收标准是每个当量 2.4 元，按此计算将排污权交易给有关工厂，理想的收益将会达到 38.58 亿元。

三、生态产业开发实现途径

生态产业开发是生态资源作为生产要素投入经济生产活动的生态产业化过程，是市场化程度最高的生态产品价值实现方式。生态产业开发的关键是如何认识和发现生态资源的独特经济价值，如何开发经营品牌提高产品的“生态”溢价率和附加值。生态资源同其他资源一样是经济发展的重要基础，充分依托优势生态资源，将其转为经济发展的动力是国内外生态产品价值实现的重要途径。结合内蒙古森工集团森林、湿地资源的发展与保护现状，政府应积极鼓励多种资源的整合和开发利用，以实现生态产品的价值转化。通过推进打造碳汇基地、商品林储备基地、绿化苗木基地、生态康养基地、绿色林特产品培育加工基地等“五大生态产业基地”，为建设美丽中国、美丽森林和湿地生态系统做出更大贡献。

四、区域协同发展实现途径

区域协同发展是有效实现重点生态功能区主体功能定位的重要模式，是发挥中国特色社会主义制度优势的发力点。区域协同发展可以分为在生态产品受益区域合作开发的异地协同开发和在生态产品供给地区合作开发的本地协同开发两种模式。本地协同开发生态产品，引进本地企业公司和本地资本，让本地的优秀企业参与到内蒙古森工集团生态旅游产品的开发和运作中，以其先进的管理模式进行生态产品价值转化和管理。异地协同开发生态产品，引进外地企业、资本、创新的管理模式和成熟的技术，将外地企业先进的技术和管理模式引入内蒙古森工集团生态产品开发中。对内蒙古森工集团现有森林资源进行结构调整，增加旅游设施和基础建设投入；并对员工进行技能培训，提高从业人员的业务素养，大力发展自身旅游业，通过增加森林和湿地旅游资源数量、提升旅游资源质量，吸引更多游客。

五、生态资本收益实现途径

生态资本收益模式中的绿色金融扶持是利用绿色信贷、绿色债券、绿色保险等金融手段鼓励生态产品生产供给。但绿色金融发展，需要加强法制建设以及政府主导干预，才能充分发挥绿色金融政策在生态产品生产供给及其价值实现中的信号和投资引导作用。

对内蒙古森工集团森林、湿地引入社会资本和专业运营商具体管理，打通资源变资产、资产变资本的通道，提高资源价值和生态产品的供给能力，促进生态产品价值向经济发展优势的转化。实现内蒙古森工集团生态产品价值可通过如下方式：

一是政府主导，设计和建立“生态银行”运行机制，由内蒙古森工集团控股、其他林草局及社会组织团体等参股，成立资源运营有限公司，注册一定资本金，作为“生态银行”

的市场化运营主体。公司下设数据信息管理、资产评估收储“两中心”和资源经营、托管、金融服务“三公司”，前者提供数据和技术支撑，后者负责对资源进行收储、托管、经营和提升；同时整合资源调查团队和基层看护人员等力量，有序开展资源管护、资源评估、改造提升、项目设计、经营开发、林权变更等工作。

二是全面摸清森林、湿地资源底数。根据林地分布、森林质量、保护等级、林地权属等因素对森林资源进行调查摸底，根据湿地面积、湿地类型、湿地分布、湿地水质等因素对湿地资源进行调查摸底，并进行确权登记，明确产权主体、划清产权界线，形成全市资源“一张网、一张图、一个库”数据库管理。通过核心编码对全市资源进行全生命周期的动态监管，实时掌握质量、数量及管理情况，实现资源数据的集中管理与服务。

三是推进资源流转，实现资源资产化。鼓励农民、牧民在平等自愿和不改变林地、草地所有权的前提下，将碎片化的森林、湿地资源经营权和使用权集中流转至“生态银行”，由后者通过科学管理等措施，实施集中储备和规模整治，转换成权属清晰、集中连片的优质“资产包”。为保障农牧民利益和个性化需求，“生态银行”共推出入股、托管、租赁、赎买 4 种流转方式，同时，“生态银行”可与内蒙古森工集团某担保公司共同成立林业融资担保公司为有融资需求的相关企业、集体或农牧民提供产权抵押担保服务，担保后的贷款利率要低于一般项目的利率，通过市场化融资和专业化运营，解决资源流转和收储过程中的资金需求。

随着我国对生态产品认识理解的不断深入，对生态产品的措施要求更加深入具体，逐步由一个概念理念转化为可实施操作的行动，由最初国土空间优化的一个要素逐渐演变成为生态文明的核心理论基石。伟大的理论需要丰富鲜活的实践支撑，生态产品及其价值实现理念为习近平生态文明思想提供了物质载体和实践抓手，各个部门、各级政府在实际工作中应将生态产品价值实现作为工作目标、发力点和关键绩效，通过生态产品价值实现将习近平生态文明思想从战略部署转化为具体行动。

第三节 森林与湿地生态效益科学量化补偿

2016 年，在《关于健全生态保护补偿机制的意见》的基础上，进一步细化、明确和强调了以生态产品产出能力为基础，健全生态保护补偿标准体系、绩效评估体系、统计指标体系和信息发布制度，用市场化、多元化的生态补偿方式实现生态产品价值（国家发展和改革委员会等，2018）。2018 年 12 月，国家多部门联合发布《建立市场化、多元化生态保护补偿机制行动计划》，提出以生态产品产出能力为基础健全生态保护补偿及其相关制度。2021 年，中共中央办公厅、国务院办公厅印发的《关于建立健全生态产品价值实现机制的意见》

明确指出，建立健全生态产品价值实现机制，是贯彻落实习近平生态文明思想的重要举措，是践行绿水青山就是金山银山理念的关键路径，是从源头上推动生态环境领域国家治理体系和治理能力现代化的必然要求。因此，开展生态系统生态效益的量化补偿，对推动经济社会发展全面绿色转型具有重要意义。

一、森林生态系统科学量化补偿研究

随着人们对森林认识的逐渐加深，对森林生态效益的研究力度也在逐步加大，森林生态效益受到了各级政府部门的重视。对生态补偿的研究有利于生态效益评估工作的推进与开展，生态效益评估又有助于生态补偿制度的实施和利益分配的公平性。根据“谁受益、谁补偿，谁破坏、谁恢复”的原则，应该完善对重点生态功能区的生态补偿机制，形成相应的横向生态补偿制度，森林生态效益补偿可以更好地给予生态效益提供相应的补助（牛香，2012；王兵，2015）。

1. 人类发展指数

人类发展指数（human development index，HDI）是对人类发展情况的总体衡量尺度。它主要是从人类发展的健康长寿、知识的获取及生活水平三个基本维度衡量一个国家取得的平均成就。HDI 是衡量每个维度取得成就的标准化指数的集合平均数，基本原理及估算方法已有相关研究（Klugman，2011）。

人类发展指数的基本原理如图 7-8 所示。

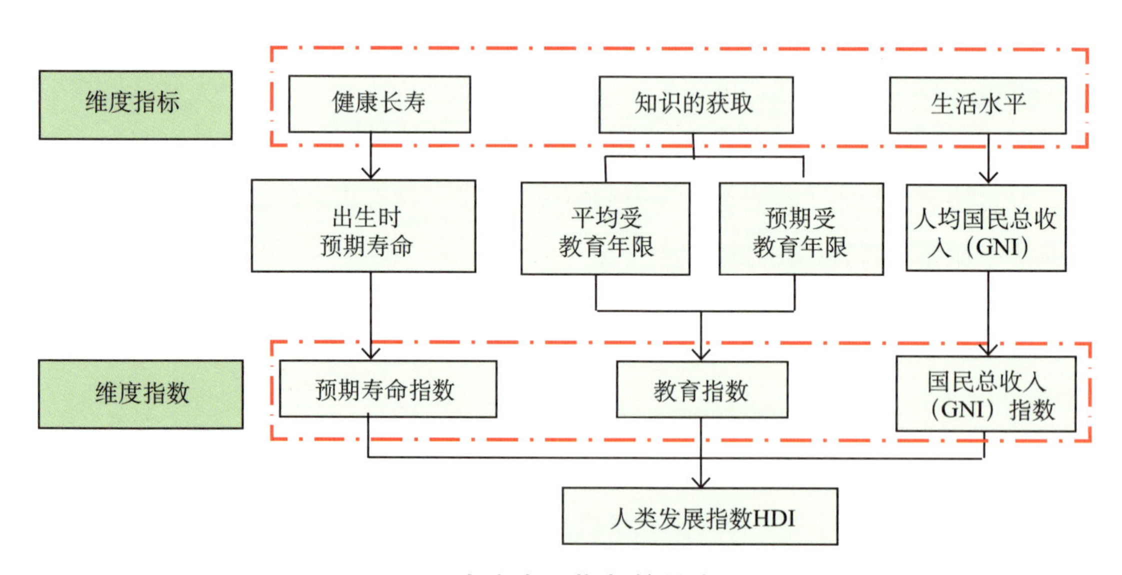

图 7-8　人类发展指数的基本原理

估算人类发展指数的方法：

第一步：建立维度指数。设定最小值和最大值（数据范围）已将指标转变为 0 ~ 1 的数值。最大值是从有数据记载的年份至今观察到是的指标的最大值，最小值可被视为最低生活

标准的合适数值。国际上通用的最小值被定为：预期寿命为20年，平均受教育年限和预期受教育年限均为0年，人均国民总收入为100美元。定义了最大值和最小值之后按照如下公式计算，由于维度指数代表了相应维度能力，从收入到能力的转换可能是凹函数，需要对维度指数的最小值和最大值取自然对数（王兵，2020）。

$$维度指数=(实际值-最小值)/(最大值-最小值) \tag{7-1}$$

$$即：I_{寿命}=(L_{实际值}-L_{最小值})/(L_{最大值}-L_{最小值}) \tag{7-2}$$

$$I_{教育1}=(Y_{实际值1}-Y_{最小值1})/(Y_{最大值1}-Y_{最小值1}) \tag{7-3}$$

$$I_{教育2}=(I_{实际值2}-I_{最小值2})/(Y_{最大值2}-Y_{最小值2}) \tag{7-4}$$

$$I_{教育}=[(I_{教育1}\cdot I_{教育2})-I_{最小值}]/(J_{最大值}-J_{最小值}) \tag{7-5}$$

$$I_{收入}=(\ln R_{实际值}-\ln R_{最小值})/(\ln R_{最大值}-\ln R_{最小值}) \tag{7-6}$$

式中：$I_{寿命}$、$I_{教育}$、$I_{教育1}$、$I_{教育2}$和$I_{收入}$分别代表预期寿命指数、综合教育指数、平均受教育年限指数、预期受教育年限指数和收入指数；$L_{实际值}$、$L_{最小值}$、$L_{最大值}$分别代表寿命的实际值、最大值和最小值；$Y_{实际值1}$、$Y_{最小值1}$、$Y_{最大值1}$分别代表平均受教育年限的实际值、最大值和最小值；$J_{最大值}$和$J_{最小值}$分别代表综合教育指数的最大值和最小值；$R_{实际值}$、$R_{最大值}$、$R_{最小值}$分别代表人均国民收入的实际值、最大值和最小值（经购买力评价PPP调整，以美元表示）。

第二步：将这些指数合成为人类发展指数。

$$HDI=(I_{寿命}\cdot I_{教育}\cdot I_{收入})^{1/3} \tag{7-7}$$

而与人类发展指数相关的维度指标，恰好又是基本与人类福祉要素诸如健康、维持高质量生活的基本物质条件、安全、良好的社会关系等相吻合，这些要素与森林生态系统服务密切相关，在经济学统计中，这些要素对应的恰恰又是居民消费的一部分。总的来说，人类发展指数是一个比较容易计算，计算方法简单，可以用比较容易获得的数据就可以计算的参数，且适用于不同的社会群体。HDI也可以作为社会进步程度及社会发展程度的重要反映指标。

2. 人类发展指数的维度指标与福祉要素的关系

人类发展指数的三个维度是健康长寿、知识的获取以及生活水平，福祉要素主要包括安全保障、维持高质量生活所需要的基本物质条件、选择与行动的自由、健康以及良好的社会关系等。显然，人类发展指数与人类幸福度（福祉要素）具有密切的关系，如健康长寿与健康和安全保障、知识的获取与良好的社会关系和选择行动的自由、生活水平与维持高质量生活所需要的基本物质条件等，均具有对应的关系。正如人们所经历和所意识到的那样，福祉要素与周围的环境密切相关，并且可以客观地反映出当地的地理、文化与生态状况等。

3. 生态系统服务与人类福祉的关系

生态系统与人类福祉的关系主要表现：一方面，持续变化的人类状况可以直接或间接地

接地驱动生态系统发生变化；另一方面，生态系统的变化又可以导致人类的福祉状况发生改变。同时，许多与环境无关的其他因素也可以改变人类的福祉状况，而且许多自然驱动力也在持续不断地对生态系统产生影响，如图 7-9 所示。

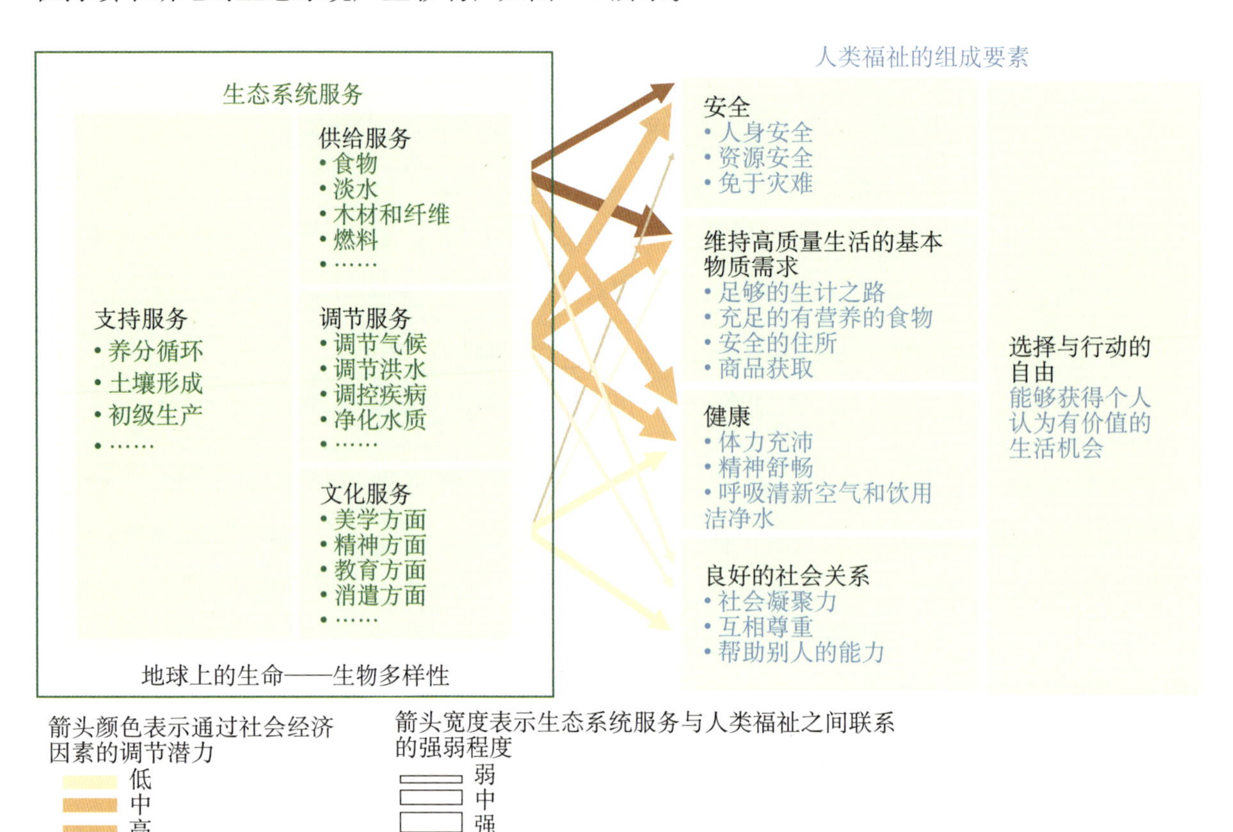

图 7-9 生态系统服务与人类福祉的关系（联合国千年生态系统评估框架，2005）

4. 生态效益定量化补偿计算

通过分析人类发展指数的维度指标，将其与人类福祉要素有机地结合起来，而这些要素与生态系统服务密切相关。在认识三者之间关系的背景下，进一步提出了基于人类发展指数的森林生态效益多功能定量化补偿系数。具体方法和过程介绍如下：

该方法是基于人类发展指数，综合考虑各地区财政收入水平而提出的适合中国国情的森林生态系统多功能定量化补偿系数（MQC）。

$$MQC_i = NHDI_i \cdot FCI_i \tag{7-8}$$

式中：MQC_i——i 省份的森林生态系统效益多功能定量化补偿系数，以下简称“补偿系数”；

$NHDI_i$——i 省份的人类发展基本消费指数；

FCI_i——i 省份的财政相对补偿能力指数。

其中，

$$\mathrm{NHDI}_i=[(C_1+C_2+C_3)/\mathrm{GDP}_i] \tag{7-9}$$

式中：C_1——居民消费中的食品类支出（元）；

C_2——医疗保健类支出（元）；

C_3——文教娱乐用品及服务类支出（元）；

GDP_i——i 省份某一年的国民生产总值（元）。

$$\mathrm{FCI}_i=G_i/G \tag{7-10}$$

式中：G_i——i 省份的财政收入（元）；

G——全国的财政收入（元）。

所以公式可改写为：

$$\mathrm{MQC}_i=[(C_1+C_2+C_3)/\mathrm{GDP}_i]\cdot(G_i/G) \tag{7-11}$$

由森林生态效益多功能定量化补偿系数可以进一步计算补偿总量及补偿额度，如公式所示：

$$\mathrm{TMQC}_i=\mathrm{MQC}_i\cdot V_i \tag{7-12}$$

式中：TMQC_i——i 省份的森林生态系统效益多功能定量化补偿总量，以下简称“补偿总量”（元）；

V_i——i 省份的森林生态效益（元）。

$$\mathrm{SMQC}_i=\mathrm{TMQC}_i/A_i \tag{7-13}$$

式中：SMQC_i——i 省份的森林生态系统效益多功能定量化补偿额度，以下简称“补偿额度”[元/（公顷·年）]；

A_i——i 省份的森林面积（公顷）。

目前森林生态效益评估的相关研究结果都处于偏大的水平，造成生态系统服务功能的提供者很难与受益者之间达成共识，使得生态系统服务补偿的工作难以推进。因此，本研究采用基于人类发展指数的方法对内蒙古森工集团森林进行定量化补偿研究，客观、公平地计算出内蒙古森工集团森林生态效益补偿的价值量，提出基于人类发展指数的生态效益补偿总量和补偿额度，为更好地保护和利用内蒙古森工集团森林提供科学依据。

森林生态效益科学量化补偿是基于人类发展指数的多功能定量化补偿，结合了森林生态系统服务和人类福祉的其他相关关系并符合省级财政支付能力的一种对森林生态系统服务提供者给予的奖励。

人类发展指数是对人类发展情况的总体衡量尺度。主要从人类发展的健康长寿、知识的获取以及生活水平三个基本维度衡量一个国家取得的平均成就。

利用人类发展指数的转换公式，并根据内蒙古统计年鉴数据，计算得出内蒙古森工集团森林生态效益定量化补偿系数、财政相对能力补偿指数、补偿总量及补偿额度，如表 7-2 所示。

表 7-2　内蒙古森工集团森林生态效益定量化补偿情况

年份	财政相对补偿能力指数	人类发展基本消费指数	补偿系数	补偿总量	补偿额度	
			(%)	(亿元/年)	[元/（公顷·年）]	[元/（亩·年）]
2020	0.0756	0.0509	0.3845	24.18	280.54	18.70

为进一步规范和加强森林生态效益补偿基金管理，提高资金使用效益，根据财政部、国家林业局《中央森林生态效益补偿基金管理办法》，内蒙古自治区结合自身实际，制定了《内蒙古自治区财政森林生态效益补偿基金管理办法》。第二章第五条规定显示，中央财政补偿基金补偿标准为平均每年每亩 5 元，其中 4.75 元用于国有林业单位、集体和个人的管护等开支；0.25 元由自治区财政列支，用于自治区林业主管部门组织开展的国家重点公益林区域林区道路维护情况的检查验收、跨重点公益林区域开设防火隔离带等森林火灾预防、重点公益林区域林区道路维护的开支。地方财政补偿基金补偿标准平均每年每亩一般不低于 3 元，主要由盟市、旗县财政安排，自治区财政给予适当补助。由表 7-2 可以看出，基于人类发展指数计算的森林生态效益补偿额度为 18.70 元 / 亩（2020 年），高于政策性补偿。利用这种方法计算的生态效益定量化补偿系数是一个动态的补偿系数，不但与人类福祉的各要素相关，而且进一步考虑了省级财政的相对支付能力。随着人们生活水平的不断提高，人们对于舒适环境的追求已成为一种趋势。2020 年内蒙古自治区全年实现地区生产总值（GDP）为 1.73 万亿元，如果内蒙古自治区每年投入 GDP 的 0.14% 用于内蒙古森工集团森林生态效益补偿，将更加有利于内蒙古森工集团森林资源经营与管理和人类幸福指数的提高。

为了能够更加科学合理地实现生态效益的补偿，本研究选择森林生态效益补偿分配系数来确定各林业局所获得的补偿总量及补偿额度。森林生态效益补偿分配系数是指该地区森林生态效益与全省森林生态效益的比值，该系数表明，某一地区只要森林生态效益越高，那么相应地获得的补偿总量就越多，反之亦然。森林生态效益补偿分配系数的计算公式如下：

$$D_{ij}=V_{ij}/V_i \tag{7-14}$$

式中：D_{ij}——i 省份 j 地区的森林生态效益补偿分配系数；

V_{ij}——i 省份 j 地区的森林生态效益（元）；

V_i——i 省份的森林生态效益（元）。

由此可以用公式（7-14）计算出各林业局应获得的森林生态效益补偿总量。

$$TMQC_{ij}=TMQC_i \cdot D_{ij} \tag{7-15}$$

式中：$TMQC_{ij}$——i 省份 j 地区可以获得的森林生态效益补偿总量（元）；

$TMQC_i$——i 省份的森林生态效益补偿总量（元）。

由森林生态效益补偿总量可以进一步计算该地区的补偿额度，用公式（7-16）表示：

$$SMQC_{ij}= TMQC_{ij} \cdot A_{ij} \tag{7-16}$$

式中：$SMQC_{ij}$——i 省份 j 地区补偿额度［元/（公顷·年）］；

A_{ij}——i 省份 j 地区的森林面积（公顷）。

根据公式（7-14）至公式（7-16）可以计算得出2020年内蒙古森工集团森林生态效益分配系数及补偿情况，如表7-2所示。

5. 内蒙古森工集团森林生态效益定量化补偿研究

利用人类发展指数方法计算的生态效益定量化补偿系数是一个动态的补偿系数，不但与人类福祉的各要素相关，而且进一步考虑了省级财政的相对支付能力。根据内蒙古森工集团森林生态效益定量化补偿额度计算出各林业局森林生态效益定量化补偿额度（表7-3）。2020年内蒙古森工集团森林生态效益分配系数介于0.50% ~ 7.02%之间，最高的是根河林业局，其次是乌尔旗汉林业局和金河林业局。补偿总量的变化趋势与补偿系数的变化趋势一致，均与各林业局森林生态效益价值量成正比。随着人们生活水平的不断提高，人们对于舒适环境的追求已经成为一种趋势，而森林生态系统对舒适环境的贡献已形成共识，如果政府每年投入约1%的财政收入来进行森林生态效益补偿，将会极大提高当地人民的幸福指数（牛香，2012）。

表7-3 内蒙古森工集团2020年森林生态效益定量化补偿情况

林业局	生态效益（亿元/年）	分配系数（%）	补偿总量（亿元）	补偿额度	
				［元/（公顷·年）］	［元/（亩·年）］
阿尔山	274.73	4.55	1.10	283.19	18.88
绰尔	253.64	4.20	1.02	285.00	19.00

（续）

林业局	生态效益（亿元/年）	分配系数（%）	补偿总量（亿元）	补偿额度	
				[元/（公顷·年）]	[元/（亩·年）]
绰源	184.91	3.06	0.74	275.57	18.37
乌尔旗汉	344.38	5.71	1.38	290.23	19.35
库都尔	310.28	5.14	1.24	289.19	19.28
图里河	229.29	3.80	0.92	282.60	18.84
伊图里河	96.19	1.59	0.39	276.65	18.44
克一河	142.78	2.37	0.57	275.05	18.34
甘河	236.07	3.91	0.95	278.43	18.56
吉文	225.37	3.73	0.90	280.54	18.70
阿里河	286.07	4.74	1.15	281.60	18.77
根河	423.85	7.02	1.70	293.90	19.59
金河	354.06	5.87	1.42	290.99	19.40
阿龙山	244.22	4.05	0.98	284.22	18.95
满归	265.13	4.39	1.06	280.54	18.70
得耳布尔	168.03	2.78	0.67	275.48	18.37
莫尔道嘎	307.65	5.10	1.23	290.79	19.39
大杨树	266.38	4.41	1.07	286.49	19.10
毕拉河	237.11	3.93	0.95	283.55	18.90
北大河	203.76	3.38	0.82	277.46	18.50
乌玛	255.62	4.23	1.02	286.85	19.12
永安山	192.76	3.19	0.77	275.99	18.40
奇乾	193.84	3.21	0.78	276.66	18.44
诺敏经营所	93.35	1.55	0.37	281.60	18.77
汗马	68.45	1.13	0.27	282.80	18.85
额尔古纳	82.10	1.36	0.33	275.89	18.39
吉拉林	66.00	1.09	0.26	276.98	18.47
杜博威	29.93	0.50	0.12	274.50	18.30

注：表中林业局森林生态效益不包括林木产品供给和森林康养价值。

依据森林生态效益定量化补偿系数，得出不同优势树种（组）所获得的分配系数，补偿总量及补偿额度如表7-4所示。各优势树种（组）生态效益分配系数介于0.01%～63.31%之间，分配系数与各优势树种（组）的生态效益呈正相关性。补偿总量的变化趋势与补偿系数的变化趋势一致，均与各优势树种（组）的森林生态效益价值量成正比，补偿总量最高的优势树种是落叶松（15.31亿元/年），最低的是岳桦和云杉，补偿总量不足百万元。补偿额度在各优势树种（组）之间也有一定的差异，最高的是柞树327.98元/公顷，其次是樟子松和柳树，分别是318.78元/公顷和303.51元/公顷，补偿额度最低的是灌木林225.84元/公顷。

表 7-4　内蒙古森工集团各优势树种（组）生态效益定量化补偿情况

优势树种（组）	生态效益（亿元/年）	分配系数（%）	补偿总量（亿元）	补偿额度	
				[元/（公顷·年）]	[元/（亩·年）]
落叶松	3821.41	63.31	15.31	277.31	18.49
樟子松	81.90	1.36	0.33	318.78	21.25
柞树	216.00	3.58	0.87	327.98	21.87
黑桦	74.54	1.24	0.30	284.82	18.99
白桦	1526.02	25.28	6.11	284.80	18.99
岳桦	0.79	0.01	0.00	295.78	19.72
云杉	0.74	0.01	0.00	257.56	17.17
其他	17.20	0.28	0.07	292.94	19.53
杨树	4.55	0.08	0.02	272.19	18.15
柳树	15.14	0.25	0.06	303.51	20.23
山杨	179.41	2.97	0.72	283.06	18.87
灌木林	98.21	1.63	0.39	225.84	15.06

注：表中林业局森林生态效益不包括林木产品供给和森林康养价值。

二、湿地生态系统生态效益补偿研究

湿地生态补偿机制，是一种旨在实现湿地生态资源保护，促进人类与自然和谐发展、平衡湿地与开发之中各方利益的公共制度，包含两个方面的内容：①针对湿地生态补偿的原则、利益相关者、补偿标准、补偿方式、补偿模式等方面的政策安排；②对因湿地保护而蒙受损失的利益相关方给予补偿的方式、补偿标准的具体执行与操作；同时，通过一系列法律、管理制度来保障湿地生态补偿体系的建立与实施，使其具备一定的可操作性与法律效力。

2016 年，内蒙古自治区人民政府办公厅印发《健全生态保护补偿机制的实施意见》，将湿地纳入生态保护补偿，并推进了鄂尔多斯遗鸥、呼伦湖自然保护区等国家湿地生态效益补偿试点。2018 年，为进一步增强湿地保护修复的系统性、整体性、协同性，全面保护湿地，内蒙古自治区人民政府印发《内蒙古自治区湿地保护修复制度实施方案》，目标是到 2020 年，全区湿地面积不低于 9000 万亩，其中自然湿地面积不低于 8818 万亩，湿地保护率由现在的 28.5% 提高到 35% 以上，加强额尔古纳河、嫩江、西辽河等流域湿地保护。内蒙古森工集团长期以来坚持全面保护、科学修复、合理利用、持续发展的方针，全面实行湿地保护分级管理，在湿地保护站、监测站建设和维护、湿地保护、河流水系恢复、湿地监测监控设备购置等方面不断加大投入，有效实施湿地保护修复工程。截至 2020 年，林区共有湿地公园 15 个，其中国家湿地公园 12 个，湿地保护率从停伐时的 16.77% 提高至目前的 52.61%。

目前，国家、地方已建立了一些湿地生态补偿政策，但是在湿地生态系统补偿方面的工作仍有待加强。在湿地生态补偿的管理对策上提出以下几点建议：①健全湿地生态补偿的法律制度，研究解决生态保护补偿机制建设中的重大问题，制定科学合理的考核评价体系，

将湿地生态补偿工作从被动变为主动；②加强湿地生态补偿的资源管理制度，建立湿地权属制度，开展湿地资源生态价值的合理评估，实现资源配置最优化；③强化湿地生态补偿的协作制度，建立生态保护补偿部门协调机制，积极向中央和地方政府对口部门沟通汇报，争取项目、资金和政策支持，更有利于湿地补偿工作的顺利实施；④建立湿地生态补偿的监督管理制度，保证补偿工作的公正性和有效性；⑤建立湿地生态补偿的生态福利绩效考核制度，保证地方政府对于湿地保护工作的积极性；⑥加强湿地生态补偿的公众参与制度，充分发挥新闻媒体作用，依托现代信息技术，通过典型示范、展览展示、经验交流等形式，引导全社会树立生态产品有价的意识，通过全民参与的保护方式，使社会公众与湿地融洽相处，营造珍惜环境、保护湿地生态的良好氛围。

第四节　森林资产负债表编制

“探索编制自然资源资产负债表，对领导干部实行自然资源资产离任审计，建立生态环境损害责任终身追究制”是十八届三中全会做出的重大决定，也是国家健全自然资源资产管理制度的重要内容。2015 年中共中央、国务院印发了《生态文明体制改革总体方案》，与此同时强调生态文明体制改革工作以“1+6”方式推进，其中包括领导干部自然资源资产离任审计的试点方案和编制自然资源资产负债表试点方案。2016 年 12 月，《“十三五”国家信息化规划》提出实施自然资源监测监管信息工程，建立全天候的自然资源监测技术体系，构建面向多资源的立体监控系统，在 2018 年基本建成自然资源和生态环境动态监测网络和监管体系。

自然资源资产负债表是指用资产负债表的方法，将全国或一个地区的所有自然资源资产进行分类加总而形成的报表。建立自然资源资产负债表，就是要核算自然资源资产的存量及其变动情况，以全面记录当期（期末－期初）自然和各经济主体对生态资产的占有、使用、消耗、恢复和增值活动，评估当期生态资产实物量和价值量的变化。构建区域自然资产价值评估模型和评价体系，尽可能精确、完整地反映和体现自然资本的价值，为规划、管理、评估区域可持续发展，为衡量绿色投资绿色金融的回报，提供科学的分析工具。

由于我国自然资源资产负债表的编制尚处于探讨阶段，因此参考、借鉴国际上的先进理论和经验就显得十分必要。当前，国际上关于自然资源核算最为前沿的理论体系当属《环境经济核算体系中心框架 (2012)》(以下简称《SEEA—2012》)，由联合国、欧洲联盟委员会、

联合国粮农组织、国际货币基金组织、经济合作与发展组织、世界银行集团于2014年共同发布，是首个环境经济核算体系的国际统计标准。《SEEA—2012》由一整套综合表格和账户构成，提供了国际公认的环境经济核算的概念、理论与基本操作方式。考虑到自然资源资产负债表编制的国际趋同原则，本研究从SEEA框架的思路入手，尝试编制内蒙古森工集团自然资源资产负债表。

研发自然资源资产负债表并探索其实际应用，无疑是国家加快建立生态文明制度，健全资源节约利用、生态环境保护体制，建设美丽中国的根本战略需求。自然资源资产负债表是用国家资产负债表的方法，将全国或一个地区的所有自然资源资产进行分类加总形成报表，显示某一时间点上自然资源资产的"家底"，反映出一定时期内区域资源现状和资源开发利用程度，准确把握经济主体对自然资源资产的占有、使用、消耗、恢复和增值活动情况，为上级单位自然资源的监控提供基础。对于自然资源资产离任审计来说，自然资源资产负债表明确了领导干部相应的责任和权利，增强了政府对自然资源的财务透明度，使得人民群众能够及时掌握政府的经济效率和效益，全面反映经济发展的资源消耗、环境代价和生态效益，从而为环境与发展综合决策、政府生态环境绩效评估考核、生态环境补偿等提供重要依据。探索编制内蒙古森工集团自然资源资产负债表，是深化生态文明体制改革，推进生态文明建设的重要举措。目前国内森林资源负债表的编制方法较为成熟，本研究主要针对森林资源负债表进行编制。

一、账户设置

结合相关财务软件管理系统，以国有林场与苗圃财务会计制度所设定的会计科目为依据，建立三个账户：①一般资产账户，用于核算内蒙古森工集团林业正常财务收支情况；②森林资源资产账户，用于核算内蒙古森工集团森林资源资产的林木资产、林地资产、非培育资产；③森林生态系统服务功能账户，用来核算内蒙古森工集团森林生态系统服务功能，包括：保育土壤、林木养分固持、涵养水源、固碳释氧、净化大气环境、森林防护、生物多样性保护、林木产品供给和森林康养等生态系统服务功能。

二、森林资源资产账户编制

联合国粮农组织林业司编制的《林业的环境经济核算账户—跨部门政策分析工具指南》指出，森林资源核算内容包括林地和林木资产核算、林产品和服务的流量核算、森林环境服务核算和森林资源管理支出核算。而我国森林生态系统核算的内容一般包括：林木、林地、林副产品和森林生态系统服务。因此，参考FAO林业环境经济核算账户和我国国民经济核算附属表的有关内容，本研究确定内蒙古森工集团森林资源核算评估的内容主要为林地、林木、林副产品。

1. 林地资产核算

林地是森林的载体，是森林物质生产和生态系统服务的源泉，是森林资源资产的重要组成部分，完成林地资产核算和账户编制是森林资源资产负债表的基础。本研究中林地资源的价值量估算主要采用年本金资本化法。其计算公式：

$$E=A/P \tag{7-17}$$

式中：E——林地评估值（元/亩）；

A——年平均地租（元/亩）；

P——利率（%）。

2. 林木资产核算

林木资源是重要的环境资源，可用于建筑和造纸、家具及其他产品生产，是重要的燃料来源和碳汇集地。编制林木资源资产账户，可将其作为计量工具提供信息，评估和管理林木资源变化及其提供的服务。

(1) 幼龄林、灌木林等林木价值量采用重置成本法核算。其计算公式：

$$E_n=k\cdot\sum_{i=1}^{n}C_i\ (1+P)^{n-i+1} \tag{7-18}$$

式中：E_n——林木资产评估值（元/公顷）；

k——林分质量调整系数；

C_i——第 i 年以现时工价及生产水平为标准计算的生产成本，主要包括各年投入的工资、物质消耗等（元）；

n——林分年龄（年）；

P——利率（%）。

(2) 中龄林、近熟林林木价值量采用收获现值法计算。其计算公式：

$$E_n=k\cdot\frac{A_u+D_a\ (1+P)^{u-a}+D_b\ (1+P)^{u-b}+\cdots}{(1+P)^{u-n}}-\sum_{i=n}^{u}\frac{C_i}{(1+P)^{i-n+1}} \tag{7-19}$$

式中：E_n——林木资产评估值（元/公顷）；

k——林分质量调整系数；

A_u——标准林分 u 年主伐时的纯收入（元）；

D_a、D_b——标准林分第 a、b 年的间伐纯收入（元）；

C_i——第 i 年的营林成本（元）；

u——经营期（年）；

n——林分年龄（年）；

P——利率（%）。

(3) 成熟林、过熟林林木价值量采用市场价倒算法计算。其计算公式：

$$E_n=W-C-F \quad (7\text{-}20)$$

式中：E_n——林木资产评估值（元/公顷）；

W——销售总收入（元）；

C——木材生产经营成本（包括采运成本、销售费用、管理费用、财务费用及有关税费）（元）；

F——木材生产经营合理利润（元）。

(4) 本研究经济林林木价值量全部按照产前期经济林估算，前期经济林林木资产主要采用重置成本法进行评估。其计算公式：

$$E_n=K\cdot\{C_1\cdot(1+P)^n]+C_2[(1+P)n-1]/P\} \quad (7\text{-}21)$$

式中：E_n——第 n 年经济林木资产评估值（元/公顷）；

C_1——第一年投资费（元）；

C_2——第一年后每年平均投资费（元）；

K——林分调整系数；

n——林分年龄（年）；

P——利率（%）。

3. 林产品核算

林产品指从森林中通过人工种植和养殖或自然生长的动植物上所获得的植物根、茎、叶、干、果实、苗木种子等可以在市场上流通买卖的产品，主要分为木质产品和非木质产品。其中，非木质产品是指以森林资源为核心的生物种群中获得能满足人类生存或生产需要的产品和服务。包括植物类产品、动物类产品和服务类产品，如野果、药材、蜂蜜等。

林产品价值量评估主要采用市场价值法，在实际核算森林产品价值时，可按林产品种类分别估算。评估公式为：某林产品价值 = 产品单价 × 该产品产量

(1) 林地价值。2020 年生长非经济树种的林地地租为 24.11 元/（亩·年），利率按 6% 计算。根据相关公式可得，2020 年内蒙古森工集团非经济树种林地（含灌木林）的价值量为 519.51 亿元，林地总价值量为 519.51 亿元（表 7-5）。

表 7-5 林地价值评估

年份	林地类型	平均地租[元/（亩·年）]	利率(%)	林地价格(元/公顷)	面积(公顷)	价值(亿元)
2020年	非经济林树种林地（含灌木林）	24.11	6	6027.50	8619073.85	519.51
	合计	24.11	6	6027.50	8619073.85	519.51

（2）林木价值。本研究中林木的价值量包括乔木林（不含经济树种）、灌木林和经济林树种的林木价值。参照国家北方优势树种（组）龄林划分表，综合考虑内蒙古森工集团森林优势树种（组）的分类，对林木龄级划分为：幼龄林 n=10 年；中龄林 n=35 年；成熟林 n=50 年；过熟林 $n>60$ 年。由内蒙古森工集团林业实施禁伐政策，没有木材采伐，因此在实际评估时对内蒙古森工集团的幼龄林、中龄林、近成熟林的木材采用重置成本法进行评估；成熟林和过熟林采用市场价倒算法进行评估。

表 7-6　内蒙古森工集团林木资产价值估算

年份	林龄组	面积（公顷）	蓄积量（立方米）	资产评估值（亿元）
2020年	幼龄林	488354.62	20463279.90	5.43
	中龄林	4343117.50	477653519.70	2568.09
	近熟林	1806692.66	216535528.00	1164.20
	成熟林	1372212.75	180198925.50	968.84
	过熟林	434478.72	61200250.90	329.04
	灌木林	174217.60	—	1.94
	合计	8619073.85	—	5037.55

根据表 7-6 统计，2020 年内蒙古森工集团乔木林（不含经济林）林木资产价值量为 5035.61 亿元，灌木林林木资产价值量为 1.94 亿元，林木资产价值量总计为 5037.55 亿元。

（3）林产品价值。根据《内蒙古森工集团志（2000—2011)》中林业产品分类，可分为茶、中药材、森林食品、经济林产品种植与采集、陆生野生动物繁殖，参照这些林产业的产值，从而可以计算出林产品的价值量。根据 2020 年内蒙古森工集团对外发布的《内蒙古森工集团“十三五”改革发展纪实》显示，2019 年提供的林下经济产品总产值为 3.1 亿元。

根据表 7-7 统计可知，内蒙古森工集团 2020 年森林资源资产（不含经济林）价值量达 5560.16 亿元，其中林产品价值为 3.1 亿元。

表 7-7　内蒙古森工集团森林资源价值量评估统计

年份	林地（亿元）	林木（亿元）			林产品（亿元）	合计（亿元）
		乔木林	灌木林	合计		
2020年	519.51	5035.61	1.94	5037.55	3.1	5560.16

三、内蒙古森工集团森林资源资产负债

结合上述计算方法以及历次内蒙古森工集团森林生态系统服务功能价值量核算结果，编制出 1998 年至 2020 年内蒙古森工集团森林资源资产负债表，如表 7-8 所示。

表 7-8　内蒙古森工集团森林资源资产负债表

亿元

资产	行次	期初数	期末数	负债及所有者权益	行次	期初数	期末数
流动资产：	1			流动负债：	100		
货币资金	2			短期借款	101		
短期投资	3			应付票据	102		
应收票据	4			应收账款	103		
应收账款	5			预收款项	104		
减：坏账准备	6			育林基金	105		
应收账款净额	7			拨入事业费	106		
预付款项	8			专项应付款	107		
应收补贴款	9			其他应付款	108		
其他应收款	10			应付工资	109		
存货	11			应付福利费	110		
待摊费用	12			未交税金	111		
待处理流动资产净损失	13			其他应交款	112		
一年内到期的长期债券投资	14			预提费用	113		
其他流动资产	15			一年内到期的长期负债	114		
	16			国家投入	115		
	17			育林基金	116		
流动资产合计	18			其他流动负债	117		
营林，事业费支出：	19			应付林木损失费	118		
营林成本	20			流动负债合计	119		

（续）

资产	行次	期初数	期末数	负债及所有者权益	行次	期初数	期末数
事业费支出	21			应付森源资本：	120		
营林，事业费支出合计	22			应付森源资本	121		
森源资产：	23			应付林木资本款	122		
森源资产	24	1785.77	5560.16	应付林地资本款	123		
林木资产	25	1574.17	5037.55	应付湿地资本款	124		
林地资产	26	211.60	519.51	应付培育资本款	125		
林产品资产	27	—	3.10	应付生态资本：	126		
培育资产	28			应付生态资本	127		
应补森源资产：	29			涵养水源	128		
应补森源资产	30			保育土壤	129		
应补林木资产款	31			固碳释氧	130		
应补林地资产款	32			林木养分固持	131		
应补湿地资产款	33			净化大气环境	132		
应补非培育资产款	34			生物多样性保护	133		
生量林木资产：	35			森林防护	134		
生量林木资产	36			森林康养	135		
应补生态资产：	37			林木产品供给	136		
应补生态资产	38			其他生态服务功能	137		
涵养水源	39			长期负债：	138		
保育土壤	40			长期借款	139		

（续）

资产	行次	期初数	期末数	负债及所有者权益	行次	期初数	期末数
固碳释氧	41			应付债券	140		
林木养分固持	42			长期应付款	141		
净化大气环境	43			其他长期负债	142		
生物多样性保护	44			其中：住房周转金	143		
森林防护	45			长期发债合计	144		
森林康养	46			负债合计	145		
林木产品供给	47			所有者权益：	146		
其他生态服务功能	48			实收资本	147		
生态交易资产：	49			资本公积	148		
生态交易资产	50			盈余公积	149		
涵养水源	51			其中：公益金	150		
保育土壤	52			未分配利润	151		
固碳释氧	53			生量林木资本	152		
林木养分固持	54			生态资本	153	3755.79	6288.01
净化大气环境	55			涵养水源	154	950.16	1919.74
生物多样性保护	56			保育土壤	155	563.37	720.71
森林防护	57			固碳释氧	156	740.55	302.91
森林康养	58			林木养分固持	157	175.22	247.02
林木产品供给	59			净化大气环境	158	549.40	1580.42
其他生态服务功能	60			生物多样性保护	159	777.09	1280.47

（续）

资产	行次	期初数	期末数	负债及所有者权益	行次	期初数	期末数
生态资产：	61			森林防护	160		—
生态资产	62	3755.79	6288.01	森林康养	161	—	247.02
涵养水源	63	950.16	1919.74	林木产品供给	162	—	5.07
保育土壤	64	563.37	720.71	其他生态服务功能	163		
固碳释氧	65	740.55	302.91	森源资本	164	1785.77	5560.16
林木养分固持	66	175.22	247.02	林木资本	165	1574.17	5037.55
净化大气环境	67	549.40	1580.42	林地资本	166	211.60	519.51
生物多样性保护	68	777.09	1280.47	林产品资本	167	—	3.10
森林防护	69			非培育资本	168		
森林康养	70	—	247.02	生态交易资本	169		
林木产品供给	71	—	5.07	涵养水源	170		
其他生态服务功能	72			保育土壤	171		
生量生态资产：	73			固碳释氧	172		
生量生态资产	74			林木养分固持	173		
涵养水源	75			净化大气环境	174		
保育土壤	76			生物多样性保护	175		
固碳释氧	77			森林防护	176		
林木养分固持	78			森林康养	177		
净化大气环境	79			林木产品供给	178		
生物多样性保护	80			其他生态服务功能	179		

（续）

资产	行次	期初数	期末数	负债及所有者权益	行次	期初数	期末数
森林防护	81			生量生态资本	180		
森林康养	82			涵养水源	181		
林木产品供给	83			保育土壤	182		
其他生态服务功能	84			固碳释氧	183		
长期投资：	85			林木养分固持	184		
长期投资	86			净化大气环境	185		
固定资产：	87			生物多样性保护	186		
固定资产原价	88			森林防护	187		
减：累积折旧	89			森林康养	188		
固定资产净值	90			林木产品供给	189		
固定资产清理	91			其他生态服务功能	190		
在建工程	92				191		
待处理固定资产净损失	93				192		
固定资产合计	94				193		
无形资产及递延资产：	95				194		
递延资产	96				195		
无形资产	97				196		
无形资产及递延资产合计	98			所有者权益合计	197	5541.56	11848.17
资产总计	99	5541.56	11848.17	负债及所有者权益总计	198	5541.56	11848.17

参考文献

曾维忠，张建羽，杨帆，2016. 森林碳汇扶贫：理论探讨与现实思考 [J]. 农村经济，5：17-22.

陈文婧，李春义，何桂梅，等，2013. 北京奥林匹克森林公园绿地碳交换动态及其环境控制因子 [J]. 生态学报，33（20）：6712-6720.

崔丽娟，2004. 鄱阳湖湿地生态系统服务功能价值评估研究 [J]. 生态学杂志，23（04）：47-51.

范春阳，2014. 北京市主要空气污染物对居民健康影响的经济损失分析 [D]. 北京：华北电力大学 .

方精云，刘国华，徐嵩龄，1996. 我国森林植被的生物量和净生产量 [J]. 生态学报，16（05）：497-508.

房瑶瑶，王兵，牛香，2015. 陕西省关中地区主要造林树种大气颗粒物滞纳特征 [J]. 生态学杂志，34（6）：1516-1522.

郭慧，2014. 森林生态系统长期定位观测台站布局体系研究 [D]. 北京：中国林业科学研究院 .

国家发展和改革委员会能源研究所，2003. 中国可持续发展能源暨碳排放情景分析 [R].

国家发展与改革委员会能源研究所，1999. 能源基础数据汇编（1999）[G].16.

国家林业和草原局，2020. 东北内蒙古重点国有林区森林资源调查报告 [M]. 北京：中国林业出版社 .

国家林业和草原局，2020. 中国森林资源报告（2014—2018）[M]. 北京：中国林业出版社 .

国家林业局，2003. 森林生态系统定位观测指标体系（LY/T 1606—2003）[S]. 4-9.

国家林业局，2008. 寒温带森林生态系统定位观测指标体系（LY/T 1722—2008）[S].1-8.

国家林业局，2010. 中国森林资源报告（2004—2008）[M]. 北京：中国林业出版社 .

国家林业局，2014. 中国森林资源报告（2009—2013）[M]. 北京：中国林业出版社 .

国家林业局，2016. 天然林资源保护工程东北、内蒙古重点国有林区效益监测国家报告 [M]. 北京：中国林业出版社 .

国家林业局，2004. 国家森林资源连续清查技术规定 [S]. 5-51.

国家林业局，2007. 干旱半干旱区森林生态系统定位监测指标体系（LY/T 1688—2007）[S].3-9.

国家林业局，2007. 暖温带森林生态系统定位观测指标体系（LY/T 1689—2007）[S].3-9.

国家林业局，2008. 国家林业局陆地生态系统定位研究网络中长期发展规划（2008—2020 年）[S].62-63.

国家林业局，2010. 森林生态系统定位研究站数据管理规范（LY/T 1872—2010）[S].3-6.
国家林业局，2010. 森林生态站数字化建设技术规范（LY/T 1873—2010）[S]. 北京：中国标准出版社 .
国家林业局，2016. 森林生态系统长期定位观测方法（GBT 33027—2016）[S]. 北京：中国标准出版社 .
国家林业局，2016. 中国林业发展报告 2015[M]. 北京：中国林业出版社 .
国家林业局，2020. 森林生态系统服务功能评估规范（GBT 38582—2020）[S]. 北京：中国标准出版社 .
国家林业局，2021. 森林生态系统长期定位观测研究站建设规范（GB/T 40053—2021）[S]. 北京：中国标准出版社 .
国家统计局，2021. 中国统计年鉴 2020 [M]. 北京：中国统计出版社 .
何华，2010. 华南居住区绿地碳汇作用研究及其在全生命周期碳收支评价中的应用 [D]. 重庆：重庆大学 .
呼伦贝尔市统计局，2021 呼伦贝尔统计年鉴 2020 [M]. 北京：中国统计出版社 .
黎元生，2018. 我国流域生态服务供给机制改革的目标与路径研究 [J]. 环境保护，46（24）：20-25.
李喜恩，2012. 中国内蒙古森工集团内蒙古大兴安岭林管局志（2000—2011）[M]. 海拉尔：内蒙古文化出版社 .
李晓阁，2005. 城市森林净化大气功能分析及评价 [D]. 长沙：中南林学院 .
林卓，吴承祯，洪伟，等，2016. 杉木人工林碳汇木材复合经济收益分析及最优轮伐期确定——基于时间序列预测模型 [J]. 林业科学，52（10）：134-145.
吕肖婷，2017. 东北老工业基地碳排放与经济增长关系的实证分析 [J]. 经济论坛，12：4-7.
内蒙古自治区统计局，2021. 内蒙古统计年鉴（2020）[M]. 北京：中国统计出版社 .
牛香，宋庆丰，王兵，等，2013. 黑龙江省森林生态系统服务功能 [J]. 东北林业大学学报，41（8）：36-41.
牛香，王兵，2012. 基于分布式测算方法的福建省森林生态系统服务功能评估 [J]. 中国水土保持科学，10（2）：36-43.
牛香，薛恩东，王兵，等，2017. 森林治污减霾功能研究——以北京市和陕西关中地区为例 [M]. 北京：中国科学出版社 .
牛香，2012. 森林生态效益分布式测算及其定量化补偿研究——以广东和辽宁省为例 [D]. 北京：北京林业大学 .
潘剑彬，董丽，廖圣晓，等，2011. 北京奥林匹克森林公园空气负离子浓度及其影响因素 [J]. 北京林业大学学报，33（02）：59-64.

潘勇军，2013. 基于生态 GDP 核算的生态文明评价体系构建 [D]. 北京：中国林业科学研究院.

任军，宋庆丰，山广茂，等，2016. 吉林省森林生态连清与生态系统服务研究 [M]. 北京：中国林业出版社.

宋庆丰，牛香，殷彤，等，2015. 黑龙江省湿地生态系统服务功能评估 [J]. 东北林业大学学报，43（06）：149-152.

苏志尧，1999. 植物特有现象的量化 [J]. 华南农业大学学报，20（1）：92-96.

田晓敏，张晓丽，2021. 森林地上生物量遥感估算方法 [J]. 北京林业大学学报，43（08）：137-148.

王兵，丁访军，2010. 森林生态系统长期定位观测标准体系构建 [J]. 北京林业大学学报，32(6)：141-145.

王兵，陈佰山，闫宏光，等，2020. 内蒙古大兴安岭重点国有林管理局森林与湿地生态系统服务功能研究与价值评估 [M]. 北京：中国林业出版社.

王兵，丁访军，2012. 森林生态系统长期定位研究标准体系 [M]. 北京：中国林业出版社.

王兵，鲁绍伟，2009. 中国经济林生态系统服务价值评估 [J]. 应用生态学报，20（2）：417-425.

王兵，牛香，宋庆丰，2021. 基于全口径碳汇监测的中国森林碳中和能力分析 [J]. 环境保护，49（16）：30-34.

王兵，宋庆丰，2012. 森林生态系统物种多样性保育价值评估方法 [J]. 北京林业大学学报，34（2）：157-160.

王兵，魏江生，胡文，2011. 中国灌木林—经济林—竹林的生态系统服务功能评估 [J]. 生态学报，31（7）：1936-1945.

王兵，2015. 森林生态连清技术体系构建与应用 [J]. 北京林业大学学报，37（1）：1-8.

王兴昌，王传宽，于贵瑞，2008. 基于全球涡度相关的森林碳交换的时空格局 [J]. 中国科学（D 辑：地球科学）（09）：1092-1108.

姚玉刚，张一平，于贵瑞，等，2011. 热带森林植被冠层 CO_2 储存项的估算方法研究 [J]. 北京林业大学学报，33（01）：23-29.

余新晓，等，2016. 森林植被—土壤—大气连续体水分传输过程与机制 [M]. 北京：科学出版社.

张华，武晶，孙才志，等，2008. 辽宁省湿地生态系统服务功能价值测评 [J]. 资源科学，30（02）：267-273.

张维康，2016. 北京市主要树种滞纳空气颗粒物功能研究 [D]. 北京：北京林业大学.

赵清，刘晓旭，刘晓民，等，2018. 最严格视域下水资源供给侧结构性改革经验探讨——内蒙古自治区水资源管理改革实践 [J]. 水利经济，36（1）：71-73+91-92.

中国国家标准化管理委员会，2008. 综合能耗计算通则（GB 2589—2008）[S]. 北京：中国标准出版社 .

中国森林资源核算及纳入绿色 GDP 研究项目组，2004. 绿色国民经济框架下的中国森林资源核算研究 [M]. 北京：中国林业出版社 .

中国森林资源核算研究项目组，2015. 生态文明制度构建中的中国森林资源核算研究 [M]. 北京：中国林业出版社 .

中国生物多样性研究报告编写组，1998. 中国生物多样性国情研究报告 [M]. 北京：中国环境科学出版社 .

中国水利年鉴编撰委员会，2020. 中国水利年鉴（2020）[M]. 北京：中国水利水电出版社 .

中华人民共和国环境保护部，2011. 中国生物多样性保护战略与行动计划（2011—2030 年）[M]. 北京：中国环境科学出版社 .

中华人民共和国环境保护部，2021. 中国生态环境统计年报 2020[M]. 北京：中国统计出版社 .

中华人民共和国水利部，2014. 中国水土保持公报 [R].

中华人民共和国水利部，2021. 中国水资源公报 2020[M]. 北京：中国水利水电出版社 .

中华人民共和国统计局，2014. 中国城市统计年鉴 2013 [M]. 北京：中国统计出版社 .

中华人民共和国统计局，2015. 中国城市统计年鉴 2014 [M]. 北京：中国统计出版社 .

中华人民共和国自然资源部,2020. 全国重要生态系统保护和修复重大工程总体规划（2021—2035 年）[R].

朱春阳，李树华，李晓艳，2012. 城市带状绿地郁闭度对空气负离子浓度、含菌量的影响 [J]. 中国园林，28（09）：72-77.

Ali A A，Xu C，Rogers A，et al，2015. Global-scale environmental control of plant photosynthetic capacity [J]. Ecological Applications，25（8）：2349-2365.

Bing Wang，Chunjiang Liu，2012. Biomass carbon pools of Cunninghamia lanceolata（Lamb.）Hook. forests in subtropical China：Characteristics and potential[J]. Scandinavian Journal of Forest Research，27（6）：545-560.

Brown S，Lugo A E，1982. The storage and production of organic matter in tropical forests and their role in the global eathoneyele [J]. BiotroPiea（14）：161-187.

Carroll C，Halpin M，Burger P，et al，1997. The effect of crop type，crop rotation，and tillage practice on runoff and soil loss on a Vertisol in central Queensland [J]. Australian Journal of Soil Research，35（4）：925-939.

Chen L，Liu C，Rui Z，et al，2016. Experimental examination of effectiveness of vegetation as bio-filter of particulate matters in the urban environment[J]. Environmental Pollution，208（Pt A）：198-208.

R. Costanza, R. D' Arge, R. de Groot, et al, 1997. The value of the world's ecosystem services and natural capital[J]. Nature, 387 : 253-260.

Daily G C, 1997. Nature's services : Societal dependence on natural ecosystems[M]. WashingtonDC : Island Press.

Dan Wang, Bing Wang, Xiang Niu, 2013. Forest carbon sequestration in China and its development [J]. China E-Publishing, 4 : 84-91.

Fang J Y, Chen A P, Peng C H, et al, 2001. Changes in forest biomass carbon storage in China between 1949 and 1998[J]. Science, 292 : 2320-2322.

Fang J Y, Wang G G, Liu G H, et al, 1998. Forest biomass of China : an estimate based on the biomassvolume relationship[J]. Ecological Applications, 1998, 8 (4) : 1084-1091.

Feng Ling, Cheng Shengkui, Su Hua, et al, 2008. A theoretical model for assessing the sustainability of ecosystem services[J]. Ecological Economy, 4 : 258-265.

Gilley J E , Risse L M, 2000. Runoff and soil loss as affected by the application of manure[J]. Transactions of the ASAE, 43 (6) : 1583-1588.

Gower S T, Mc Murtrie R E, Murty D, 1996. Aboveground net primary production decline with stand age : potential causes[J]. Trends in Ecology and Evolution, 11 (9) : 378-382.

Hagit Attiya, Jennifer Welch, 2008. 分布式计算 [M]. 骆志刚，黄朝晖，黄旭慧，等，译 . 北京：电子工业出版社 .

Hazarika M K , Yasuoka Y , Ito A , et al, 2005. Estimation of net primary productivity by integrating remote sensing data with an ecosystem model[J]. Remote Sensing of Environment, 94 (3) : 298-310.

Hou Lifang, Zhang Xiao, Dioni Laura, et al, 2013. Inhalable particulate matter and mitochondrial DNA copy number in highly exposed individuals in Beijing, China : A repeated-measure study[J]. Particle and Fibre Toxicology, 2013, 10 (1) .

IUCN, 2006. CEM world conservation union commission on ecosystem management. biodiversity, livelihoods[R]. IUCN, Gland, Switzerland.

Jeni Klugman, Francisco Rodríguez, Hyung-Jin Choi, 2011. The HDI 2010 : new controversies, old critiques[J]. The Journal of Economic Inequality, 9 : 249-288.

Knapp A K, Smith M D, 2001. Variation among biomes in temporal dynamics of above ground primary production[J]. Science, 291 (5503) : 481–484.

Kolari P, Pumpanen J, Rannik Ü, et al, 2004. Carbon balance of different aged Scots pine forests in Southern Finland[J]. Global Change Biol., 10 (7) : 1106-1119.

Milena Segura and Markku Kanninen, 2005. Allometric models for tree volume and total aboveground biomass in a tropical humid forest in Costa Rica.[J].Biotropica，37（1）：2-8.

Neinhuis C，Barthlott W，1998. Seasonal changes of leaf surface contamination in beech，oak，and ginkgo in relation to leaf micromorphology and wettability[J]. New Phytologist，138（1）：91-98.

Niu X，Wang B，2013. Assessment of forest ecosystem services in China：A methodology[J]. Journal of Food Agriculture and Environment，11（3）：2249-2254.

Niu X，Wang B，2014. Assessment of forest ecosystem services in China：A methodology [J]. J. of Food，Agric. and Environ，11：2249-2254.

Niu X，Wang B，Liu S R，2012. Economical assessment of forest ecosystem services in China：Characteristics and Implications[J]. Ecological Complexity，11：1-11.

Niu X，Wang B，Wei W J. Chinese forest ecosystem research network：a plat form for observing and studying sustainable forestry [J]. Journal of Food，Agriculture & Environment，2013，11(2)：1008-1016.

Nowak D J，Hirabayashi S，Bodine A，et al，2013. Modeled $PM_{2.5}$ removal by trees in ten US citiesand associated health effects[J]. Environmental Pollution，178：395-402.

Smith N G，Dukes J S，2013. Plant respiration and photosynthesis in globalscale models：incorporatingacclimation to temperature and CO_2 [J]. Global Change Biology，19（1）：45-63.

Song Qingfeng，Wang Bing，Wang Jinsong，et al，2016. Endangered and endemic species increase forest conservation values of species diversity based on the Shannon-Wiener index[J]. iForest Biogeosciences and Forestry，Doi.：10. 3832/ifor1373-008.

Tikhonow V P，Tavctkow V D，Litvinova EG，et al，2004. Generation of negative air ions by plants upon pulsed electrical stimulation applied to soil[J]. Russ. J. Plant Physiol. 51：414-419.

Wang B，Wei W J，Liu C J，et al，2013. Biomass and carbon stock in moso bamboo forests in subtropical China：Characteristics and implications[J]. Journal of Tropical Forest Science，25（1）：137-148.

Wang B，Ren X X，Hu W，2011. Assessment of forest ecosystem services value in China[J]. Scientia Silvae Sinicae，47（2）：145-153.

Wang B，Wang D，Niu X，2013a. Past，present and future forest resources in China and the implicationsfor carbon sequestration dynamics[J]. Journal of Food，Agriculture & Environment，11（1）：801-806.

Wang B，Wei W J，Xing Z K，et al，2012. Biomass carbon pools of cunninghamia lanceolata（Lamb.）Hook. forests in subtropical China：Characteristics and potential[J]. Scandinavian Journal of Forest Research：1-16.

Q Sun，R Wang，Y Wang，et al，2018. Temperature sensitivity of soil respiration to nitrogen and phosphorous fertilization：Does soil initial fertility matter[J]. Geoderma，325：172-182.

Murty D，McMurtrie R E，2000. The decline of forest productivity as stands age：A model-based method foranalysing causes for the decline[J]. Ecological Modelling，134（2）：185-205.

Wenzhong You，Wenjun Wei，Huidong Zhang，2012. Temporal patterns of soil CO_2 efflux in a temperate Korean Larch（Larix olgensis Herry.）plantation，Northeast China[J]. Trees，DOI10.1007/s00468-013-0889-6.

Whittaker R H，Likens G E，1975. Methods of assessing terrestrial productivity [M] . New York：Springer-Verlag.

Xiang Niu，Bing Wang，Wenjun Wei，2013. Chinese forest ecosystem research network：A platform for observing and studying sustainable forestry[J]. Journal of Food，Agriculture & Environment，11（2）：1008-1016.

Xue P P，Wang B，Niu X，2013. A simplified method for assessing forest health，with application to Chinese fir plantations in Dagang Mountain，Jiangxi，China[J]. Journal of Food，Agriculture & Environment，11（2）：1232-1238.

Zeng N，Y Ding，Pan J，et al，2008. Climate change—the Chinese challenge[J]. Science，319（5864）：730-731.

Zhang B，Wenhua L，Gaodi X，et al，2010. Water conservation of forest ecosystem in Beijing and its value[J]. Ecological Economics，69（7）：1416-1426.

Zhang W K，Wang B，Niu X，2015. Study on the adsorption capacities for airborne particulates of landscapeplants in different polluted regions in Beijing（China）[J]. International Journal of Environmental Research and Public Health，12（8）：9623-9638.

附　表

表 1　环境保护税税目税额

税目		计税单位	税额	备注
大气污染物		每污染当量	1.2～12元	
水污染物		每污染当量	1.4～14元	
固体废物	煤矸石	每吨	5元	
	尾矿	每吨	15元	
	危险废物	每吨	1000元	
	冶炼渣、粉煤灰、炉渣、其他固体废物（含半固态、液态废物）	每吨	25元	
噪声	工业噪声	超标1～3分贝	每月350元	1.一个单位边界上有多处噪声超标，根据最高一处超标声级计算应税额；当沿边界长度超过100米有两处以上噪声超标，按照两个单位计算应纳税额 2.一个单位有不同地点作业场所的，应当分别计算应纳税额，合并计征 3.昼、夜均超标的环境噪声，昼、夜分别计算应纳税额，累计计征 4.声源一个月内超标不足15天的，减半计算应纳税额 5.夜间频繁突发和夜间偶然突发厂界超标噪声，按等效声级和峰值噪声两种指标中超标分贝值高的一项计算应纳税额
		超标4～6分贝	每月700元	
		超标7～9分贝	每月1400元	
		超标10～12分贝	每月2800元	
		超标13～15分贝	每月5600元	
		超标16分贝以上	每月11200元	

表2 应税污染物和当量值

一、第一类水污染物污染当量值

污染物	污染当量值（千克）
1. 总汞	0.0005
2. 总镉	0.005
3. 总铬	0.04
4. 六价铬	0.02
5. 总砷	0.02
6. 总铅	0.025
7. 总镍	0.025
8. 苯并（a）芘	0.0000003
9. 总铍	0.01
10. 总银	0.02

二、第二类水污染物污染当量值

污染物	污染当量值（千克）	备注
11. 悬浮物（SS）	4	
12. 生化需氧量（BODS）	0.5	同一排放口中的化学需氧量、生化需氧量和总有机碳，只征收一项
13. 化学需氧量（CODcr）	1	
14. 总有机碳（TOC）	0.49	
15. 石油类	0.1	
16. 动植物油	0.16	
17. 挥发酚	0.08	
18. 总氰化物	0.05	
19. 硫化物	0.125	
20. 氨氮	0.8	
21. 氟化物	0.5	
22. 甲醛	0.125	
23. 苯胺类	0.2	
24. 硝基苯类	0.2	
25. 阴离子表面活性剂（LAS）	0.2	
26. 总铜	0.1	
27. 总锌	0.2	

（续）

污染物	污染当量值（千克）	备注
28. 总锰	0.2	
29. 彩色显影剂（CD-2）	0.2	
30. 总磷	0.25	
31. 单质磷（以P计）	0.05	
32. 有机磷农药（以P计）	0.05	
33. 乐果	0.05	
34. 甲基对硫磷	0.05	
35. 马拉硫磷	0.05	
36. 对硫磷	0.05	
37. 五氯酚及五酚钠（以五氯酚计）	0.25	
38. 三氯甲烷	0.04	
39. 可吸附有机卤化物（AOX）（以Cl计）	0.25	
40. 四氯化碳	0.04	
41. 三氯乙烯	0.04	
42. 四氯乙烯	0.04	
43. 苯	0.02	
44. 甲苯	0.02	
45. 乙苯	0.02	
46. 邻-二甲苯	0.02	
47. 对-二甲苯	0.02	
48. 间-二甲苯	0.02	
49. 氯苯	0.02	
50. 邻二氯苯	0.02	
51. 对二氯苯	0.02	
52. 对硝基氯苯	0.02	
53. 2，4-二硝基氯苯	0.02	
54. 苯酚	0.02	
55. 间-甲酚	0.02	
56. 2，4-二氯酚	0.02	
57. 2，4，6-三氯酚	0.02	
58. 邻苯二甲酸二丁酯	0.02	
59. 邻苯二甲酸二辛酯	0.02	
60. 丙烯氰	0.125	
61. 总硒	0.02	

三、pH 值、色度、大肠菌群数、余氯量水污染物污染当量值

污染物		污染当量值	备注
1. pH值	1.0～1，13～14	0.06吨污水	pH值5～6指大于等于5，小于6；pH值9～10指大于9，小于等于10，其余类推
	2.1～2，12～13	0.125吨污水	
	3.2～3，11～12	0.25吨污水	
	4.3～4，10～11	0.5吨污水	
	5.4～5，9～10	1吨污水	
	6.5～6	5吨污水	
2. 色度		5吨水·倍	
3. 大肠菌群数（超标）		3.3吨污水	大肠菌群数和余氯量只征收一项
4. 余氯量（用氯消毒的医院废水）		3.3吨污水	

四、禽畜养殖业、小型企业和第三产业水污染物污染当量值

类型		污染当量值	备注
禽畜养殖场	1. 牛	0.1头	仅对存栏规模大于50头牛、500头猪、5000羽鸡鸭等的禽畜养殖场征收
	2. 猪	1头	
	3. 鸡、鸭等家禽	30羽	
4. 小型企业		1.8吨污水	
5. 饮食娱乐服务业		0.5吨污水	
6. 医院	消毒	0.14床	医院病床数大于20张的按照本表计算污染当里数
		2.8吨污水	
	不消毒	0.07床	
		1.4吨污水	

注：本表仅适用于计算无法进行实际监测或者物料衡算的禽畜养殖业、小型企业和第三产业等小型排污者的水污染物污染当量数。

五、大气污染物污染当量值

污染物	污染当量值（千克）
1. 二氧化硫	0.95
2. 氮氧化物	0.95
3. 一氧化碳	16.70
4. 氯气	0.34
5. 氯化氢	10.75
6. 氟化物	0.87
7. 氰化物	0.005
8. 硫酸雾	0.60
9. 铬酸雾	0.0007
10. 汞及其化合物	0.0001

（续）

污染物	污染当量值（千克）
11. 一般性粉尘	4.00
12. 石棉尘	0.53
13. 玻璃棉尘	2.13
14. 炭黑尘	0.59
15. 铅及其化合物	0.02
16. 镉及其化合物	0.03
17. 铍及其化合物	0.0004
18. 镍及其化合物	0.13
19. 锡及其化合物	0.17
20. 烟尘	2.18
21. 苯	0.05
22. 甲苯	0.18
23. 二甲苯	0.27
24. 苯并（a）芘	0.000002
25. 甲醛	0.09
26. 乙醛	0.45
27. 丙烯醛	0.06
28. 甲醇	0.67
29. 酚类	0.35
30. 沥青烟	0.19
31. 苯胺类	0.21
32. 氯苯类	0.72
33. 硝基苯	0.17
34. 丙烯氰	0.22
35. 氯乙烯	0.55
36. 光气	0.04
37. 硫化氢	0.29
38. 氨	9.09
39. 三甲胺	0.32
40. 甲硫醇	0.04
41. 甲硫醚	0.28
42. 二甲二硫	0.28
43. 苯乙烯	25.00
44. 二硫化碳	20.00

表3 IPCC推荐使用的生物量转换因子（BEF）

编号	a	b	森林类型	R^2	备注
1	0.46	47.50	冷杉、云杉	0.98	针叶树种
2	1.07	10.24	桦木	0.70	阔叶树种
3	0.74	3.24	木麻黄	0.95	阔叶树种
4	0.40	22.54	杉木	0.95	针叶树种
5	0.61	46.15	柏木	0.96	针叶树种
6	1.15	8.55	栎类	0.98	阔叶树种
7	0.89	4.55	桉树	0.80	阔叶树种
8	0.61	33.81	落叶松	0.82	针叶树种
9	1.04	8.06	樟木、楠木、槠、青冈	0.89	阔叶树种
10	0.81	18.47	针阔混交林	0.99	混交树种
11	0.63	91.00	檫树落叶阔叶混交林	0.86	混交树种
12	0.76	8.31	杂木	0.98	阔叶树种
13	0.59	18.74	华山松	0.91	针叶树种
14	0.52	18.22	红松	0.90	针叶树种
15	0.51	1.05	马尾松、云南松	0.92	针叶树种
16	1.09	2.00	樟子松	0.98	针叶树种
17	0.76	5.09	油松	0.96	针叶树种
18	0.52	33.24	其他松林	0.94	针叶树种
19	0.48	30.60	杨树	0.87	阔叶树种
20	0.42	41.33	铁杉、柳杉、油杉	0.89	针叶树种
21	0.80	0.42	热带雨林	0.87	阔叶树种

注：资料来源：引自（Fang 等，2001）；生物量转换因子计算公式为：$B=aV+b$，其中 B 为单位面积生物量，V 为单位面积蓄积量，a、b 为常数；表中 R^2 为相关系数。

附　件

“‘绿水青山就是金山银山’是增值的”（节选）

时间：3 月 5 日

日程：习近平总书记参加内蒙古代表团审议

……

周义哲代表，来自内蒙古大兴安岭的林场，曾是一个在深山老林里砍了 30 多年木头的伐木工。这几年，他的身份变了，从砍树到护林，从拿锯斧到扛锹镐。他在发言中向总书记讲述了新的“森林交响曲”：

“经常有狍子、棕熊‘光顾’林场和管护站。据测算，2018 年我们这里的森林与湿地生态系统服务功能总价值 6159.74 亿元，绿水青山就是金山银山有了一本明白账。”

春意浓，山川披绿。听闻老周津津乐道的“绿色林海”，习近平总书记颔首赞许，他笑着说：

“你提到的这个生态总价值，就是绿色 GDP 的概念，说明生态本身就是价值。这里面不仅有林木本身的价值，还有绿肺效应，更能带来旅游、林下经济等。‘绿水青山就是金山银山’，这实际上是增值的。”

一群人、一份职业的改变，折射了时代的壮阔变迁。习近平总书记感叹：“从‘砍树人’到‘看树人’，你的这个身份转变，正是我们国家产业结构转变的一个缩影。”

老周感同身受。在那片林海雪原，目之所及，一切都在改变。山川变绿了，水草变多了，人们的理念也变了。大家对“新发展理念”这个热词，有着鲜活生动的观感。

“新发展理念是一个整体，必须完整、准确、全面理解和贯彻，着力服务和融入新发展格局。”放眼中国，科学研判“时”与“势”，辩证把握“危”与“机”，习近平总书记娓娓道来：“要注意扬长避短、培优增效，全力以赴把结构调过来、功能转过来、质量提上来。这是一个目标，实现这个目标要做很多工作。”

时间在量变中累积质变。

（摘自：《人民日报》第 01 版，2021 年 3 月 6 日）

《内蒙古大兴安岭生态系统服务价值评估》新闻发布会的致辞

王兵

习近平总书记提出："山水林田湖草是一个生命共同体，人的命脉在田，田的命脉在水，水的命脉在山，山的命脉在土，土的命脉在林和草。"显而易见，森林高居山水林田湖草生命共同体的顶级地位，2500年前的《贝叶经》同样也把森林放在了人类生存环境的最高位置，即：有林才有水，有水才有田，有田才有粮，有粮才有人，可见从人类历史的发展脉络来看，森林既是人类进化的避难所，也是人类生存的栖息地。今年恰逢"两山论"发布十五周年，全国上下都展开了"绿水青山就是金山银山"科学理念的纪念活动，内蒙古森工集团在"两山论"发表十五周年之际，召开内蒙古大兴安岭生态系统服务功能与价值评估成果发布会，是践行"两山论"科学理念的重要举措。

党的十九大提出我国社会主要矛盾已经转化为人民日益增长的美好生活需要和不平衡不充分的发展之间的矛盾，在物质供给比较充分繁荣的时代，人民群众迫切需要生态产品的丰富和繁荣，这是党的十九大在生态文明建设上进行的理论和实践创新，也意味着生态文明建设对林业发展提出了"三增长"的要求，赋予了林业前所未有的历史使命。林业必须主动服从服务于国家战略大局，即稳步扩大森林面积，提升森林质量，增强森林生态功能。只有秉持林业"三增长"的理念，才能在美丽中国建设中作出更大贡献，担负更大责任。

接下来，我受内蒙古森工集团的委托，将就内蒙古森工集团在践行"两山论"和树立林业"三增长"理念，特别是森林和湿地生态系统服务功能评及其价值核算方面，所取得的显著成效进行发布，发布内容如下：

一、内蒙古大兴安岭重点国有林区生态系统保护和修复成果极其显著，进一步筑牢了我国北方生态安全屏障

2014年1月26日，习近平总书记来到内蒙古大兴安岭阿尔山林业局看望慰问林业职工群众时，明确指出，历史有它的阶段性，林区人从当初"砍树"改革转型为"看树"同样是为国家作贡献，并提出保护生态是林业的主要职责。内蒙古大兴安岭林区处于我国生态安全格局中极其重要的位置，在"'两屏三带'生态安全战略格局"和"全国重要生态系统保护和修复重大工程总体规划（2021—2035年）"中给出了明确定位，即大兴安岭重点国有林区处于东北

森林带的核心腹地、北方防沙带的前沿阵地；在“国家重点生态功能区”中，处于大小兴安岭森林生态功能区，也是水源涵养功能的生态功能区。如果我们把青海的三江源誉为高海拔中华水塔，那么我们大兴安则岭就是名副其实、当之无愧的高纬度中华水塔，与青海三江源遥相呼应。

内蒙古大兴安岭林区是我国四大国有林区之一，为中国最大的寒温带明亮针叶林区，森林资源面积 837.02 万公顷，占内蒙古自治区森林资源面积的 32.01%，同时占内蒙古自治区森林蓄积量的 62%。大兴安岭重点国有林区以不到内蒙古自治区 1/3 的森林面积，却贡献了将近 2/3 的森林蓄积量。历年来，内蒙古森工集团在生态环境建设方面成效极其显著，随着天然林资源保护工程、野生动植物保护和自然保护区建设项目的稳步推进，森林面积和森林覆盖率大幅提升。根据 2018 年全国森林资源第九次连续清查结果显示，内蒙古大兴安岭林区天然林保护工程区覆盖了约 1000 万公顷的林地范围，保护了 799.51 万公顷天然林资源和 37.51 万公顷近自然森林资源，森林蓄积量约 10 亿立方米，森林覆盖率 78.39%，这与林区开发初期相比森林面积增加 200.5 万公顷，森林蓄积量增加 3.42 亿立方米，森林覆盖率增加 18.26 个百分点。通过天然林资源保护工程建设提供了 4.6 万余人的直接就业岗位，天然林资源保护工程带来的经济效益和社会效益辐射惠及到林区全社会 20 多万人。

截至目前，林区有自然保护地 60 处，包括自然保护区 8 处、森林公园 9 处、湿地公园 17 处、湿地保护小区 26 处，保护地总面积 225 万公顷。其中，停伐以来新建保护地 36 处，包括 5 处国家湿地公园、5 处省级湿地公园和 26 处湿地保护小区，面积 43 万公顷。根据生态区位、生态系统功能和生物多样性，通过建立湿地自然保护区、湿地公园、湿地保护小区等方式保护湿地资源，健全湿地保护管理机构和管理制度，完善湿地生态系统保护体系，湿地保护率从停伐时的 16.77% 提高到目前的 52.61%。

二、精准量化绿水青山生态建设成效，科学评估金山银山生态产品价值

在我国生态安全战略格局建设的大形势下，精准量化绿水青山生态建设成效，科学评估金山银山生态产品价值，是深入贯彻和践行“两山”理念的重要举措和当务之急。

内蒙古森工集团认真贯彻和践行“两山”理念，积极推进内蒙古大兴安岭林区森林与湿地生态系统服务功能评估与绿色价值核算，并联合中国森林生态系统定位观测研究网络(CFERN)、中国林业科学研究院、国家林业和草原局典型林业生态工程效益监测评估国家创新联盟等机构组成科学研究团队，依据国家标准《森林生态系统服务功能评估规范》(GB/T 38582—2020)，采用了 4 个生态系统服务类别 8 个生态系统功能类别和 22 个生态系统指标类别，运用拥有自主知识产权的分布式测算方法和生态连清技术体系，从 2018 年到 2020 年开展了内蒙古大兴安岭重点国有林管理局森林与湿地生态系统服务功能评估与绿色价值核算，结果显示：以 2018 年为评估核算基准年，森林与湿地生态系统服务功能总价值达到 6159.74

亿元 / 年（其中，森林生态系统服务功能总价值达到 5298.82 亿元 / 年，湿地生态系统服务功能总价值达到 860.92 亿元 / 年）。森林生态系统涵养水源的物质量为 170.96 亿立方米 / 年，每年涵养的水源量相当于三峡水库设计库容的 43.61%，森林和湿地生态系统“绿色水库”总价值为 1646.94 亿元 / 年；森林生态系统每年通过光合作用固定的碳汇当量为 2329.58 万吨 / 年，折合成二氧化碳为 8541.79 万吨 / 年，相当于吸收了内蒙古自治区工业二氧化碳排放量的 67.26%，占内蒙古自治区工业二氧化碳排放量的 2/3，森林和湿地生态系统“绿色碳库”总价值为 1071.75 亿元 / 年；森林和湿地生态系统“净化环境氧吧库”总价值为 1024.98 亿元 / 年，其中，森林和湿地“净化环境氧吧库”的价值分别为 795.87 亿元 / 年和 229.11 亿元 / 年；森林生态系统生物多样性保育价值为 1090.34 亿元 / 年，湿地生态系统生物多样性保育价值量为 156.61 亿元 / 年，森林和湿地生态系统“生物多样性基因库”总价值为 1246.95 亿元 / 年。

通过生态系统涵养水源、固定封存二氧化碳、保育生物多样性和净化大气环境等生态过程形成的“绿色水库”“绿色碳库”“生物多样性基因库”和“净化环境氧吧库”四个生态库的评估核算结果可以看出，内蒙古森工集团四个生态价值均超过了每年千亿元大关。内蒙古大兴安岭重点国有林区既是一个绿水青山的生态屏障，更是一个金山银山的财富宝库，内蒙古森工集团既是绿水青山的忠诚守护者，又是金山银山的高效创造者。

三、探索生态产品价值化实现路径，推动“绿水青山”转化为“金山银山”

生态功能评估的精准化、生态效益补偿的科学化、生态产品供给的货币化是实现绿水青山向金山银山转化的必由之路。

2018 年，习近平总书记明确要求长江经济带要开展生态产品价值实现机制试点，探索政府主导、企业和社会各界参与、市场化运作、可持续的生态产品价值实现路径。把“绿水青山”蕴含的生态产品价值转化为“金山银山”，是践行“绿水青山就是金山银山”理念的重要举措。国家和地方都在积极开展各相关方面的理论研究与实践探索，努力提供更多更优质生态产品，并让生态产品价值实现成为推进美丽中国建设、实现人与自然和谐共生的现代化增长点、支撑点、发力点。

内蒙古森工集团在森林和湿地生态产品价值化实现及其路径设计方面已经开展了非常富有成效的工作尝试，在推进产业生态化、生态产业化的道路上取得了可喜的实践结果和宝贵经验。

以下是内蒙古大兴安岭林区生态产品价值化实现及其路径设计成功案例：

案例一：生态效益精准量化补偿路径。依据生态系统服务评估，利用人类发展指数，从生态效益多功能定量化补偿方面出发，分别核算出生态效益定量化补偿系数、财政相对补偿能力指数、补偿总量及补偿额度，利用政府转移支付或横向补偿的方式，进行生态效益补偿。测算结果表明：大兴安岭重点国有林区森林生态系统生态效益多功能补偿额度为 15.52 元 /

（亩·年），为现行的政策性补偿额度（平均每年每亩 5 元）的 3 倍，这就为大兴安岭森林的生态效益带来更多的转移支付的价值收益。

案例二：森林净化水质功能资源产权流转路径。森林生态系统在净化水质具有非常显著的作用，其优质的水资源已经被人们所关注。评估结果显示：内蒙古大兴安岭林区年涵养水源量为 170.96 亿立方米，这部分水资源大部分会以地表径流的方式流出森林生态系统，其余的以入渗的方式补给了地下水，成为优质的地下水资源。采用资源产权流转模式，引入饮用水生产企业开发优质的地下矿泉水资源。目前，内蒙古大兴安岭林区内现有饮用水生产企业有北纬 48° 和阿尔山两个品牌，北纬 48° 拥有两条产能分别为日产 7000 箱 350 毫升和日产 1500 桶 18.9 升的矿泉水生产线，如果两条生产线满负荷工作，每年可实现产能 4.68 万吨，年产值约为 1.66 亿元；阿尔山矿泉年产量 30 万吨，年产值约为 32.23 亿元。通过资源产权流转方式的价值化实现路径，内蒙古大兴安岭林区森林净化水质功能目前可实现 33.89 亿元 / 年的生态产值。

案例三：绿色碳库功能生态权益交易价值化实现路径。森林生态系统通过“绿色碳汇”功能吸收固定空气中的二氧化碳，起到了弹性减排的作用，减轻了工业减排的压力。内蒙古森工集团通过用生态权益交易价值化实现路径，将森林生态系统“绿色碳库”功能以碳封存的方式放到市场上交易，供社会企业购买碳排放权。内蒙古森工集团全力打造的五大生态产业基地中，碳汇基地位于首位。目前，内蒙古森工集团共开发储备国际国内标准林业碳汇项目 9 项，涉及了根河林业局、绰尔林业局、乌尔旗汉林业局、克一河林业局、满归林业局和金河林业局，总面积达到 15.6 万公顷，项目实施年限为 20 ~ 60 年，预计总减排量 4855.8 万吨二氧化碳当量。按当前市场价格每吨 15 元保守估算总价值约 7.3 亿元。绰尔林业局、克一河林业局在国有林区实现了国际核证碳减排标准（VCS）碳汇交易，实现交易量 17.3 万吨，交易额 191 万元，其中绰尔林业局交易量 12 万吨，交易额 120 万元；克一河林业局交易量 5.3 万吨，交易额 71 万元。

案例四：林地生态产权交易价值化实现路径。内蒙古森工集团可借鉴效仿重庆市等的成功案例经验，通过设置森林覆盖率这一约束性考核指标，建立基于占补平衡的林票交易制度。通过政府构建的交易平台以市场竞价方式将林票有偿转让给林地占用方，占用方获得足够数量的林票后，即可购买相应数量土地的使用权进行开发经营。林票供给方通过交易林票获得的收益，进行造林和生态修复活动。

各位朋友、各位来宾，中国正在推行生态 GDP 核算（绿色 GDP2.0 核算），对林业生态效益价值量化的需要越来越迫切。当前物质产品极大丰富的同时，人类已进入生态产品短缺的时代。只有将林业生态效益价值量化，才能引发全民保护生态环境的自觉性，有助于建立起更科学、更完善的林业生态补偿机制，从而推动生态文明建设，实现可持续发展。

内蒙古森工集团森林和湿地生态系统服务功能评估以直观的货币形式呈现了森林和湿地

生态系统为人们提供生态产品的服务价值，用详实的数据诠释了“绿水青山就是金山银山”理念。建立健全生态产品价值化实现机制，既是贯彻落实习近平生态文明思想、践行“两山论”理念的重要举措，也是坚持生态优先、推动绿色发展、建设生态文明的必然要求，这将有利于把生态优势转化为经济优势，激发“生态优先、绿色发展”的内在动力，通过推进打造碳汇基地、商品林储备基地、绿化苗木基地、生态康养基地、绿色林特产品培育加工基地等“五大生态产业基地”，为建设美丽中国、美丽大兴安岭、美丽森林和湿地生态系统作出更大贡献。

（2020 年 8 月 1 日中国林业科学研究院首席专家王兵在《内蒙古大兴安岭生态系统服务价值评估》新闻发布会上的致辞）

基于全口径碳汇监测的中国森林碳中和能力分析

王兵　牛香　宋庆丰

碳中和已成为网络高频热词，百度搜索结果约1亿次！与其密切相关的森林碳汇也成为热词，搜索结果超过1200万次。最近的两组数据显示，我国森林面积和森林蓄积量持续增长将有效助力实现碳中和目标。第一组数据：2020年10月28日，国际知名学术期刊《自然》发表的多国科学家最新研究成果显示，2010—2016年我国陆地生态系统年均吸收约11.1亿吨碳，吸收了同时期人为碳排放量的45%。该数据表明，此前中国陆地生态系统碳汇能力被严重低估；第二组数据：2021年3月12日，国家林业和草原局新闻发布会介绍，我国森林资源中幼龄林面积占森林面积的60.94%。中幼龄林处于高生长阶段，伴随森林质量不断提升，其具有较高的固碳速率和较大的碳汇增长潜力，这对我国碳达峰、碳中和具有重要作用。

我国森林生态系统碳汇能力之所以被低估，主要原因是碳汇方法学存在缺陷，即推算森林碳汇量采用的材积源生物量法是通过森林蓄积量增量进行计算的，而一些森林碳汇资源并未被统计其中。因此，本文将从森林碳汇资源和森林全口径碳汇入手，分析40年来中国森林全口径碳汇的变化趋势和累积成效，进一步明确林业在实现碳达峰与碳中和过程中的重要作用。

森林全口径碳汇的提出

在了解陆地生态系统特别是森林对实现碳中和的作用之前，需要明确两个概念，即森林碳汇与林业碳汇。森林碳汇是森林植被通过光合作用固定二氧化碳，将大气中的二氧化碳捕获、封存、固定在木质生物量中，从而减少空气中二氧化碳浓度。林业碳汇是通过造林、再造林或者提升森林经营技术增加的森林碳汇，可以进行交易。

目前推算森林碳汇量采用的材积源生物量法存在明显的缺陷，导致我国森林碳汇能力被低估。其缺陷主要体现在以下三方面。

其一，森林蓄积量没有统计特灌林和竹林，只体现了乔木林的蓄积量，而仅通过乔木林的蓄积量增量来推算森林碳汇量，忽略了特灌林和竹林的碳汇功能。表1为历次全国森林资源清查期间我国有林地及其分量（乔木林、经济林和竹林）面积的统计数据。我国有林地面积近40年增长了10292.31万公顷，增长幅度为89.28%。有林地面积的增长主要来源于造林。

表1　历次全国森林资源清查期间全国有林地面积

万公顷

清查期	年份	有林地			
		合计	乔木林	经济林	竹林
第二次	1977—1981年	11527.74	10068.35	1128.04	331.35
第三次	1984—1988年	12465.28	10724.88	1374.38	366.02
第四次	1989—1993年	13370.35	11370.00	1609.88	390.47
第五次	1994—1998年	15894.09	13435.57	2022.21	436.31
第六次	1999—2003年	16901.93	14278.67	2139.00	484.26
第七次	2004—2008年	18138.09	15558.99	2041.00	538.10
第八次	2009—2013年	19117.50	16460.35	2056.52	600.63
第九次	2014—2018年	21820.05	17988.85	3190.04	646.16

图1显示了历次全国森林资源清查期间的全国造林面积，造林面积均保持在2000万公顷/5年之上。Chen等的研究也证明了造林是我国增绿量居于世界前列的最主要原因。竹林是森林资源中固碳能力最强的植物，在固碳机制上，属于碳四（C_4）植物，而乔木林属于碳三（C_3）植物。虽然没有灌木林蓄积量的统计数据，但我国特灌林面积广袤，也具有显著的碳中和能力。近40年来，我国竹林面积处于持续的增长趋势，增长量为309.81万公顷，增长幅度为93.49%；灌木林地（特灌林+非特灌林灌木林）面积亦处于不断增长的过程中，近40年其面积增长了5倍（图2）。

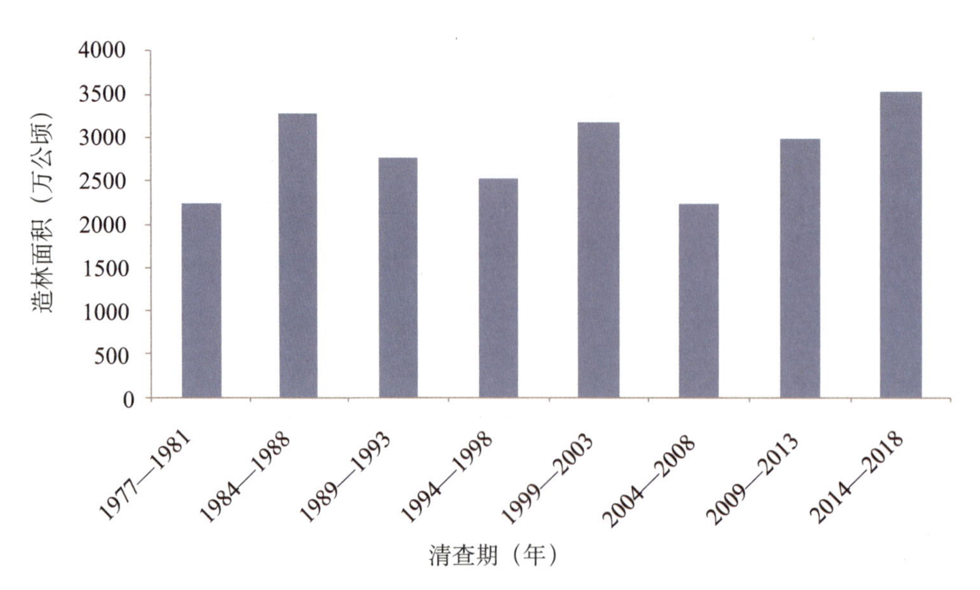

图1　历次全国森林资源清查期间全国造林面积

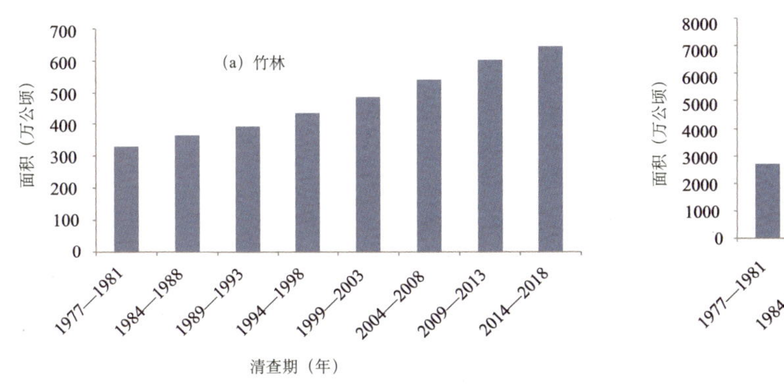

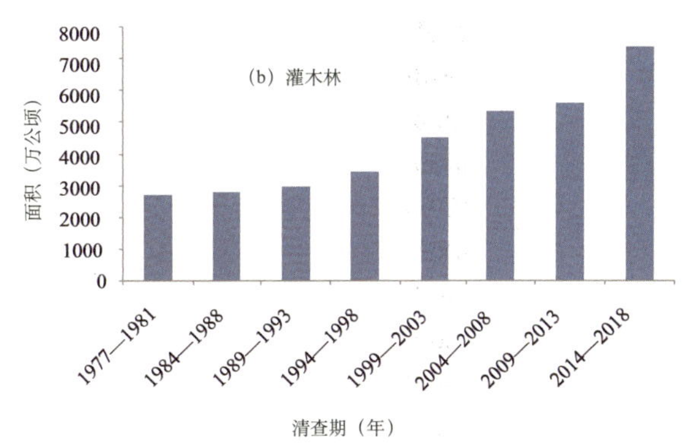

图 2　近 40 年我国竹林和灌木林面积变化

第九次全国森林资源清查结果显示，我国竹林面积 641.16 万公顷、特灌林面积 3192.04 万公顷。竹林是世界公认的生长最快的植物之一，具有爆发式可再生生长特性，蕴含着巨大的碳汇潜力，是林业应对气候变化不可或缺的重要战略资源。研究表明，毛竹年固碳量为 5.09 吨 / 公顷，是杉木林的 1.46 倍，是热带雨林的 1.33 倍，同时每年还有大量的竹林碳转移到竹材产品碳库中长期保存。灌木是森林和灌丛生态系统的重要组成部分，地上枝条再生能力强，地下根系庞大，具有耐寒、耐热、耐贫瘠、易繁殖、生长快的生物学特性。尤其是在干旱、半干旱地区，生长灌木林的区域是重要的生态系统碳库，对减少大气中二氧化碳含量具有重要作用。

其二，疏林地、未成林造林地、非特灌林灌木林、苗圃地、荒山灌丛、城区和乡村绿化散生林木也没在森林蓄积量的统计范围之内，它们的碳汇能力也被忽略了。图 3 展示了我国近 40 年来疏林地、未成林造林地和苗圃地面积的变化趋势。第九次全国森林资源清查结果显示，我国疏林地面积为 342.18 万公顷、未成林造林地面积为 699.14 万公顷、非特灌林灌木林面积为 1869.66 万公顷、苗圃地面积为 71.98 万公顷、城区和乡村绿化散生林木株数为 109.19 亿株（因散生林木具有较高的固碳速率，可以相当于 2000 万公顷森林资源的碳中和能力）。疏林地是指附着有乔木树种，郁闭度在 0.1~0.19 的林地，可以有效增加森林资源、扩大森林面积、改善生态环境的。其郁闭度过低的特点，恰恰说明其活立木种间和种内竞争比较微弱，而其生长速度较快的事实，又体现了其较强的碳汇能力。未成林造林地是指人工造林后，苗木分布均匀，尚未郁闭但有成林希望或补植后有成林希望的林地，是提升森林覆盖率的重要潜力资源之一，其处于造林的初始阶段，也是林木生长的高峰期，碳汇能力较强。苗圃地是繁殖和培育苗木的基地，由于其种植密度较大，碳密度必然较高。有研究表明，苗圃地碳密度明显高于未成林造林地和四旁树，其固碳能力不容忽视。城区和乡村绿化散生林木几乎不存在生长限制因子，生长速度更接近于生产力的极限，也意味着其固碳能力十分强大。

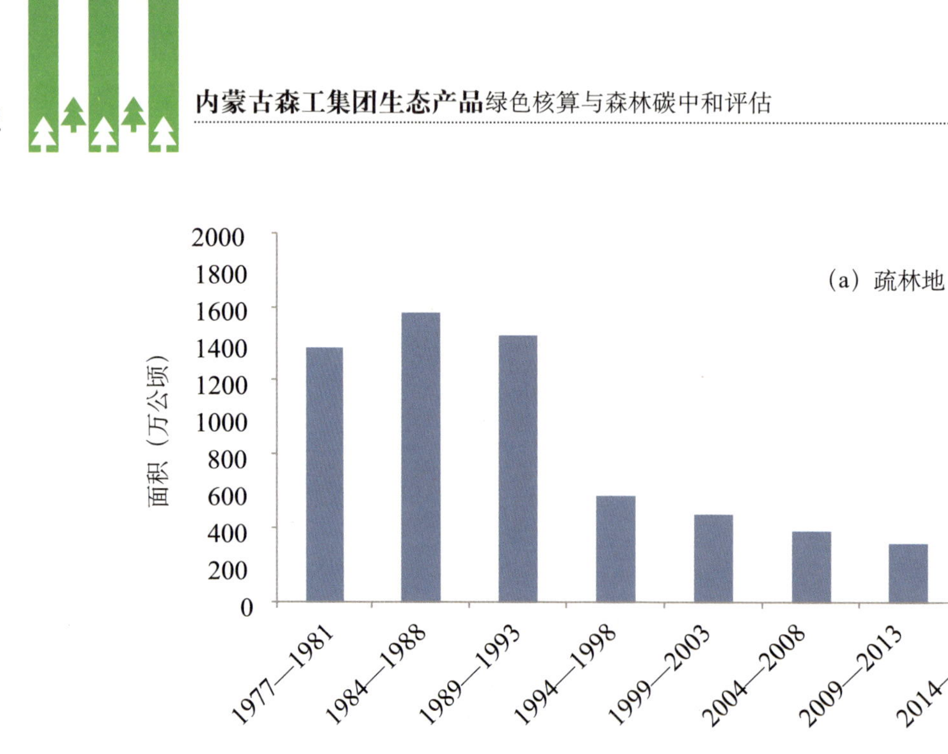

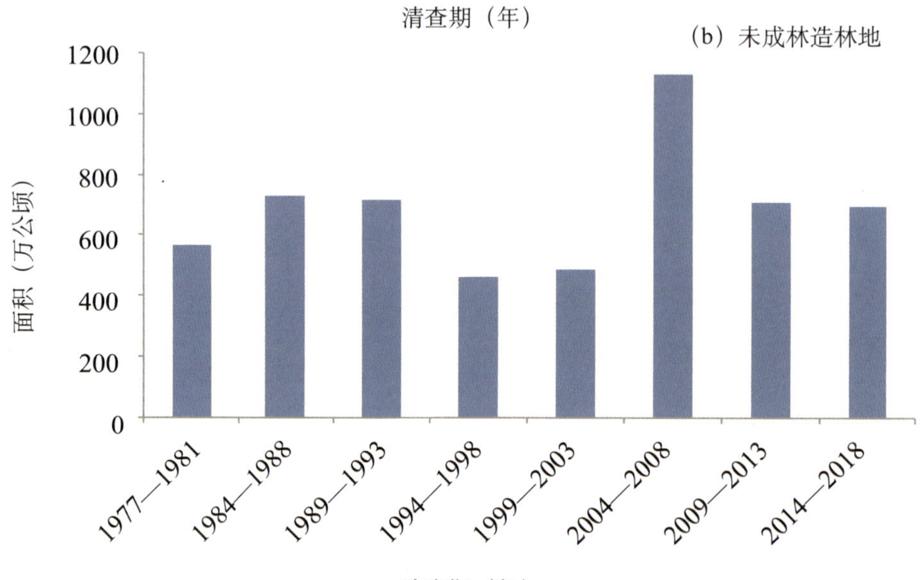

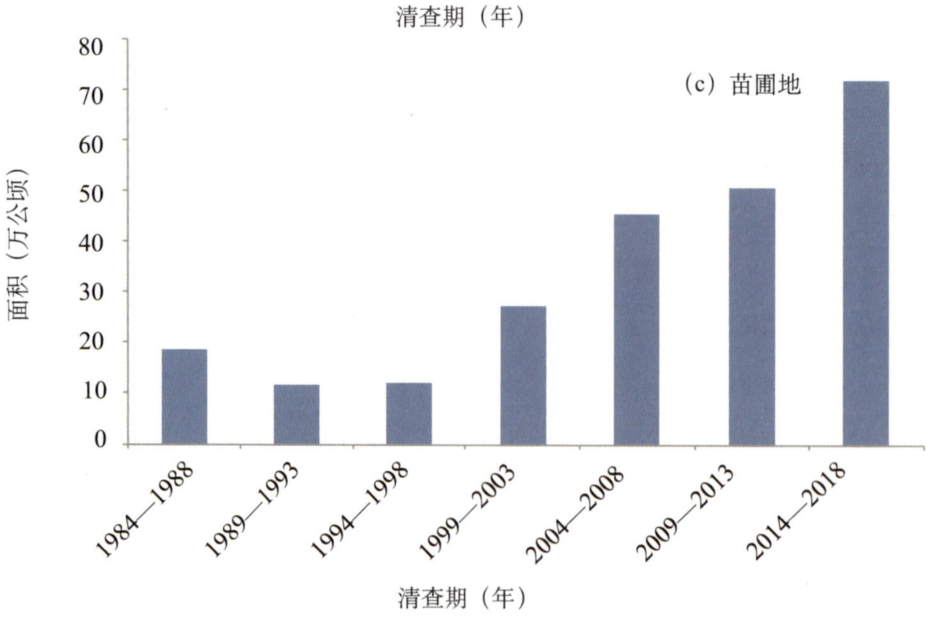

图 3　近 40 年我国疏林地、未成林造林地、苗圃地面积变化

其三，森林土壤碳库是全球土壤碳库的重要组成部分，也是森林生态系统中最大的碳库。森林土壤碳含量占全球土壤碳含量的 73%，森林土壤碳含量是森林生物量的 2~3 倍，它们的碳汇能力同样被忽略了。土壤中的碳最初来源于植物通过光合作用固定的二氧化碳，在形成有机质后通过根系分泌物、死根系或者枯枝落叶的形式进入土壤层，并在土壤中动物、微生物和酶的作用下，转变为土壤有机质存储在土壤中，形成土壤碳汇。但是，森林土壤年碳汇量大部分集中在表层土壤（0~20 厘米），不同深度的森林土壤在年固碳量上存在差别，表层土壤（0~20 厘米）年碳汇量约比深层土壤（20~40 厘米）高出 30%，深层土壤中的碳属于持久性封存的碳，在短时间内保持稳定的状态，且有研究表明成熟森林土壤可发挥持续的碳汇功能，土壤表层 20 厘米有机碳浓度呈上升趋势。

基于以上分析和中国森林资源核算项目一期、二期、三期研究成果，本文提出了森林碳汇资源和森林全口径碳汇新理念。森林全口径碳汇能更全面地评估我国的森林碳汇资源，避免我国森林生态系统碳汇能力被低估，同时还能彰显出我国林业在碳中和中的重要地位。森林碳汇资源为能够提供碳汇功能的森林资源，包括乔木林、竹林、特灌林、疏林地、未成林造林地、非特灌林灌木林、苗圃地、荒山灌丛、城区和乡村绿化散生林木等。森林植被全口径碳汇＝森林资源碳汇（乔木林碳汇＋竹林碳汇＋特灌林碳汇）＋疏林地碳汇＋未成林造林地碳汇＋非特灌林灌木林碳汇＋苗圃地碳汇＋荒山灌丛碳汇＋城区和乡村绿化散生林木碳汇，其中，含 2.2 亿公顷森林生态系统土壤年碳汇增量。基于第九次全国森林资源清查数据，核算出我国森林全口径碳中和量为 4.34 亿吨，其中，乔木林植被层碳汇 2.81 亿吨、森林土壤碳汇 0.51 亿吨、其他森林植被层碳汇 1.02 亿吨（非乔木林）。

当前我国森林全口径碳汇在碳中和所发挥的作用

中国森林资源核算第三期研究结果显示，我国森林全口径碳汇每年达 4.34 亿吨碳当量。其中，黑龙江、云南、广西、内蒙古和四川的森林全口径碳汇量居全国前列，占全国森林全口径碳汇量的 43.88%。

在 2021 年 1 月 9 日召开的中国森林资源核算研究项目专家咨询论证会上，中国科学院院士蒋有绪、中国工程院院士尹伟伦肯定了森林全口径碳汇这一理念，对森林生态服务价值核算的理论方法和技术体系给予高度评价。尹伟伦表示，生态价值评估方法和理论，推动了生态文明时代森林资源管理多功能利用的基础理论工作和评价指标体系的发展。蒋有绪表示，固碳功能的评估很好地证明了中国森林生态系统在碳减排方面的重要作用，希望中国森林生态系统在碳中和任务中担当重要角色。

2020 年 3 月 15 日，习近平总书记主持召开的中央财经委员会第九次会议强调，2030 年前实现碳达峰，2060 年前实现碳中和，是党中央经过深思熟虑作出的重大战略决策，事关中华民族永续发展和构建人类命运共同体。如果按照全国森林全口径碳汇 4.34 亿吨碳当量折合 15.91 亿吨二氧化碳量计算，森林可以起到显著的固碳作用，对于生态文明建设整体布局具有重大的推进作用（图 4）。

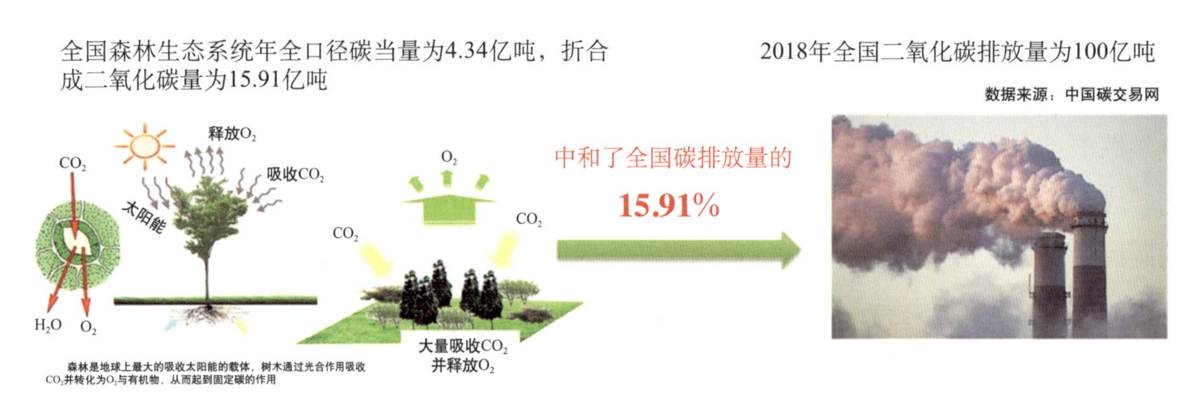

图 4　全国森林全口径碳汇的碳中和作用

2020 年 9 月 27 日，生态环境部举行的“积极应对气候变化”政策吹风会介绍，2019 年我国单位国内生产总值二氧化碳排放量比 2015 年和 2005 年分别下降约 18.2% 和 48.1%，2018 年森林面积和森林蓄积量分别比 2005 年增加 4509 万公顷和 51.04 亿立方米，成为同期全球森林资源增长最多的国家。通过不断努力，我国已成为全球温室气体排放增速放缓的重要力量。目前，我国人工林面积达 7954.29 万公顷，为世界上人工林面积最大的国家，其约占天然林面积的 57.36%，但单位面积蓄积生长量为天然林的 1.52 倍，这说明我国人工林在森林碳汇方面起到了非常重要的作用。另外，我国森林资源中幼龄林面积占森林面积的 60.94%，中幼龄林处于高生长阶段，具有较高的固碳速率和较大的碳汇增长潜力。由此可见，森林全口径碳汇将对我国碳达峰、碳中和起到重要作用。

40 年以来我国森林全口径碳汇的变化趋势和累积成效

近 40 年来，我国森林全口径碳汇能力不断增强。在历次森林资源清查期，我国森林生态系统全口径碳汇量分别为 1.75 亿吨 / 年（第二次：1977—1981 年）、1.99 亿吨 / 年（第三次：1984—1988 年）、2.00 亿吨 / 年(第四次：1989—1993 年)、2.64 亿吨 / 年(第五次：1994—1998 年)、3.19 亿吨 / 年（第六次：1999—2003 年）、3.59 亿吨 / 年（第七次：2004—2008 年）、4.03 亿吨 / 年（第八次：2009—2013 年）、4.34 亿吨 / 年（第九次：2014—2018 年）（图 5）。从第二次森林资源清查开始，历次清查期间森林生态系统全口径碳汇能力提升幅度分别为 0.50%、32.00%、20.83%、12.54%、12.26%、7.69%。第九次森林资源清查期间，我国森林生态系统全口径碳汇能力较第二次森林资源清查期间增长了 2.59 亿吨 / 年，增长幅度为 148.00%。从图 5 中可以看出，乔木林、经济林、竹林和灌木林面积的增长对于我国森林全口径碳汇能力提升的作用明显，苗圃地面积和未成林造林地面积的增长对于我国森林全口径碳汇能力的作用同样重要。同时，疏林地面积处于不断减少的过程中，表明了疏林地经过科学合理的经营管理后，林地郁闭度得以提升，达到了森林郁闭度的标准，同样为我国森林全口径碳汇能力的增强贡献了物质基础。

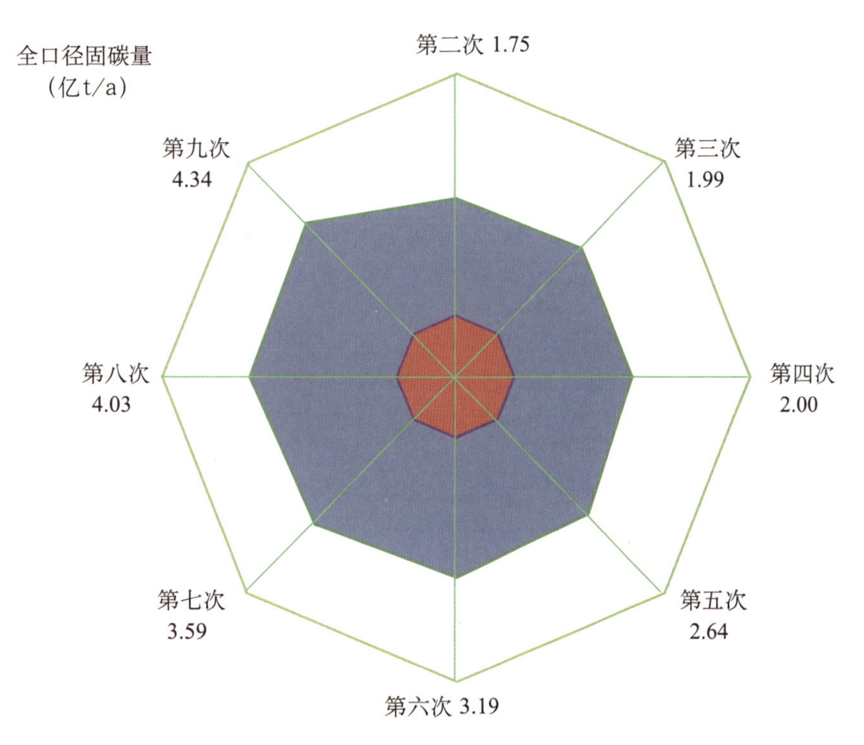

图 5　近 40 年我国森林全口径碳汇量变化

根据以上核算结果进行统计，计算得出近 40 年我国森林生态系统全口径碳汇总量为 117.70 亿吨碳当量，合 431.57 亿吨二氧化碳。根据中国统计年鉴统计数据，1978—2018 年，我国能源消耗总量折合成消费标准煤为 726.31 亿吨，利用碳排放转换系数可知我国近 40 年工业二氧化碳排放总量为 2002.36 亿吨。经对比得出，近 40 年我国森林生态系统全口径碳汇总量约占工业二氧化碳排放总量的 21.55%，也就意味着中和了 21.55% 的工业二氧化碳排放量。

结语

森林植被全口径碳汇包括森林资源碳汇（乔木林碳汇、竹林碳汇、特灌林碳汇）、疏林地碳汇、未成林造林地碳汇、非特灌林灌木林碳汇、苗圃地碳汇、荒山灌丛碳汇和城区和乡村绿化散生林木碳汇，能够避免采用材积源生物量法推算森林碳汇量存在的明显缺陷，有利于彰显林业在碳中和中的重要作用。基于第九次全国森林资源清查数据，核算出我国森林全口径碳中和量为 4.34 亿吨，其中，乔木林植被层碳汇 2.81 亿吨、森林土壤碳汇 0.51 亿吨、其他森林植被层碳汇 1.02 亿吨（非乔木林）。

森林植被的碳汇能力对于我国实现碳中和目标尤为重要。在实现碳达峰、碳中和过程中，除了大力推动经济结构、能源结构、产业结构转型升级外，还应进一步加强以完善森林生态系统结构与功能为主线的生态系统修复和保护措施。通过完善森林经营方式，加强对疏林地和未成林造林地的管理，使其快速地达到森林认定标准（郁闭度大于 0.2）。增强以森林生态系统为主体的森林全口径碳汇功能，加强绿色减排能力，提升林业在碳达峰与碳中和过程中的贡献，打造具有中国特色的碳中和之路。

（摘自：《环境保护》，2021 年 16 期）

“中国山水林田湖草生态产品监测评估及绿色核算”系列丛书目录*

1. 安徽省森林生态连清与生态系统服务研究，出版时间：2016 年 3 月
2. 吉林省森林生态连清与生态系统服务研究，出版时间：2016 年 7 月
3. 黑龙江省森林生态连清与生态系统服务研究，出版时间：2016 年 12 月
4. 上海市森林生态连清体系监测布局与网络建设研究，出版时间：2016 年 12 月
5. 山东省济南市森林与湿地生态系统服务功能研究，出版时间：2017 年 3 月
6. 吉林省白石山林业局森林生态系统服务功能研究，出版时间：2017 年 6 月
7. 宁夏贺兰山国家级自然保护区森林生态系统服务功能评估，出版时间：2017 年 7 月
8. 陕西省森林与湿地生态系统治污减霾功能研究，出版时间：2018 年 1 月
9. 上海市森林生态连清与生态系统服务研究，出版时间：2018 年 3 月
10. 辽宁省生态公益林资源现状及生态系统服务功能研究，出版时间：2018 年 10 月
11. 森林生态学方法论，出版时间：2018 年 12 月
12. 内蒙古呼伦贝尔市森林生态系统服务功能及价值研究，出版时间：2019 年 7 月
13. 山西省森林生态连清与生态系统服务功能研究，出版时间：2019 年 7 月
14. 山西省直国有林森林生态系统服务功能研究，出版时间：2019 年 7 月
15. 内蒙古大兴安岭重点国有林管理局森林与湿地生态系统服务功能研究与价值评估，出版时间：2020 年 4 月
16. 山东省淄博市原山林场森林生态系统服务功能及价值研究，出版时间：2020 年 4 月
17. 广东省林业生态连清体系网络布局与监测实践，出版时间：2020 年 6 月
18. 森林氧吧监测与生态康养研究——以黑河五大连池风景区为例，出版时间：2020 年 7 月
19. 辽宁省森林、湿地、草地生态系统服务功能评估，出版时间：2020 年 7 月
20. 贵州省森林生态连清监测网络构建与生态系统服务功能研究，出版时间：2020 年 12 月

* 本套丛书中 1 ～ 20 种原丛书名为“中国森林生态系统连续观测与清查及绿色核算”系列丛书

21. 云南省林草资源生态连清体系监测布局与建设规划，出版时间：2021 年 8 月

22. 云南省昆明市海口林场森林生态系统服务功能研究，出版时间：2021 年 9 月

23. “互联网 + 生态站”：理论创新与跨界实践，出版时间：2021 年 11 月

24. 东北地区森林生态连清技术理论与实践，出版时间：2021 年 11 月

25. 天然林保护修复生态监测区划和布局研究，出版时间：2022 年 2 月

26. 湖南省森林生态系统服务功能研究，出版时间：2022 年 4 月

27. 国家退耕还林工程生态监测区划和布局研究，出版时间：2022 年 5 月

28. 河北省秦皇岛市森林生态产品绿色核算与碳中和评估，出版时间：2022 年 6 月

29. 内蒙古森工集团生态产品绿色核算与森林碳中和评估，出版时间：2022 年 9 月